U0385314

晏成林　编著

原位电化学表征
原理、方法及应用

化学工业出版社
·北京·

内 容 简 介

《原位电化学表征原理、方法及应用》共11章，主要介绍了国内外有关电化学的各种原位表征技术，并深究了其原理和原位表征时所需要搭建的装置，包括电化学原位X射线技术、电化学原位傅里叶红外光谱、电化学原位磁共振技术、电化学原位光学技术、电化学原位拉曼光谱、电化学原位紫外可见光谱、电化学原位扫描探针技术、电化学原位电子分析技术、电化学原位中子技术、电化学原位重量分析技术和其他电化学原位技术，如原位声发射技术和原位电化学膨胀技术等。在编写过程中，首先介绍了各种分析测试技术的基本理论，在应用方面介绍了科研工作中的大量实际问题案例，注重与原位分析前沿技术的发展结合。

《原位电化学表征原理、方法及应用》可为本领域内的科研人员提供有价值的参考信息，对促进锂离子电池的发展有推进作用。本书也可作为高等学校能源化学、储能科学与工程、新能源材料与器件等专业本科、研究生的教学用书。

图书在版编目（CIP）数据

原位电化学表征原理、方法及应用/晏成林编著．—北京：化学工业出版社，2020.12（2022.5重印）

ISBN 978-7-122-38317-4

Ⅰ.①原… Ⅱ.①晏… Ⅲ.①电化学 Ⅳ.①O646

中国版本图书馆CIP数据核字（2021）第001987号

责任编辑：陶艳玲　　文字编辑：姚子丽　师明远

责任校对：王　静　　装帧设计：关　飞

出版发行：化学工业出版社（北京市东城区青年湖南街13号　邮政编码100011）

印　　装：北京虎彩文化传播有限公司

710mm×1000mm　1/16　印张11　字数215千字　2022年5月北京第1版第3次印刷

购书咨询：010-64518888　　售后服务：010-64518899

网　　址：http://www.cip.com.cn

凡购买本书，如有缺损质量问题，本社销售中心负责调换。

定　　价：69.00元

前言

可充电锂离子电池（LIBs）是最广泛应用于便携式电子设备和电动汽车的能量存储设备。社会的进步和科技的发展要求锂离子电池具有更高的能量和功率密度，具有更长的循环寿命以及更好的安全性能。开发这种更先进的锂离子电池不仅需要对现有的电极材料进行优化，同时也需要发现和利用具有更优异电化学性能的新型电极材料。工欲善其事，必先利其器，锂离子电池的发展需要使用各种表征技术来深入研究电极材料的结构性变化以及电池在电化学循环过程中的性能衰减机制。

近年来，研究人员在电池非原位表征技术的发展上已经取得了巨大的进步，非原位表征技术虽然可以提供有关电池材料的有价值的信息，但后处理性质限制了研究材料动力学特性的能力。例如充放电循环和加热过程中的详细结构变化及中间相就不能通过非原位技术测得。此外，由于工作电极对空气和水分的敏感性，单从电化学过程的非原位测量结果，如价态变化、表面反应、界面反应来看，不能完全反映电池内部真实发生的情况。在电池运行条件下的原位测试技术可以提供有关电极材料结构演变、氧化还原机制、固态电解质间相（SEI）的形成、电极副反应、锂离子传输特性的信息。因此，在真实的电池工作条件下获取信息对锂离子电池的发展至关重要。原位测试分析技术可以在电池不停止运行的情况下揭示更多有关电极材料的有价值的信息，并有助于探索结构特性和电化学性能之间的相关性。书中，我们介绍了锂离子电池中使用的各种原位表征技术，每种先进技术都有其独特的方法来研究电极材料的特定性能和电化学过程中的结构演化，也可以结合使用提供更全面的信息。本书在编写过程中，先介绍了各种分析测试技术的基本理论，在应用方面采用了科研工作中的大量实际问题作案例，注重与原位分析前沿技术的发展相结合。

在此对书中所引用文献资料的作者致以诚挚的谢意。限于编者的水平和时间，书中疏漏之处在所难免，恳请各位读者批评指正。

编著者

2020 年 8 月

目录

第1章　电化学原位X射线技术 1

1.1　原位X射线衍射 1

1.1.1　原理与实验装置 2

1.1.2　观察循环过程中的结构和形态演变 7

1.2　原位X射线光电子能谱 8

1.2.1　原理与实验装置 8

1.2.2　观察电极界面反应 9

1.3　原位X射线荧光显微镜 12

1.3.1　基本原理 12

1.3.2　观察硫和多硫化物的分布 13

1.4　原位X射线反射 14

1.4.1　原理与实验装置 15

1.4.2　观察金属硅化物薄膜界面的锂化 16

1.5　原位X射线断层扫描 19

1.5.1　原理与实验装置 19

1.5.2　观察锂化过程中的形态演变和化学成分的变化 21

1.6　原位X射线吸收光谱 22

1.6.1　原理与实验装置 23

1.6.2　观察化学成分变化引起容量衰减 24

1.6.3　区别各种氧化态 24

1.6.4　筛选多功能黏合剂 26

1.7　原位X射线拉曼散射 26

1.7.1　原理与实验装置 27

1.7.2　观察石墨电极电子结构变化 28

第 2 章　电化学原位傅里叶红外光谱 …… 31

2.1 原位傅里叶变换红外光谱 …… 31

2.1.1 原理与实验装置 …… 32

2.1.2 观察薄膜电极动态行为 …… 33

2.1.3 研究初始充电过程中的溶剂化/去溶剂化 …… 34

2.1.4 研究添加剂的还原 …… 34

2.2 原位显微镜傅里叶变换红外反射光谱 …… 38

2.2.1 原理与实验装置 …… 39

2.2.2 研究电解液还原产物 …… 40

2.3 原位偏振调制傅里叶变换红外光谱 …… 43

2.3.1 原理与实验装置 …… 43

2.3.2 研究非水电解质在 $LiCoO_2$ 薄膜电极上的电化学氧化行为 …… 45

第 3 章　电化学原位磁共振技术 …… 47

3.1 原位核磁共振波谱 …… 47

3.1.1 原理与实验装置 …… 47

3.1.2 对锂微结构生长的量化分析 …… 49

3.2 磁共振成像 …… 52

3.2.1 原理与实验装置 …… 52

3.2.2 实时识别枝晶生长位置 …… 55

3.3 电子顺磁共振波谱 …… 58

3.3.1 原理与实验装置 …… 58

3.3.2 研究循环过程中自由基氧物种的形成过程 …… 59

3.4 穆斯堡尔光谱技术 …… 64

3.4.1 原理与实验装置 …… 64

3.4.2 研究电子环境对材料结构的影响 …… 66

第 4 章　电化学原位光学技术 …… 67

4.1 光学显微镜 …… 67

4.1.1 原理与实验装置 67
4.1.2 观察锂枝晶的生长 70
4.2 多光束光学应力传感器 76
4.2.1 原理与实验装置 76
4.2.2 实时应力评估 77

第5章 电化学原位拉曼光谱 78

5.1 原理与实验装置 78
5.2 评估循环过程中产生的应力 79
5.3 观察SEI的形成和组成 79
5.4 判断活性材料对电化学过程的贡献程度以及断开粒子的确切位置 82

第6章 电化学原位紫外-可见光谱 84

6.1 原理与实验装置 84
6.2 观察多硫化物的浓度 85

第7章 电化学原位扫描探针技术 91

7.1 原位原子力显微镜 91
7.1.1 原理与实验装置 91
7.1.2 在锂离子电池负极材料研究中的应用 92
7.1.3 在锂离子电池正极材料研究中的应用 92
7.1.4 在固体电解质界面膜（SEI）中的应用 93
7.2 原位导电原子力显微镜 94
7.2.1 原理与实验装置 94
7.2.2 研究锂离子在正极材料中的扩散 95
7.3 原位电化学应变显微镜 97
7.3.1 原理与实验装置 97
7.3.2 表征锂离子嵌入和脱出的局部电迁移 98

7.4 原位扫描离子电导显微镜 99
7.4.1 原理与实验装置 99
7.4.2 测量锡和硅电极表面结构的空间不均匀性 99
7.5 原位扫描隧道显微镜 100
7.5.1 原理与实验装置 100
7.5.2 研究电极电导率的变化 101
7.6 原位探针力显微镜 102
7.6.1 原理与实验装置 102
7.6.2 研究锂离子在石墨负极的分布 103
7.7 原位扫描电化学显微镜 104
7.7.1 原理与实验装置 104
7.7.2 研究锂离子电池中硅电极的表面反应性 106
7.8 扫描电化学电池显微镜 109
7.8.1 原理与实验装置 109
7.8.2 研究复合电极电化学特性 110

第 8 章 电化学原位电子分析技术 112

8.1 原位扫描电子显微镜 112
8.1.1 原理与实验装置 113
8.1.2 观察在使用固态电解质的电池中锂的沉积/溶解机制 113
8.2 原位透射电子显微镜 116
8.2.1 原理 116
8.2.2 观察金属锂的电化学沉积动力学 117

第 9 章 电化学原位中子技术 119

9.1 原位中子衍射 119
9.1.1 原理与实验装置 119
9.1.2 研究 $Li_2MnO_3 \cdot LiMO_2$（M＝Ni、Co、Mn）复合正极的容量衰减机理 120
9.2 原位中子反射 125
9.2.1 原理与实验装置 125

9.2.2 分析晶体硅的锂化 126
9.2.3 观察 SEI 顶部的锂枝晶层及其粗糙度 132
9.3 原位中子深度剖面 134
9.3.1 原理与实验装置 134
9.3.2 观测非平衡条件下锂离子在电极中的分布状况 134
9.4 原位中子散射 137
9.4.1 原理与实验 137
9.4.2 研究电极材料电化学反应过程中相和体积的变化 138
9.5 原位中子照相/层析成像 140
9.5.1 原理与实验装置 140
9.5.2 原位中子照相/层析成像技术的应用 141

第10章 电化学原位重量分析技术 144

10.1 原位电化学石英晶体微天平 144
10.1.1 测试原理 144
10.1.2 EQCM-D 用于研究电极表面的界面反应 145
10.2 原位二次离子质谱法 147
10.2.1 原理与实验装置 147
10.2.2 原位 SIMS 实时监测电解液中分子的动态变化 147
10.3 原位差示电化学质谱法 150
10.3.1 原理与实验装置 150
10.3.2 原位差示电化学质谱法在电池表征中的应用 151

第11章 其他电化学原位技术 154

11.1 原位声发射技术 154
11.1.1 原理与实验装置 154
11.1.2 原位声发射技术的应用 155
11.2 原位电化学膨胀技术 159
11.2.1 原位电化学膨胀技术原理 159
11.2.2 原位电化学膨胀技术的应用 159

参考文献 163

第 1 章

电化学原位 X 射线技术

随着微电子技术的进一步发展，锂离子电池的需求量逐渐增大。为满足需求，大量物理化学方向的研究目标是改进锂离子电池。而对于锂离子电池来说，目前最关键也是较困难的一点是对电化学电池测试的条件不能满足，因此测试过程往往难以执行。在过去几年中，一些先进的或更加完善的原位测试技术已经在很多方面取得了重大进展。本章将对锂离子电池的原位 X 射线技术进行总结。

1.1 原位 X 射线衍射

原位 X 射线衍射（XRD）作为一种广泛用于研究电化学过程中结构演变以及储能和容量衰减机理的工具，对优化和构建更好的电池起到了很大的作用。原位 X 射线多晶衍射或 X 射线粉末衍射也称为德拜-谢乐法，是由德国科学家德拜（Debye）和谢乐（Scherrer）二人在 1916 年首先提出来的。在电化学日益重要的今天，原位 X 射线衍射法在认识复杂电化学机理的发展和应用等方面具有更加引人关注的重要性。

原位 X 射线衍射是研究锂离子电池的有力手段，通常可以从这种方法中获得很多电化学过程中的有用信息，常见的有体积变化、晶体结构损伤和机械降解等。由衍射得到的表征结果可以解释降解机理，有助于构建更好的电池，提升电池的性能。例如，原位 XRD 可以结合温控仪观察电极材料在不同温度下的性能，测量电化学反应的焓变；通过 XRD 细化，可以计算出材料中各原子的各向异性温度因子；根据观测到的热态，可以确定每个原子的振动参数。但是在其他储能设备，如锂空气电池和锂硫电池中，涉及过氧化物的形成和多硫化物的溶解，使用常规原位X射线衍射很难进行监测。此外，对于有机物材料，实现无黏结剂和小角度测量也是一个很大的挑战。通过与其他分析技术的结合，可以有效解决这些问题并提供更详细的电化学过程信息。电极材料除结构演化外，各元素的氧化还原活性也是决定其比容量的关键因素。为了研究电极材料的反应机理，优化电极材料的电化学性能，通过原位X射线衍射检测电极材料的价态和配位环境的变化至关重要。

1.1.1 原理与实验装置

XRD是基于X射线与物质的相互作用，产生一种衍射图案，从而产生有关晶体结构的信息。X射线是一种频率很高的电磁波，其波长远比可见光短得多，因此其穿透力很强，并且其在磁场中的传播方向不受影响。

(1) X射线衍射

当X射线射入目标晶体中时，由于X射线是电磁波，其会与晶体中的原子发生相互作用而发生散射，从大范围内观察时散射波就像从原子中心发出，每个原子中心发出的散射波与源球面波相似。由于晶体往往具有周期性，所以散射波会由于周期性而具有相同的相位关系，使得某些散射方向的球面波相互加强，而在某些方向上相互抵消，从而出现明显衍射现象。这些衍射现象是目标晶体的晶体规律所决定的，所以在分析其图像时可以获得许多重要信息。

每种晶体内部的原子排列方式是唯一的，因此对应的衍射花样也是唯一的，类似于人的指纹，因此可以进行物相分析。其中，衍射花样中衍射线的分布规律是由晶胞的大小、形状和位向决定。衍射线的强度由原子的种类和它们在晶胞中的位置决定[1]。

(2) 衍射方向

在研究过程中，布拉格方程和瓦尔德图解分别解释了X射线衍射线在空间方位上分布的规律。晶体格子伴随着周期性而成立，所以晶体可以看作是无数个相互平行等距的原子面共同组成的集合体，规定这些晶面的晶面指数为（hkl），晶面之间的间距为d_{hkl}，设一束平行的入射波（波长λ）以θ角照射到（hkl）的原子面上，各原子面产生反射，则光程差为

$$\delta = 2d\sin\theta \tag{1-1}$$

只有光程差为波长λ的整数倍时，相邻晶面的“反射波”才能干涉加强形成衍射线，所以产生衍射的条件为

$$2d\sin\theta = n\lambda \tag{1-2}$$

这就是著名的布拉格公式，其中，$n=0,1,2,3,\cdots,n$称为衍射级数，对于确定

的晶面和入射电子波长，n 越大，衍射角越大；θ 角称为布拉格角或半衍射角，而入射线与衍射线的夹角 2θ 称为衍射角。

为了研究电化学反应过程中电极材料的结构变化和表面演变，许多研究者致力于锂离子电池的原位研究。早期的原位 XRD 电池用来测量电极材料，可以直观地观察到晶格的膨胀和收缩、相变和多相形成。在接下来的二十年中，原位 X 射线衍射电池已经得到了充分的发展，其典型结构为：在电池壳或集流体中形成一个孔，然后由 X 射线透明材料（如卡普顿箔、铍或铝箔）密封。

为了在工作电池上进行 XRD 测量，需要在设计中加入一个 X 射线透明窗口，以便 X 射线能够到达正在研究的电极，这可以通过使用集流体非常薄（$\approx 10\mu m$）的电池来实现，无需额外的电池壳。这种设计确实可以使入射的 X 射线束到达电极材料表面，但这种装置也相对容易受到空气和湿气的污染。因此，通过在更厚的保护壳或集流体上形成一个孔而使一小部分电极暴露出来，而该保护壳或集流体又由 X 射线透明材料（如卡普顿箔或铍）密封。但是铍和氧化铍有剧毒性，为了研究正极，需要额外的保护层，以防止铍在较高电位下的腐蚀。近期导电卡普顿箔也被用作 X 射线窗口和集流体。设计灵活的、低成本的、用于原位 X 射线衍射测量的电池大大方便了科研测试，未改造的正常电池可以通过同步加速器为基础的高能 XRD 进行研究。由于高能光子能够完全穿透电池，这些测量是在传输模式下进行的，以便获得二维衍射图案，这也意味着正极和负极可以同时被研究。

XRD 是 X 射线在晶体中的衍射现象，实质上是大量的原子散射波互相干涉的结果。XRD 广泛用于研究电极和固体电解质材料的晶体结构和相变，原位 XRD 用于监测锂离子电池材料在循环（嵌锂/脱锂）或温度变化（加热/冷却）过程中的结构变化。与实验室源相比，基于同步辐射的 X 射线源具有更高的强度和更大的光子能量，这导致了更大的穿透功率、更短的测量时间和更好的信噪比，这有利于原位测试研究，但是要注意电池材料的光束损伤。

原位 XRD 电池的设计：扣式电池的实验设计如图 1-1(a) 所示，正常扣式电池自上而下由负极壳、电池弹片、锂负极、隔膜、电极材料、集流体和正极壳组成。基于普通扣式电池，Zhang 等人[1] 设计了原位 X 射线衍射扣式电池［图 1-1(b)］，他们用热塑性薄膜将铍片作为 X 射线窗口牢固地附在底壳上。选择铍片是因为其高 X 射线透射率和大的电化学稳定性窗口［0～4V（vs. Li^+/Li)］。在制作过程中，所有部件在 80℃的烘箱中干燥 6h，然后在充满氩气（H_2O、O_2 含量 $<1\mu L \cdot L^{-1}$）的手套箱中装配。集流体是一个带有两个导电尾的金属网，工作电极朝向 X 射线窗口，而不是正常扣式电池中的对电极。

室温下，在电池测试系统上进行电化学测量，$Li_4Ti_5O_{12}$ 的电位范围为 1.2～2.0V，$LiFePO_4$ 的电位范围为 2.8～4.0V。同时，利用 Bruker-D2 相量衍射仪和 Cu-kα 辐射获得了 X 射线衍射图。

对于上述原位 XRD 扣式电池，分别选择 0.2mm 和 0.5mm 厚的铍片，在

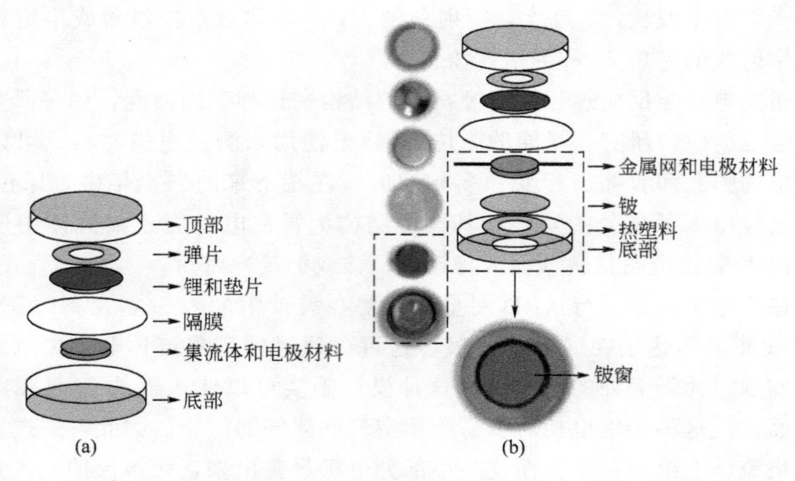

图 1-1　正常扣式电池和原位 X 射线衍射扣式电池的结构图和真实照片[1]

(a) 正常扣式电池；(b) 原位 X 射线衍射扣式电池

2.8～4.0V 的电位范围以 0.1C 的电流密度对 $LiFePO_4$ 电极充电，同时进行原位 XRD 测量。图 1-2(a) 所示的 0.2mm 厚的铍片，可以观察到 $LiFePO_4$ 的衍射峰，但是图 1-2(b) 的 0.5mm 厚的铍片很难观察到，因为厚的铍片会强烈吸收 X 射线。因此，峰值强度取决于铍片的厚度，0.2mm 的厚度适合于原位 XRD 测量。在 $LiFePO_4$ 的原位 XRD 图谱中，$LiFePO_4$ (211)（标记为“T”）的 XRD 峰在充电过程中减小，$FePO_4$ (020) 和 $FePO_4$ (211)（标记为“H”）的两个 XRD 峰出现并增大。

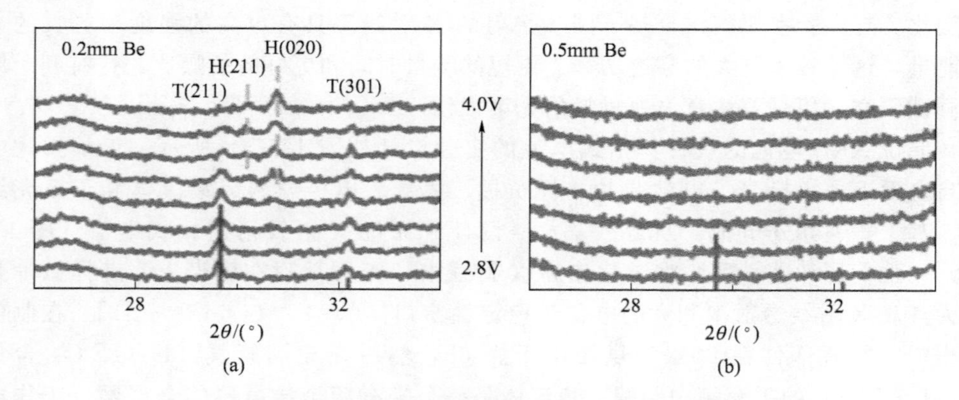

图 1-2　用不同的铍片进行原位 X 射线衍射（XRD）测定[1]

(a) 0.2mm 的铍片；(b) 0.5mm 的铍片

众所周知，用于 X 射线衍射测量的样品必须放置在一个固定的平面上，并且测量的峰会随着平面的高度而移动。在原位 XRD 扣式电池中，薄铍片在大的压力下会被弯曲，这会对测量的峰值产生很大影响。如图 1-3(a) 所示，两个原位 XRD

扣式电池（A 电池和 B 电池），电池垫片分别为 0.8mm 和 1.0mm。由于从上到下的压力不同，在 A 电池中铍片非常扁平，而在 B 电池中铍片明显弯曲。图 1-3(b) 显示了用这两个原位扣式电池测量的 $Li_4Ti_5O_{12}$ 的 XRD 图，B 电池的 X 射线衍射峰明显宽于 A 电池，小角度有较大的峰肩。实际上，弯曲的铍片使工作电极的不同部位处于不同的高度，B 电池宽而不对称的峰是不同角度的部分 XRD 峰的叠加。因此，选择 0.8mm 厚的电池垫片，可在适当的压力下获得一个平坦的 X 射线窗口。

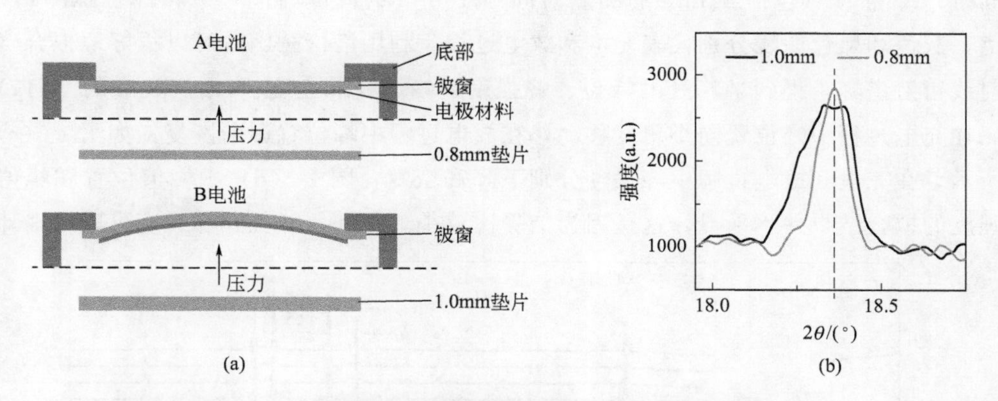

图 1-3 电极弯曲对 X 射线衍射（XRD）结果的影响[1]

(a) 压在铍片上的扁平和弯曲电极的原理图；(b) 两种垫片下测得的 $Li_4Ti_5O_{12}$ 的 XRD 图谱

为了检测不同电解质的原位 X 射线衍射扣式电池，在 2.8～4.0V 的电位范围内测量了 $LiFePO_4$ 的正极材料，两种常用电解质分别为 EC/DEC（体积比为 1∶1，含 1mol·L^{-1}的 $LiClO_4$）和 EC/DMC（体积比为 1∶1，含 1mol·L^{-1}的 $LiPF_6$）。如图 1-4 所示，$LiPF_6$的充放电曲线正常，而 $LiClO_4$ 的充放电曲线在 3.8V 电压下呈现异常平台。实际上，异常平台归因于副反应，因为氧化性强的 $LiClO_4$ 可能在

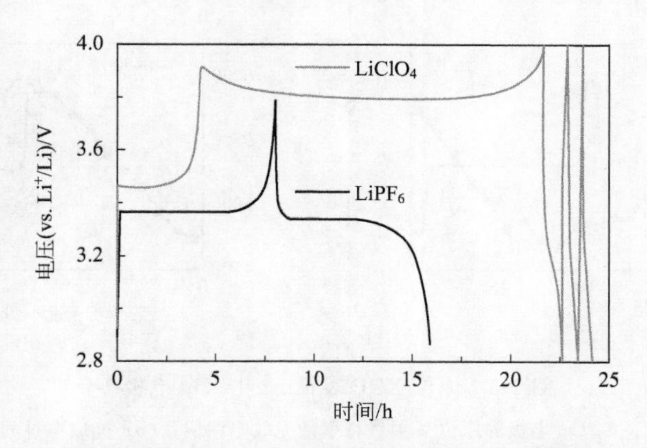

图 1-4 两种电解质下的 $LiFePO_4$ 原位 X 射线衍射的充放电曲线[1]

高压下与铍片发生反应。因此，电解质 $LiPF_6$（EC∶DMC＝1∶1）是原位 XRD 扣式电池测试的良好选择。另外，两种电解液均适用于 1.2～2.0V 的电位范围的 $Li_4Ti_5O_{12}$ 负极材料的原位测量。利用这种原位 XRD 扣式电池，成功地获得了电化学反应过程中 $Li_4Ti_5O_{12}$ 的原位 XRD 图谱，如图 1-5 所示，可以对其进行深入分析，揭示电极材料的结构演变。对 $Li_4Ti_5O_{12}$ 进行电化学测试：以 0.1C 的电流密度充电到 2V，10h 内恒电位；再以 0.1C 的电流密度放电到 1.2V，10h 内恒电位；同时，每隔 1h（包括 42min 的测量时间和 18min 的间隔时间）测得原位 XRD 图谱，灰色和黑色曲线分别代表充电和放电过程。利用洛伦兹函数可以很好地拟合 X 射线衍射谱峰，得到半峰处的峰位、峰强度、峰面积和全宽。$Li_4Ti_5O_{12}$ 的（111）峰在充电过程中峰位置向小角度移动，在放电过程中峰位置逐渐恢复，如图 1-5(c) 所示，在充电和放电过程中峰强度分别下降和恢复，图 1-5(d) 中峰值位置和峰值强度的拟合结果并不平滑，这是因为信噪比较小。此外，峰位和峰强度可以用来计

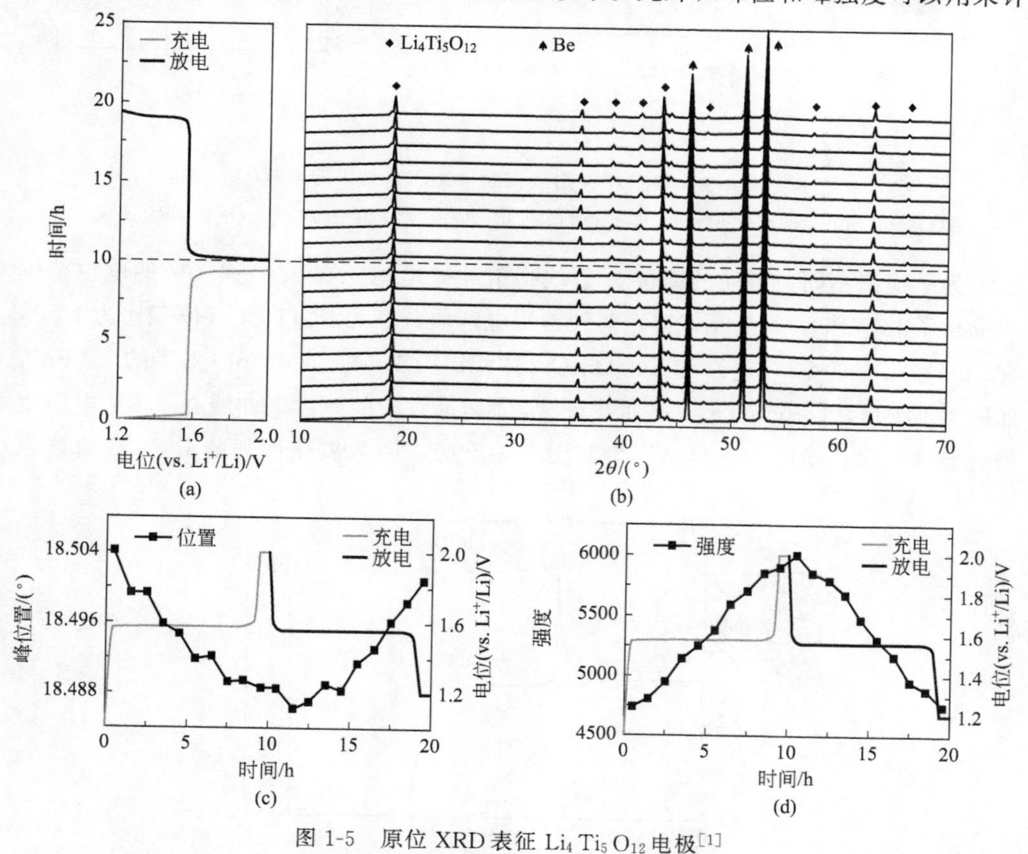

图 1-5　原位 XRD 表征 $Li_4Ti_5O_{12}$ 电极[1]

(a) $Li_4Ti_5O_{12}$ 电极的原位 X 射线衍射的充放电曲线；(b) 充放电过程中的 X 射线衍射（XRD）图；(c)（111）峰位置的变化；(d)（111）峰强度的变化

算锂离子电池的相组成和晶格常数，这对研究锂离子电池的结构演化具有重要意义。

1.1.2 观察循环过程中的结构和形态演变

原位 XRD已被广泛应用于揭示电池循环过程中的实际电化学机制，如 2012 年，Toney 和 Cui 等[2]首次通过原位 XRD 方法研究了传统碳/硫复合正极在第一周期的结构和形态演变。大量的实验结果证明硫在充电过程中再结晶化的程度往往取决于硫正极制备工艺的选择。如图 1-6 所示，原位 XRD 显示 Li_2S 结晶峰在所有硫电极的放电过程中都没有出现，这与以往的 XRD 结果完全不同，突出了采用原位测试方法研究锂硫电池真实反应路径的重要性。

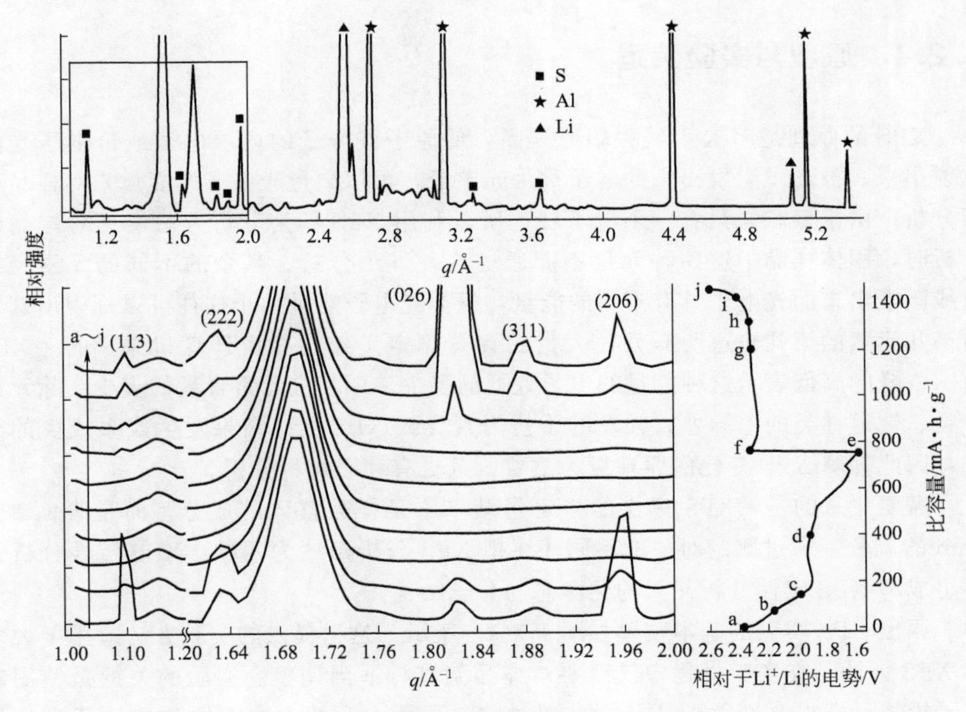

图 1-6 锂硫电池中硫正极的原位 XRD 图谱[2]

通过对大量的原位 XRD 分析得出以下结论：①碳结构和表面化学性质的变化对硫正极的实际电化学路线有显著影响；②具有微孔和中孔的碳基体有利于实现 S 和 Li_2S 之间的完全可逆转化，从而达到高可逆容量；③由于硫的高利用率和良好的循环可逆性，氮掺杂的碳基体材料对可溶性多硫化物有很强的亲和力，往往被认为是最有希望达到理论比、容量和长循环寿命的基体材料。

1.2 原位X射线光电子能谱

X射线光电子能谱技术（XPS）是电子材料与元器件显微分析中的一种先进分析技术，而且是常常和俄歇电子能谱技术（AES）配合使用的分析技术。由于它可以比俄歇电子能谱技术更准确地测量原子的内层电子束缚能及其化学位移，所以它不但为化学研究提供分子结构和原子价态方面的信息，还能为电子材料研究提供各种化合物的元素组成和含量、化学状态、分子结构、化学键方面的信息。它在分析电子材料时，不但可提供总体方面的化学信息，还能给出表面、微小区域和深度分布方面的信息。另外，在锂离子电池的分析中，因为入射的X射线束是一种光子束，所以对样品的破坏性非常小，这一点对分析有机材料和高分子材料非常有利。

1.2.1 原理与实验装置

XPS的原理是用X射线去辐射样品，使原子或分子的内层电子或价电子受激发射出来。被光子激发出来的电子称为光电子，可以测量光电子的能量来对样品进行分析。由于氢和氦只有一个电子层，所以利用XPS作为分析方法实现对样品的分析时，固体样品中这两种元素不能通过这种方法分析。其余的不同的元素经X射线激发出来的光电子具有不同的能量，根据光电子能量大小往往可以标识出这是由第几元素的第几轨道所激发，大量的计算测定工作往往由计算机来进行。XPS谱图中峰的高低表示这种能量的电子数目的多少，即相应元素含量的多少。除元素种类、轨道种类的差异外，频发的干扰因素导致XPS测试结果发生或多或少的改变，因此理解XPS变化的原理极为重要，且更有利于材料分析。

需要注意的是，XPS提供的半定量结果不是样品整体的成分，而是表面3～5nm的成分。通过测定对象的不同往往把XPS分析归纳为两种：XPS定性分析元素组成和XPS定性分析元素的化学态与分子结构。

原位XPS实验的基本装置如图1-7(a) 所示，这里提供的实验方法适用于大多数XPS仪器，在实验过程中仅需要对样品架进行适当调整。实验的关键是使用氩离子枪将目标材料溅射到样品上，通过“自下而上”的方法在原位建立所需的界面。在此实验中，离子枪设置在样品架的中间，并且为了估计正确的溅射位置，需要进行一些几何分析：必须考虑样品架和靶架中心之间的距离以及溅射枪相对于样品架的角度，如图1-7(b)。靶材料、样品和溅射等离子体呈现一个定向的锥形，容易导致沉积的金属薄膜厚度不均，设置对比样是因为金属薄膜在试样上的横向高度分布数据有助于确定样品分析的位置。而且由于绝对溅射速率低下，为了有效地利用XPS，必须确定样品上最高沉积速率的位置。

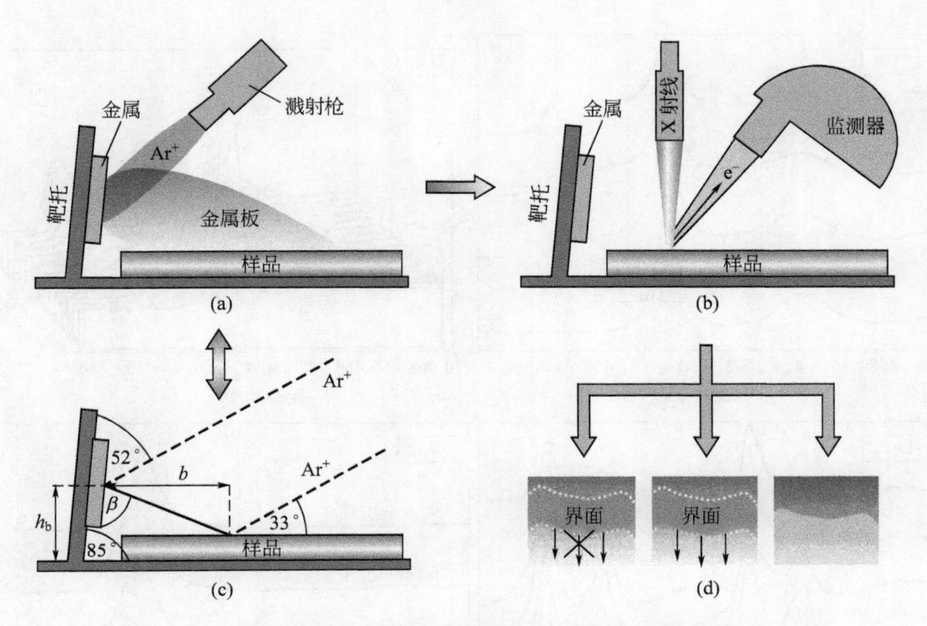

图 1-7　原位 XPS 分析技术的基本原理和实验装置[3]

(a) 用氩离子束在样品表面溅射锂、金或铝金属；(b) 溅射结构示意图；(c) XPS 分析；(d) 沉积后的界面反应产物

1.2.2　观察电极界面反应

固体电解质的界面反应在全固态电池中十分重要，所以需要合理利用分析方法来获得界面反应的信息。可以通过上述提及的快速、简便的 XPS 原位分析方法来研究界面和相间的形成，借此观察电极界面反应。该方法的思想是利用装置内氩离子枪溅射金属靶，金属靶垂直于样品，在样品表面沉积一层金属薄膜，沉积和分析步骤依次进行。

具体分析固态电解质和锂的相间形成过程中的化学反应，因为钛酸镧锂（LLTO）与锂金属接触不稳定，可以将金属锂缓慢沉积在纯钛酸镧锂样品上。目标材料（锂箔）和样品在一个充满氩气的手套箱中安装在样品架上，在不接触空气的情况下转移到 XPS 系统中。用如上所述实验设置中所设计的方法进行了原位实验，并记录了每个沉积步骤的 XPS 详细光谱。图 1-8 显示了四次不同锂沉积时间钛酸镧锂的 Ti 2p、La 3d 和 O 1s 的高分辨光谱，以及一部分 Ti 2p 光谱的“瀑布图”[3]。

图 1-8 中信号强度的轻微下降可能是因为在钛酸镧锂表面形成一层非常薄的薄膜而产生了阻尼，但没有检测到 Li 1s 信号的明显增强，意味着锂原子的迅速合成。很明显，Ti 2p 信号受锂化作用的影响很大：对于原始样品，只能看到一种氧

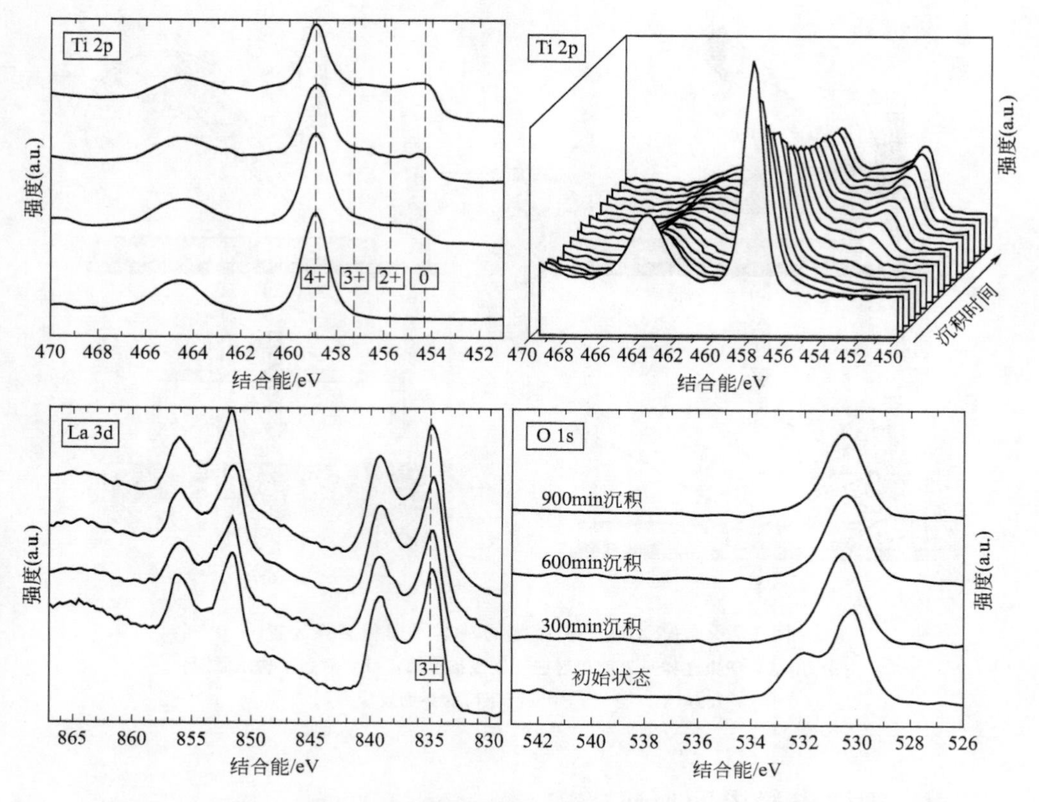

图 1-8　四次不同沉积时间（不同沉积量的锂金属）的 Ti 2p、La 3d、O 1s 高分辨光谱和部分 Ti 2p 的“瀑布图”[3]

化状态。在第一步沉积过程中，Ti 2p 信号的低结合能侧出现了一个新的信号。在进一步的锂化后，该组分的强度增加，可以观察到结合能更低的新峰生成。所以，Ti^{4+} 在与金属锂接触时大量减少，最终形成金属钛，因而在与锂接触时产生高的电子导电性。相同沉积步骤下的 La 3d 信号只观察到轻微的变化，除了 La^{3+} 之外没有其他的氧化态，说明 La^{3+} 对于金属锂的还原过程是稳定的，这与之前的报道一致[4]。O 1s 信号稍微向低结合能偏移，而高结合能一侧的信号（对应于碳酸盐或氢氧化物）由于锂化作用而减弱。

除了上述的实验方法外，还有一些通过 XPS 分析其他材料信息的实验手段。例如，Schwöbel 等人[5] 在研究锂金属与薄膜电池的电解质组分界面相互作用分析实验中，使用的 DAISY-BAT 系统带有用于电池材料 XPS/UPS 分析的沉积室，如图 1-9(a) 所示。他们研究了锂与常用固体电解质锂磷氧氮（LiPON）的界面反应，并得出结论：Li_3PO_4、Li_3P、Li_3N 和 Li_2O 在反应开始时就已经形成，这些锂化物质的形成使得薄膜钝化，而钝化层的厚度达到合适范围后，该过程停止。除此之外，在进一步研究中，他们利用类似的原位 XPS 技术计算了 $LiCoO_2$/LiPON/

Li 电池的完整能带图。Maibach 等人[6]设计了用于硅和液相碳酸盐电解质界面 XPS 分析的仪器设置，他们介绍了一种特殊的样品转移技术，通过该技术可以分析硅电极界面上的液体电解质 $LiClO_4$/PC。实验分析是在氮气环境中 200Pa 的压力下进行的，所得结果与超高真空分析室中的研究结果十分相似，这是锂离子电池电解质界面原位研究中的重要进步。Cherkashinin 等人[7]利用同步加速器原位 XPS 研究了深度剖面 20Å（1Å$=10^{-10}$m）和 70Å 的电极/电解液界面反应，揭示了正极材料 $Li_xNi_{0.2}Co_{0.7}Mn_{0.1}O_2$ 的能级变化，并通过电解质的分解建立了固态电解质界面的形成机制。Tang 等人[8]报道了在实际条件下，使用碳支撑的钛栅集流体和离子液体基电解质在原位电池中进行原位 XPS 和俄歇电子能谱分析，如图

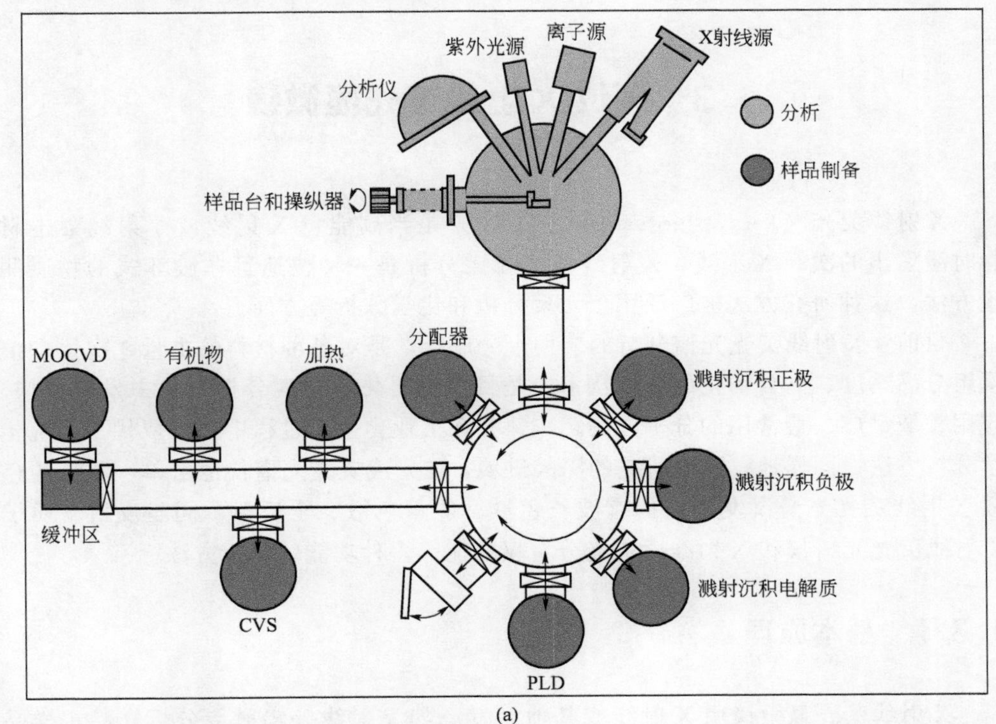

(a)

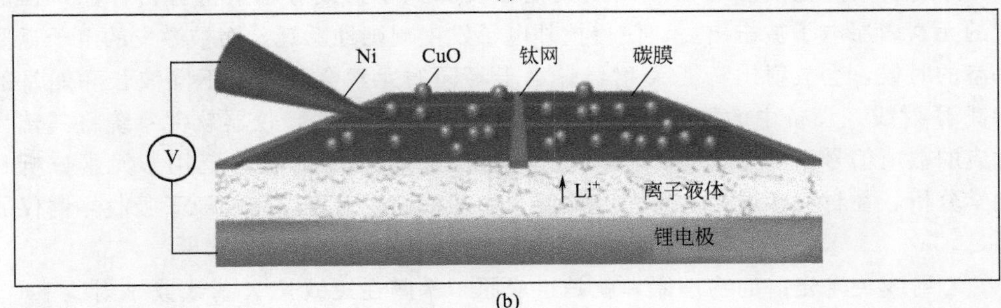

(b)

图 1-9 原位 XPS 分析

(a) DAISY-BAT 系统示意图[5]；(b) 用于原位 XPS 和 AES 分析的电池[8]

1-9(b) 所示，在 LiTFSI/P_{13}TFSI 电解液中，他们观察到铜与锂的部分可逆转换，氧化铜与锂在电极的转化反应中生成氧化锂。这是实际条件下电池充放电过程中进行原位 XPS 分析的首次应用。

虽然 XPS 是监测电极表面电化学反应过程中生成物种的一种很好的技术，但高真空度的要求限制了电池与传统有机碳酸盐电解质的界面分析。与有机碳酸盐的电解液相比，离子液体电解液在真空条件下更稳定，但电极表面电解液层的厚度会抑制电极表面的 XPS 信号。进一步实现在环境压力和可控大气条件下进行原位 XPS 分析以深入理解电池界面的电化学反应需要科研人员的不断努力[1]。

1.3 原位 X 射线荧光显微镜

X 射线荧光（X-ray fluorescence，XRF）是当高能量 X 射线或 γ 射线轰击材料时激发出的次级 X 射线，X 射线荧光光谱分析是一种快速且非破坏式的物质测量方法，这种研究方法被广泛用于元素分析和化学分析等方面。

目前，X 射线荧光光谱分析的应用十分广泛，是对各种材料的主量、次量和痕量组分高精度、高自动化的分析技术，是目前材料化学元素分析方法中发展最快、应用领域最广、最常用的分析方法之一，并在工业化生产过程中部分取代了传统化学分析方法。同样地，随着研究的深入进展，X 射线荧光光谱仪也由单一波长的色散 X 射线荧光光谱仪发展成拥有波长色散、能量色散、全反射、同步反射、质子 X 射线荧光光谱仪和 X 射线微荧光分析仪功能等多种功能的分析方法。

1.3.1 基本原理

X 射线荧光显微镜用 X 射线或其他激发源如 γ 射线等辐射待分析样品，样品中的元素内层电子被击出后，使得核外电子发生规则性跃迁，而被激发的电子返回基态的时候，会放射出特征 X 射线。由于不同的元素会放射出不同波长和能量的特征 X 射线，设备中的检测器将检测被激发出的 X 射线，仪器软件系统将其转为对应的数值信号。由于 X 射线荧光显微镜检测的特殊性，被广泛用于元素分析和化学分析，在材料领域内显得尤为重要，在某种程度上可以弥补原子吸收光谱仪的不足。

X 射线荧光光谱的物理原理就是组成原子暴露在短波长 X 射线或 γ 射线下时，可能会被激发电离。当原子暴露于辐射能大于它的电离能环境中时，内层轨道的电子将被驱赶，导致电子结构不稳定。为维持电子结构的稳定性，外轨道的电子向低轨道补充，以填补遗留下来的空轨道，而这个过程中会释放出多余的能量，释放出的光子能量等于两个轨道的能量之差。

X射线荧光光谱在化学分析中主要使用X射线束激发荧光辐射，与其他新型的材料分析技术相似，该方法作为非破坏性分析技术和过程控制的工具，广泛应用于各种材料工业之中。由于目前使用仪器的局限性以及较小的X射线产量，元素分析往往难以量化，所以针对能量分散式的X射线荧光光谱仪，可以分析从轻元素的钠到铀；而波长分散式X射线荧光光谱仪可分析从轻元素的硼到铀。

1.3.2 观察硫和多硫化物的分布

图1-10(a) 显示的是锂硫电池的原位X射线荧光显微镜实验装置示意图，该设计改编自CR2032扣式电池，正极壳上有一个3mm的孔，覆盖着允许X射线通过的聚酰亚胺薄膜，对电池进行恒电流充放电。电解质是1mol·L^{-1} LiTFSI［双(三氟甲磺酰) 亚胺锂］在含0.2mol·L^{-1} $LiNO_3$添加剂的1,3-二氧戊环(DOL)/1,2-二甲氧基乙烷（DME）溶剂中。使用0.1C的电流密度进行放电（1C＝1672mA·h·g^{-1}），首圈放电曲线如图1-10(b) 所示。可以看到在2.4V和2.1V左右有两个明显的电压平台，这与Li/S电池体系在醚基电解质中的初始放电曲线一致。图1-10(c) 为硫电极在不同放电深度（DOD）下的粉末衍射图，硫的初始结构为α-S_8。α-S_8衍射峰的强度迅速下降，在大约13%放电深度的时候只有6%的初始强度，之后继续缓慢减小，在放电结束的时候完全消失。在低电压平台开始出现Li_2S衍射峰，峰强逐渐增加，在放电结束时达到最大值。图1-10(d) 中α-S_8 (222) 衍射峰和Li_2S (111) 衍射峰的积分强度显示Li_2S出现在放电至低电位时。在XRF中，可以使用两种类型的对比度信息：吸收率和相衬，相衬会锐化物体的边缘，调节样品和检测器之间的距离可以改变相衬的强度。图1-10(f) 中明亮的白点是硫，而线状的特征来自碳纤维集流体。仅使用吸收对比方式，可以很容易地观察到硫颗粒，但很难辨别碳纤维，可以通过增加相衬对比度的方式调节碳纤维的清晰度。另外，从图1-10(f) 中不同放电深度的显微镜图片可以看到，随着放电的进行，硫单质逐渐消失。为了同时识别硫纤维和碳纤维的位置和形貌，我们采用了增强相衬的实验结构。刚开始硫活性物质在碳集流体上是随机分布的，其尺寸分布是不均匀的，甚至硫的投影面积可高达4000mm^2。硫在放电过程中生成可溶性多硫化物，在放电深度至20%的时候硫单质消失，并且在接下来的放电过程中，显微镜图像上没有出现其他的分解信号。右下角的放大图片显示不同放电状态下的硫面积变化，表明硫的溶解是从边缘开始的。为了更详细地了解硫的溶解情况，对观察到的所有硫物质的面积变化进行了进一步的分析。图1-10(e) 给出了平衡态下各种硫物质之间的DFT计算结果，对于S_8，计算得到的DFT谱线随着锂浓度的增加而线性下降，与图1-10(d) 中结晶硫的信号呈线性下降的结果相匹配[9]。

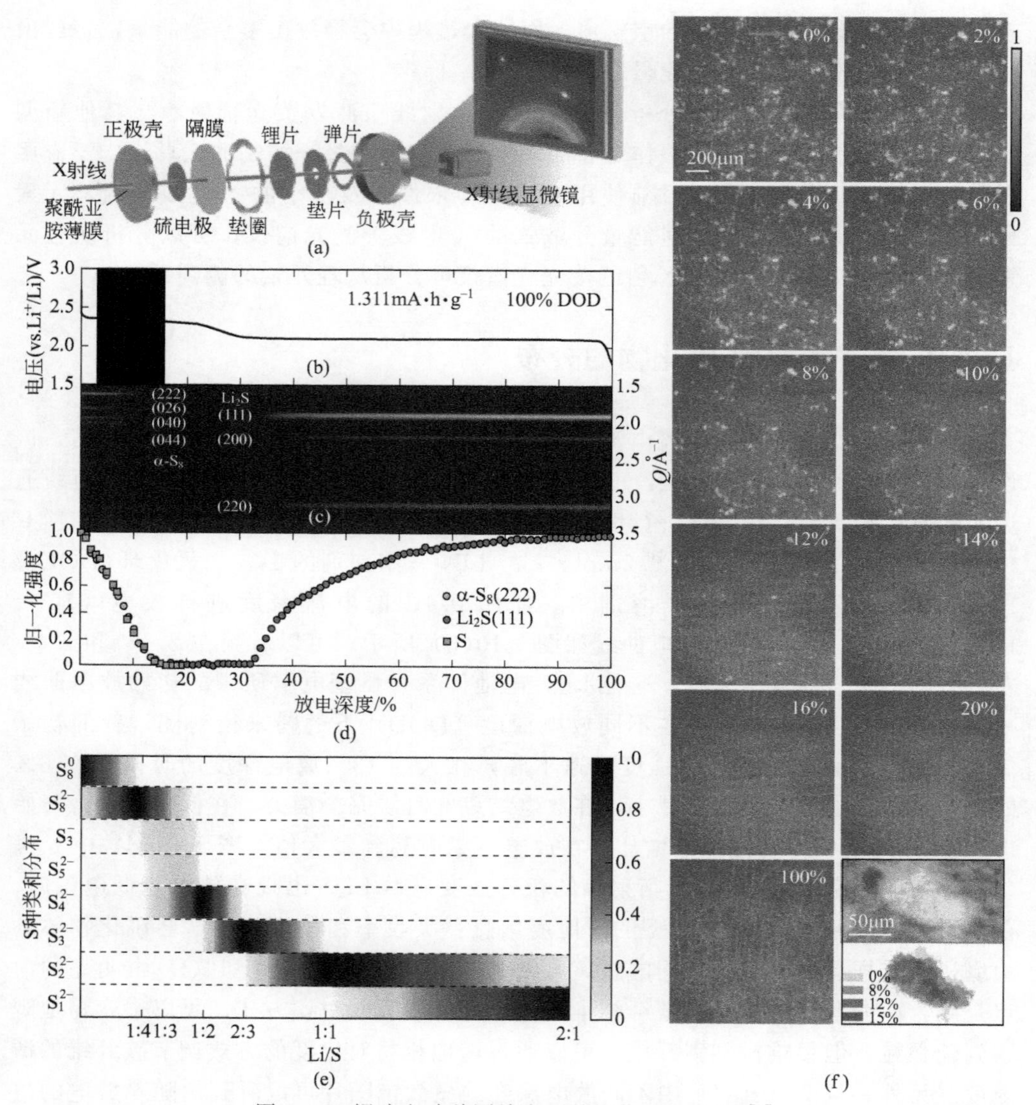

图 1-10 锂硫电池首圈放电下的原位 XRF 测试[9]

(a) 实验装置；(b) 放电曲线；(c) X 射线衍射谱；(d) 不同硫物质的归一化强度；
(e) 不同硫物质的 DFT 计算；(f) 不同放电深度下的硫正极的 XRF 图像

1.4 原位 X 射线反射

在 X 射线原位分析电池的方法中，X 射线反射（XRR）计对于表面和界面的状态测量是尤为有用的，因此在研究薄膜材料中有重要应用。在本书中的电池应用中，XRR 技术可以实现不用仪器直接接触样品的非破坏性测试，这是强 X 射线对电解液的穿透性决定的。所以在电化学反应中，通过 XRR 可以原位测量电池内部的电极和电极表面的固体电解质界面中的物质变化。

硅与石墨电极相比，容量更高，是锂离子电池的一种理想的负极材料。为了更好地理解锂离子电池中硅电极的锂化机理以及硅电极表面固体电解质界面的性质，本节将介绍一种能够用于 XRR 原位分析的硅电极电池，并且研究单晶硅片在第一个锂化周期内发生的物质变化。硅片锂化时，在表面会生成锂化硅（Li_xSi）以及固体电解质界面，研究人员可以通过 XRR 获取数据并通过计算机技术得到 Li_xSi 和固体电解质界面的厚度、电子密度和粗糙度。有意义的是，这一种实验分析方法提出了硅电极锂化的详细机理模型，实现了对固体电解质界面的非破坏性原位测量，并证实了用 XRR 技术进行电池电极材料原位研究的可行性。

1.4.1 原理与实验装置

同步辐射 X 射线反射（XRR）计的应用有助于识别任何表面上的薄膜。XRR 的基本工作原理基于菲涅耳平面反射定律的基本原理，两个理想光滑表面的折射率决定介质的反射率。XRR 分析方法可以提供沿垂直于表面的薄膜横向平均电子密度分布的详细结构信息，并且该技术通过直接测量沉积膜的电子密度代替光学技术来量化界面膜厚度，而光学折射率和膜厚度不能单独测量。反射率数据中的振荡周期代表薄膜厚度，而振荡衰减与表面粗糙度和界面粗糙度有关。原位操作过程中，XRR 可达到原子尺度来测定界面的密度、厚度和粗糙度。该技术在 Ag、Cu、Pt 和 Au 电化学界面原位研究中的应用已有二十年的历史，但在本文中的锂离子电池固体电解质界面研究中的应用还有很大的发展空间。

这里提供了一个典型的观察固体电解质界面的实验设置：首先，通过直流磁控溅射的方法在 Al_2O_3 上生长成非晶态硅/铬双层，伴随着非晶态物质的生长，X 射线的原位反射率的图表数据表明硅/铬界面最初是混合的；随后在开路条件和电化学电池中 24h 后，最终形成 Cr/CrSi/$CrSi_2$ 三层分层的形式，这种混合和横向合金化现象也经常出现在其他的分析实验中。样品在一个可透过 X 射线的电化学电解池中测量，并完全浸泡在 1.2mol·L^{-1} 的以质量比例为 3∶7 的乙烯碳酸酯和乙基甲基碳酸酯 $LiPF_6$ 溶液中，并且所有报告的电位都是相对于 Li^+/Li 氧化还原对的电位。该实验采用先进光子源 33BM-C 区四圈衍射仪，利用 20keV 光子能量测定 X 射线反射率，确定了相间的结构。对电解液吸收和溢出光束的数值大小进行合理更改后，原位 X 射线反射率适用于 4～9 层模型，其中各层的密度、厚度和粗糙度均是可变的，而电解质体积和衬底密度都是固定的[1]。

1.4.2 观察金属硅化物薄膜界面的锂化

根据前文提及的实验方式获得了第一次放电期间测量的反射率数据，图 1-11(a) 显示了由薄膜和锂金属对电极组成的半电池的锂化过程。为了进行比较，在这些测量期间所取得的循环伏安图如图 1-11(c) 所示。为了强调与界面密度变化相关的反射率及其傅里叶分量的变化，数据通过 q^4 的方式进行缩放，其中 q 是 X 射线动量传递函数。在开路即电压值为 2.74V 的状态下，反射率主要由与膜的总厚度相对应的频率分量所决定，另外额外的振荡分量每三分之一放大一次，证实了薄膜中存在三个子膜[10]。

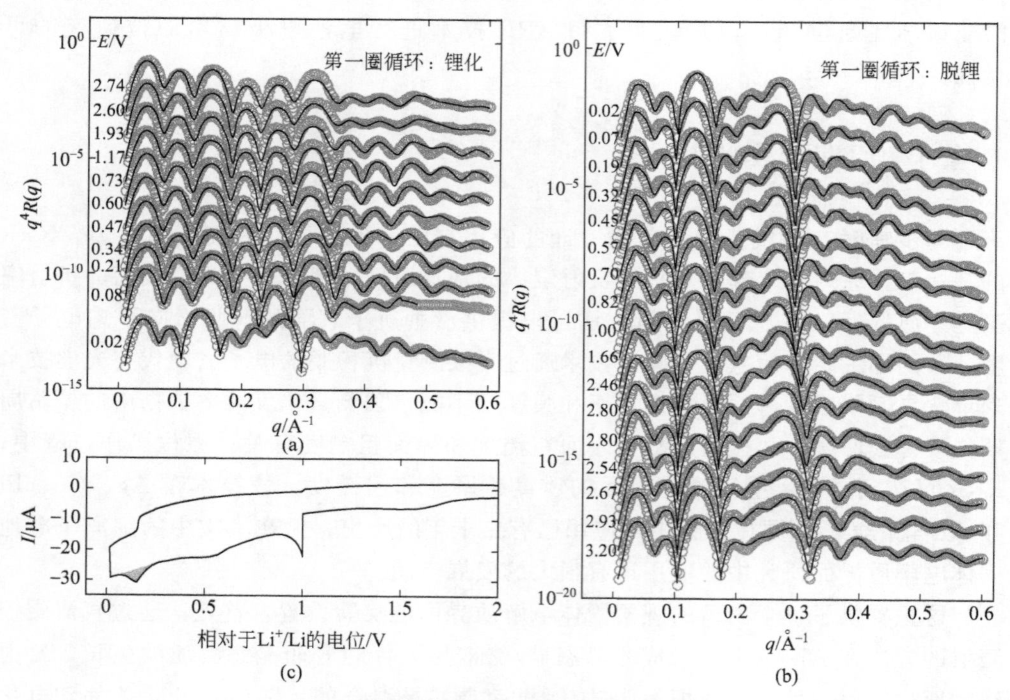

图 1-11 薄膜界面的原位 XRR 分析[10]

(a) 第一圈循环锂化时的 X 射线反射率；(b) 第一圈循环脱锂时的 X 射线反射率；(c) 第一圈循环的伏安曲线

由于反射率是在电位变化时测量的，因此在图 1-11(a) 中显示了在每个反射率曲线开始扫描时的平均电位。一般来说，在 5min 的扫描中除了 0.08V 扫描时突然出现的锂化现象外，系统反射率的时间变化很小，可以被视为准静态状态。在扫描接近最后时［图 1-11(a) 中 $q=0.4\text{Å}^{-1}$处］，Kiessig 条纹的扁平化表明，薄膜的界面显著变粗，并且只有底部与衬底的界面有助于反射率。此外，当电势保持在 0.02V 时，锂化电极的结构会迅速稳定。该体系的反射拥有的更高频率振荡代表整体膨胀，而明显的三阶跳动则表明各层界面的电子密度有更高的对比度。在第一个充电周期中，如图 1-11(b) 所示，反射率变化较小，在电势明显较高时变化逐渐减缓。

导出的密度剖面如图 1-12 所示，覆盖在每个剖面上的透明带表明在拟合中有 σ 的变化。在开路状态下，每一层的密度与已知的铬金属单质、CrSi 和 $CrSi_2$ 的值一致，如图 1-12 (a) 所示。当电位降低时，由于表面 Li^+ 浓度增加导致一个低密度区域在表面形成，该区域的电子密度在 0.5V 以下急剧下降，最终达到 $0.1e^- \cdot Å^{-3}$，这说明在这些极端电位的表面存在大量纯 Li^+。膜内变化最明显的是在达到 0.02V 后，每个埋藏界面出现 1nm 厚的低密度区域，与电子密度为 0.33～0.45 $e^- \cdot Å^{-3}$ 的硅化锂相对应。如图 1-12 所示，这些区域在较高的电势时开始形成，并且在 0.47V 和 0.08V 电势时密度处于单调下降状态。在此范围内，还可以看到在顶部两个界面近表面一侧的密度有一个微小的增加量，这可以归因于电化学作用下硅元素向界面扩散，在每一侧均会留下富铬相。在整个放电循环中，薄膜膨胀 29Å，比初始厚度高出 26%。

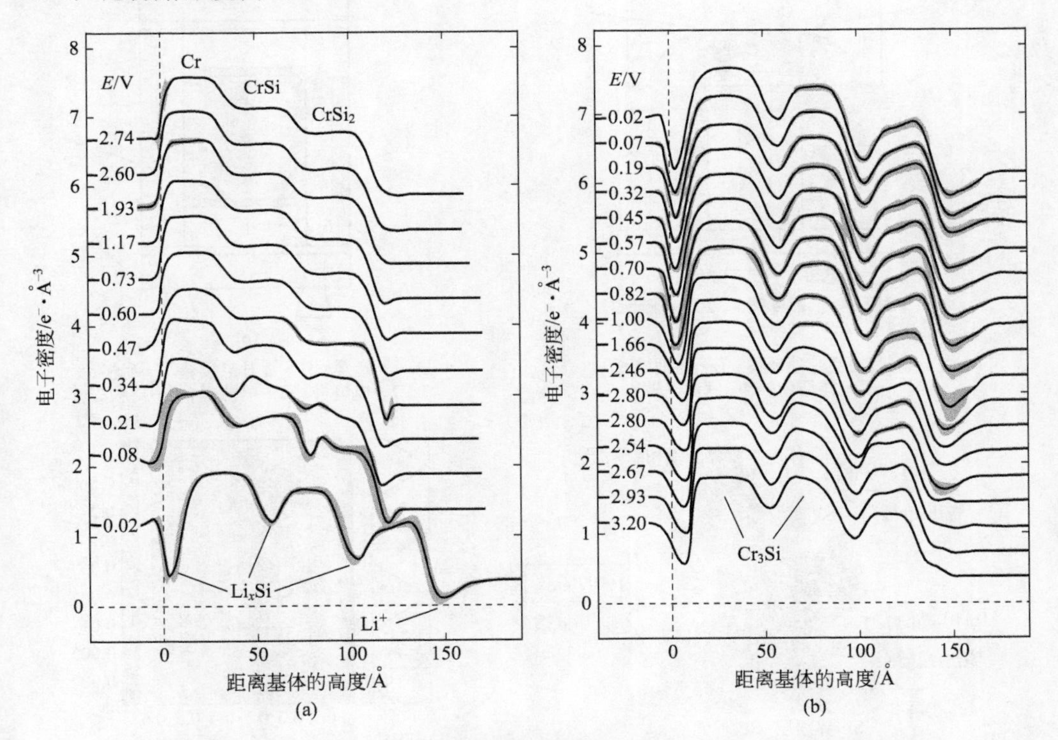

图 1-12　利用拟合的反射率将密度曲线绘制成与衬底垂直距离的函数[10]

(a) 锂化；(b) 脱锂

Fister 等人[10]利用 X 射线反射率的界面灵敏度，绘制了硅化锂薄膜作为锂离子电池电极模型的结构变化图。结果清楚地表明，锂化作用主要发生在层状硅化铬三层中的界面上，并且揭示了模型阳极与其第一个锂化作用周期相比其随后的电化学反应电化学响应差异的结构基础。界面锂化的观察可能会对一个众所周知的现象产生影响，即更小的颗粒尺寸（例如更高的界面密度）有利于硅化物和其他转换反应电池电极中锂化的动力学和可重复性，而反复循环的颗粒团聚会抑制其性能。通过 X 射线反射率可以很容易地解决在工作电极上的可逆锂离子积累，而以前未观察到形成在 0.02～0.1V 之间明显的锂表面过量现象，这可能是研究带电电极表面附近锂电解质溶剂化结构的新方法。从工程角度来看，为了提高电极的可逆性能，可以增加金属硅化物薄膜的厚度，以允许横向分离 $SiCr_x$ 相，类似于用于 CMOS 技术或热电的金属硅化物薄膜。更普遍地说，理解锂在界面处被运输和捕获的机制是获得良好运输和循环性能的纳米结构金属间电池电极设计的一个关键因素。

除上述研究方法外，Hirayama 等人[11,12]对 $SrTiO_3$ 衬底上外延生长的 $LiMn_2O_4$ 薄膜的限制晶格面进行了固体电解质界面研究，电化学电池的设计如图 1-13(a)、(b)

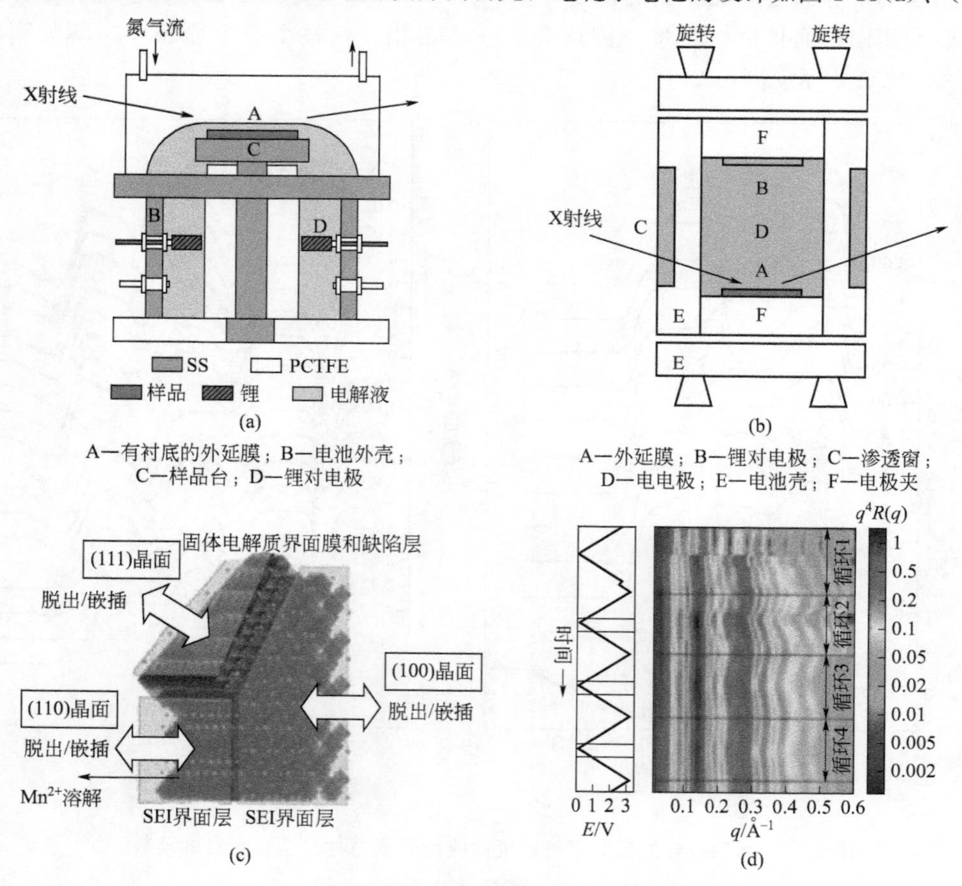

图 1-13　锂离子电池的原位 XRR 研究

(a) $LiMn_2O_4$ 电池设计[11]；(b) $LiCoO_2$ 电池设计[12]；(c) $LiMn_2O_4$ 中小面特异性反应的建议模型[11]；(d) 不同循环后硅化锂的 XRR 数据[10]

所示。他们观察到正极材料的电化学性质具有各向异性，这一属性随着电极上杂质相溶解后形成的表面膜密度的变化和表面粗糙度的变化而改变。此项研究还包括 $LiMn_2O_4$ 的（110）、（100）和（111）晶面上的特定电化学反应。他们认为，所有这些晶格平面在锂的插嵌和脱出过程中都是可逆的，但缺陷表面层形成在（111）平面上，锰的溶解只发生在（110）平面上，如图 1-13(c) 所示。通过同样的实验方法他们对其他电极系统进行了类似的研究，如（003）、（110）和（104）平面上的 $LiCoO_2$ 和 $LiNi_{0.8}Co_{0.2}O_2$ 验证。对于 $LiCoO_2$ 电极，他们观察到固体电解质界面仅在电化学活性平面（110）上形成，而（003）表面保持不变，而对于 $LiNi_{0.8}Co_{0.2}O_2$ 电极，固体电解质界面仅在（110）平面上形成，并且显示粗糙度和厚度增加。$LiNi_{0.8}Co_{0.2}O_2$ 的（003）面具有相同的厚度和密度，但在电化学循环过程中粗糙度增加，说明没有固体电解质界面的形成。

上面介绍的 Fister 等人[10]采用原位 XRR 技术，在 $LiPF_6$/(EC∶EMC) 电解液体系中使用 Li 对电极，研究了沉积在铬层上的合金基硅阳极锂化和表面膜的形成。如图 1-13(d) 中的反射率测量清楚地显示了一些不可逆薄膜在阳极表面的形成和溶解。因此，这项技术可用于研究界面上可逆和不可逆的成膜，并在操作条件下对所有正极和负极进行厚度测量。这项技术的独特之处在于它能够对任何电池的任何电极进行小平面特定的枝晶生长研究，但缺乏在界面上提供成分、形态和元素特定反应信息的能力。

1.5 原位 X 射线断层扫描

X 射线断层扫描技术（XRCT）已经发展为一种材料处理领域内的优秀工具，在锂离子电池的原位分析中，它能够在锂离子电池的复杂条件中进行定性和定量成像，并帮助研究人员理解电池的各种机理。在锂离子电池原位分析中，这种技术可以使原位电池旋转 180°来获取一系列二维图像，通过借助这些二维图像使用层析算法可以重建三维微观结构。XCRT 是一种非常通用的技术，它可以同时跟踪结构退化的影响，如电极分层、形态变化和化学降解。

1.5.1 原理与实验装置

X 射线层析成像是一个强大的工具，能够对复杂条件下的锂离子电池进行定性和定量成像，并有助于研究人员全面了解电池运作和降解机制。它包括获取观测样本的多个二维射线投影，并通过使用数学模型进行图像处理来构建三维图像。样品在光束和探测器的视野中旋转，在材料科学中常用的层析成像及其在锂离子电池中的应用如图 1-14 所示。

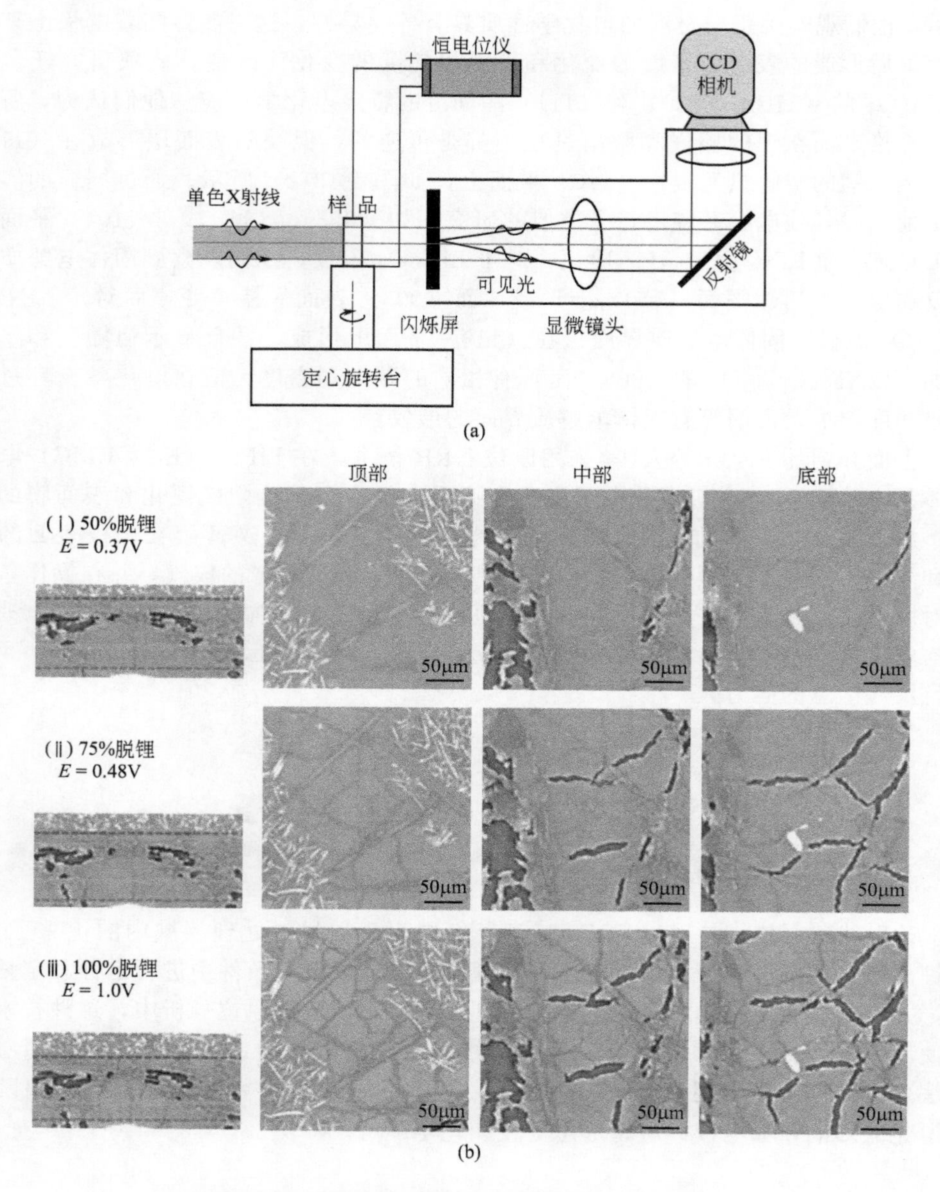

图 1-14 X 射线层析成像及其在锂离子电池中的应用

(a) 层析显微镜和相干放射学实验的装置示意图[13]；(b) 硅/碳纸电极顶部、中部、底部不同脱氢状态的 XRCT 图像[14]

为了讨论 X 射线断层扫描，这里提供一种在同步加速器上进行的基于衰减对比的实验，装置示意图如图 1-15(a)，该实验使用了准直且相干的 X 射线束，样品位于 X 射线束中，可以旋转至少 180°，如图 1-15(b)。当 X 射线穿过样品时，通过样品对能量的吸收，X 射线会部分衰减。闪烁计数器将透射的 X 射线转换为可见光，然后可以使用相机或检测器对可见光进行光学放大和成像。如图 1-15(c)，以旋转平台的一个固定角度拍摄的图像会产生一个所谓的投影图像，该图像提供有关该特定方向上样品的总吸收信息。然后旋转样本，并在每个度数的分数处获取新的投影图像。通过这组投影的计算提供了 X 射线断层图，即一组虚拟样本重建样本，其中包含成像 3D 空间中每个点的衰减数据。由于样品的每个相的系数都不同，所以样品的内部结构是可见的。

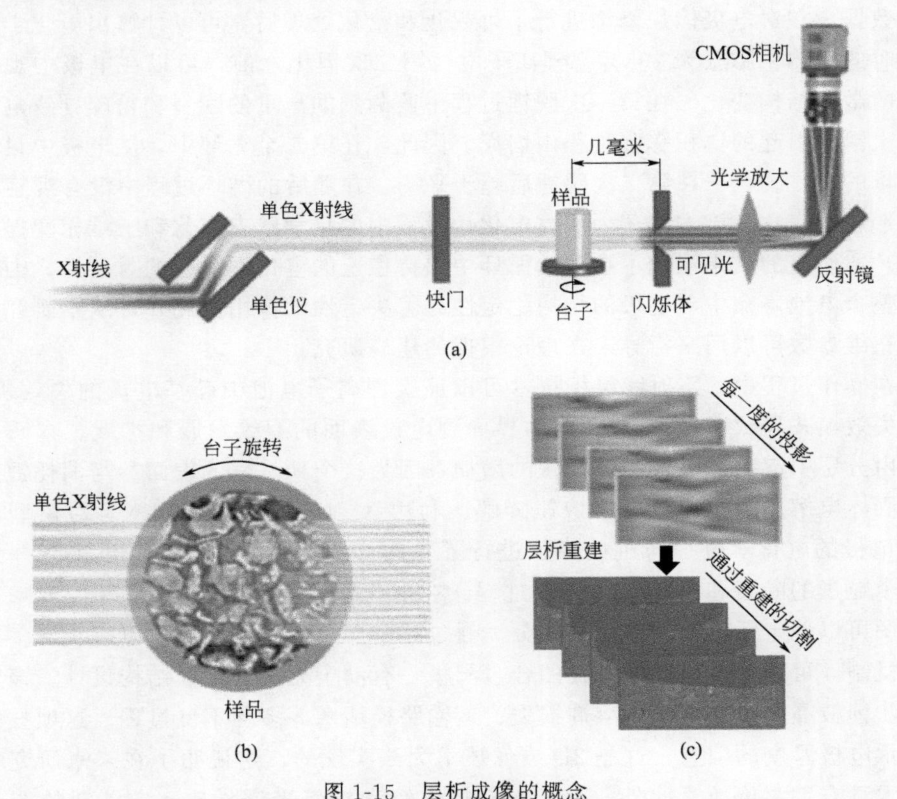

图 1-15　层析成像的概念

(a) 标准衰减对比实验装置示意图；(b) X 射线穿透旋转样品示意图；(c) 将以不同角度收集的一组投影重建为 3D 数据集（此处表示为一组虚拟削减）[15]

1.5.2　观察锂化过程中的形态演变和化学成分的变化

本节介绍采用原位 X 射线计算机断层扫描技术研究硅/碳固体电极在电化学循环过程中的结构变化。定性和定量分析了电极的各固相和气相的体积分数，以及电极在第一个锂化/脱锂循环中的三维形态变化。如图 1-14(b) 所示，从电极的顶部、中部和底部获得的图像显示，在第一次脱锂过程中，电极的底部开始出现裂缝。图像显示，这些裂纹是可逆的，在硅的体积膨胀过程中，即电极的第二次锂化过程中，这些裂纹趋于消失。然而，由于该例中使用的 XRCT 成像分辨率不足，无法检测单个硅颗粒的不可逆粉碎。通过增加整个电极厚度，可以观察到硅微粒电极和导电基质锂化引起的体积膨胀。离隔膜较近的颗粒发生了严重的破裂和电接触损失，这表明在锂离子的扩散和蔓延化过程中。颗粒由于裂纹的形成和扩展而断裂，而额外的表面暴露于电解液中形成 SEI 层。

此外，通过采用 X 射线纳米层析技术可以获得电极电化学循环过程中的三维定量数据。在对电极体积修饰进行了可视化和量化处理后，可以计算出电化学还原结束时的总体积膨胀为 258%。锂离子电池第二次锂化之前，可以在电极中观察到强烈的微观结构变化。在第一次脱锂过程中监测到的严重的断裂和粉碎导致电极在第二次锂化引起的体积膨胀过程中坍塌。因此，在第二个循环中，从电极中只提取出少量的 Li^{+}。粒子在第二次脱锂后趋于平衡，在随后的循环过程中没有观察到明显的形态学变化。该方法还为研究电化学过程中的化学状态变化和三维相变提供了机会。本研究的结果强调了在初始循环中保持稳定的电化学过程的重要性，因为它们在整个电池寿命中对电极的结构稳定性起着决定性的作用。此外，从本研究中获得的三维参数可以用来指导未来理论模拟的建模研究。

在操作过程中，X 射线层析技术可以证实锂离子电池中硅基电极的失效机制，这种失效模式导致了从电极/集电体界面到电极表面的裂纹发展和扩展。本研究测量了由分层引起的硅电极空隙面积的增加，因为这个新暴露的表面参与消耗锂离子形成固体电解质层并导致电池快速降解。利用 X 射线原位层析技术，对模型材料 SnO 电极的电化学过程与机械降解进行了全面详细的研究。同时，也观察并量化了单个粒子的断裂和电断开的演化过程。在电化学过程中，通过 X 射线衰减系数直方图可以确定活性粒子的化学成分。通过这个广泛的研究框架可以解决许多有争议的机制，可用于研究其他潜在的合金阳极，有助于先进的电极结构设计。该方法可检测锂枝晶形成、电解质溶剂损失、运输路径堵塞等多种不良过程。这项技术能够显示电极厚度的信息，这是 2D 成像技术无法实现的，这说明了在未来研究中这种技术具有重要价值。此外，由于与扫描电镜和拉曼光谱相比，它消耗的能量更少，只有少量的能量转化为热量，这会减少对电池内正在进行的过程的干扰[16]。

1.6 原位 X 射线吸收光谱

原位 X 射线吸收光谱（XAS）法是一种利用可调光子能量来监测 X 射线的吸收，从而在原子和分子水平上确定电子结构的吸收光谱法。可变的 X 射线光子能量通过在目标原子束缚电子的激发能量范围内进行扫描而获得 X 射线吸收光谱。

这种分析手段通常需使用同步辐射设备来提供高强度并可调变波长的 X 射线光束。与 X 射线吸收光谱相关的技术也分为多种，如 X 射线吸收精细结构谱（XAFS），或延伸 X 射线吸收精细结构谱（EXAFS）。另外，X 射线吸收光谱区段在接近目标原子的壳层电子激发处，目标原子的壳层电子吸收光子，会有一陡直的上升，被称为 X 射线吸收近边缘结构（XANES）或近边 X 射线吸收精细结构（NEXAFS）。

在锂离子电池的原位分析中，由于 X 射线穿透能力强，光谱中不同的目标原子吸收区域重叠性较少，所以具有相当广泛的应用。其受测样品可以是粉末、液体和气态样品。

1.6.1 原理与实验装置

X 射线吸收光谱法是一种广泛应用的技术，用于研究各种材料中吸收能量的原子的电子组成及其邻近区域。通过分析原位实验获得的 XAS 图谱，可以获得有关锂离子电池的复杂电化学反应机制和机理的验证信息，例如观察电极失效和各种氧化状态。原位 XAS 实验装置示意图如图 1-16(a) 所示[16]。

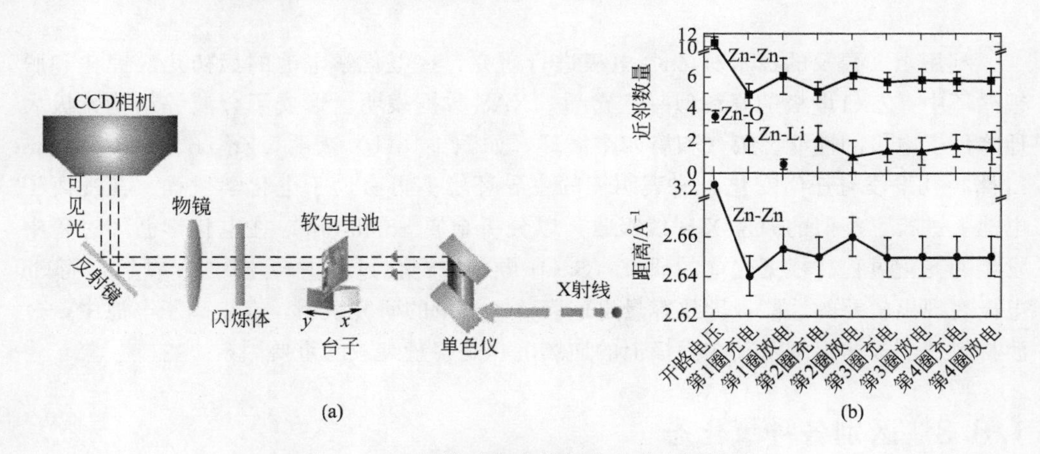

图 1-16　X 射线吸收光谱技术及其应用举例

(a) X 射线吸收光谱实验装置示意图[17]；(b) Zn-Zn、Zn-O 和 Zn-Li 的近邻数量（上）以及相应的原子间距离（下）作为充放电状态的函数，由拟合扩展 X 射线吸收精细结构光谱确定[18]

X 射线吸收光谱（XAS）确定的材料的局部几何结构和电子结构往往与电池中发生的氧化还原反应有关。吸收光谱中包含两个主要区域，每个区域都可以提供十分关键的分析信息，如 XANES 区域提供了氧化状态等信息，而在 EXAFS 区域可以获得有关分子结构的信息。

在这里用于原位测量的 XAS 电池与上文中用于 XRD 研究的电池非常相似。区别在于由于 XAS 光谱主要是在传输模式下产生，所以在电池中需要在顶部和底部对称位置设置两个 X 射线透明窗口以更好地穿透 X 射线，除此以外，可以使用碳纸代替金属箔作为集流体来增强透射性。此外，电池组件中存在的其他元素的吸收可以最小化。

在这里简述穿透法和荧光法两种实验方法。穿透法是目前常用的简便的方法，X射线光源经单光器选择光源能量后，引导至实验设备，以一气体离子腔侦测入射光源强度 I_0，光束通过离子腔之后，照射样品，再由穿透样品后的光束剩余强度 I_t 经过离子腔侦测。在离子腔侦测后，可选择性加置一参考标准即另一离子腔 I_r，以作为能量校正。在本文的原位实验中，改变光源之单光器来扫描目标原子的能量范围，即可以求取各能量位置的吸收度。穿透法的缺陷在于样品的浓度过高或过低时均会对分析产生影响。

另一种方法是荧光法，即利用目标原子在吸收光源后跃迁回基态所放出的荧光强度，来判定被吸收光子的能量大小。这种方法可将高浓度粉末或液体形态的物质作为样品，常用的侦检器为 Lytle detector，并以特定滤光片去除光源的影响。实验后测得的荧光强度与吸收强度成正比，可以得到吸收光谱。

1.6.2 观察化学成分变化引起容量衰减

利用上文提及的技术对 ZnO 电极进行研究，在电化学电池的最初几次锂化和脱锂循环中，ZnO 电极的降解似乎很严重。XAS 数据表明，形成了金属锌结构，极大地降低了电极的性能。第三和第四个循环，如图 1-16(b) 表明，Zn-Zn、Zn-O 或 Zn-Li 路径几乎没有任何变化，这表明锌的主导环境不再有助于电化学过程。在锂离子电池上进行了类似的原位 X 射线吸收，以分析金属 Sn 和 SnO_2 在电化学循环过程中发生的变化过程。根据先前的研究，SnO_2 颗粒在锂化过程中转化为 Sn 颗粒，而 Sn 电极表现出较差的性能，导致容量迅速衰减。大量的研究表明，在锂离子电池中，过渡材料从阴极的溶解及其在阳极上的连续沉积是容量衰减的重要因素[16]。

1.6.3 区别各种氧化态

当锂离子电池使用 $LiNi_{1/3}Co_{1/3}Mn_{1/3}O_2$ 作为阴极，在发生电化学反应时锰离子将会从阴极渗透到电解液中，在阳极中积聚，导致不必要的副反应。电解液的分解、活性锂的损失以及阳极侧电池阻抗的增加均会加重容量衰减，它们对容量衰减的影响比对 $LiNi_{1/3}Co_{1/3}Mn_{1/3}O_2$ 正极造成的损坏更严重。因此，深入了解锰在负电极上沉积的机理是很有必要的。为了了解锰在石墨阳极上的氧化状态变化，就需要通过实验验证锰在石墨阳极上的积累过程。为了研究这种情况，采用原位 XAS 技术，通过验证运行中的锂离子电池的时间和空间数据变化，有助于解决目标问题。该实验可以观察到，在运行条件下，无论充电状态如何，锰的氧化状态始终处于+2 价状态。用原位技术研究过渡金属溶解引起的负电极容量衰减具有十分重要的意义[16]。

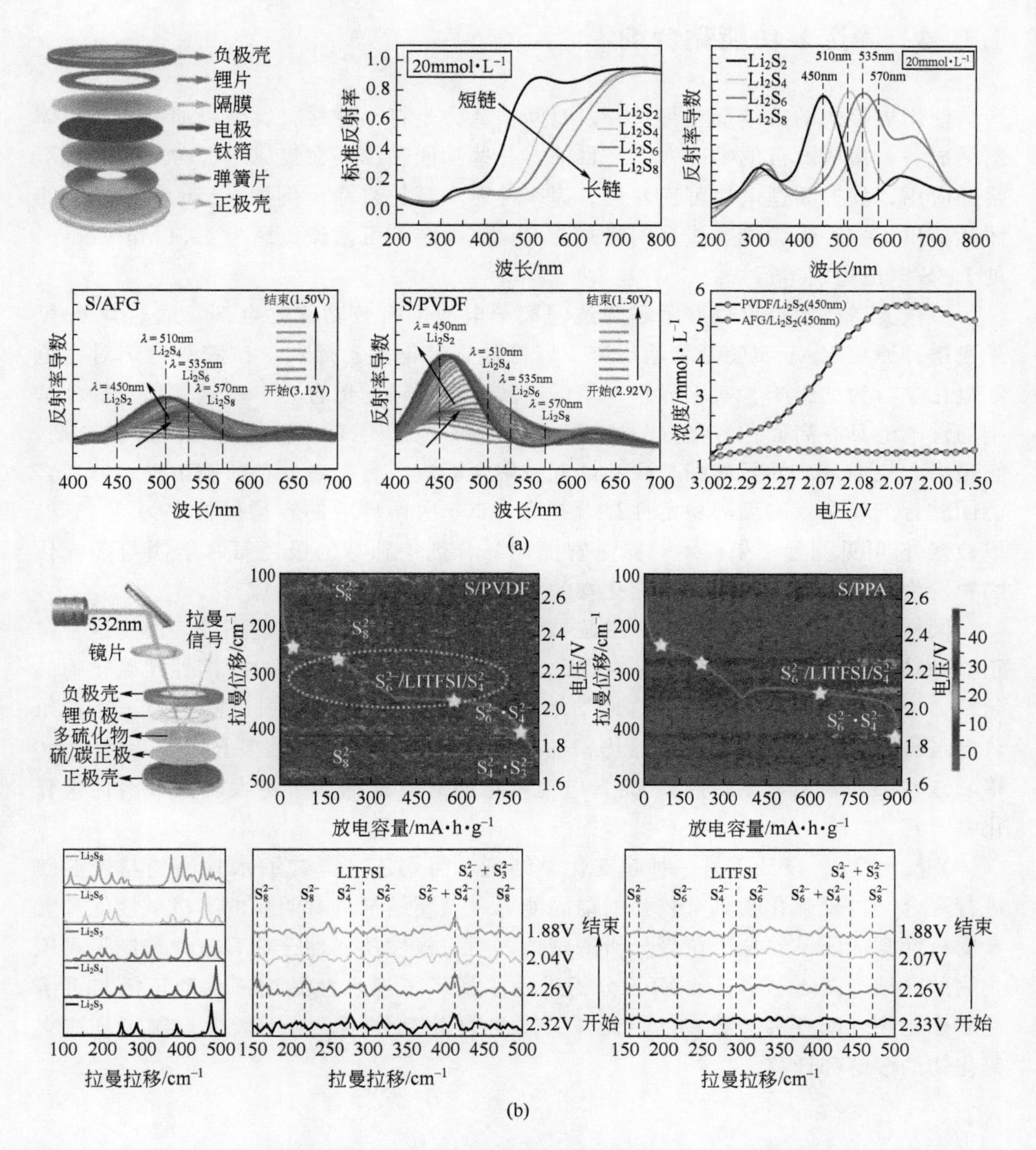

图 1-17　原位 XAS、紫外-可见测量、拉曼测试及其在电池中应用

(a) 左上为原位紫外-可见测量装置，右上为不同参比多硫化物（Li_2S_2、Li_2S_4、Li_2S_6、Li_2S_8）的实测紫外-可见光谱及对应的一阶导数曲线，左下为放电时氨基官能团黏合剂（AFG）硫电极和 PVDF 硫电极的原位紫外-可见光谱，右下为放电时，PVDF 和氨基官能团黏合剂硫电极的 Li_2S_2 浓度均发生变化[20]；(b) 分别使用 PVDF 和 PPA 硫正极的锂电池在不同电压下的原位拉曼测量装置、时间分辨拉曼图像和所选拉曼光谱（图中放电曲线分别为 S/PVDF 和 S/PPA 阴极的电压曲线）[21]

1.6.4 筛选多功能黏合剂

使用焊接式的黏结剂在很长一段时间被认为是将活性材料、碳添加剂和集流体黏结成一个集成电极的唯一方式。目前，一些功能黏结剂在集成电极时具有非常不错的应用，如提高锂电池可逆容量、速率性能和延长寿命。例如，Lin 和 Zhang 的团队提出了一种强力机械式多网络黏结剂，该黏结剂可使硫负载为 19.8mg·cm^{-2} 的 Li/S 电池稳定运行[19]。

原位光谱技术也可以展示和筛选锂离子电池的有效功能黏合剂。通过紫外-可见光谱和原位 XAS 实验系统地研究了聚钾盐、聚偏氟乙烯和卡拉胶黏合剂对锂电池电化学行为的影响。实验显示，聚酰亚胺有着不错的黏合力，以这种黏合剂为基础的锂电池具有高面积容量（33.7mA·h·cm^{-2}）。还有一种氨基官能团黏合剂，它是由六亚甲基二异氰酸酯与聚乙烯亚胺聚合而成，目标是高负荷硫正极。氨基官能团黏合剂硫正极的循环稳定性显著提高，600 次循环后的容量保留率为 91.3%。原位紫外-可见测量结果显示，氨基官能团黏合剂中独特的极性氨官能团与多硫化物锂发生反应，大大缓解了多硫化物的穿梭效应，如图 1-17(a)。

同样，一种共价交联聚丙烯酰胺黏结剂被设计用于制备含硫正极，由于这种硫正极黏结剂中含有丰富的酰氨基，因此具有良好的拉伸性能和对可溶性聚硫化物的亲和力。原位拉曼分析证实了这种黏结剂对 Li_2S_6 和 Li_2S_8 的强锚固能力。在初始放电过程中，硫正极电池中多硫化物的拉曼信号明显下降，是 S-PVDF 电池的 10 倍。这些结果表明，黏结剂在 Li/S 电池放电时有效地捕获了绝大多数可溶性聚硫化物[20]。

Xiong 等[21]设计了另一种超支化黏结剂，将聚乙二醇二缩水甘油醚与聚亚胺进行聚合，对聚硫化物具有较强的锚固能力。该黏结剂具有明显的高机械性能和大量的极性官能团。原位微拉曼分析清楚地表明，极性功能黏合剂有效地抑制了多硫化物的穿梭［图 1-17(b)］。XPS 分析进一步揭示了亲水性黏结剂基硫正极与可溶性多硫化物之间存在多维的 Li-O、Li-N、S-O 相互作用，从而大大抑制了长链多硫化物的溶解和迁移。

1.7 原位 X 射线拉曼散射

当波长一定的光定向地通过物质时，会有一些光发生散射，而散射产生的光中含有一些较弱的光，其波长与原来光的波长相差一个恒定的数量。这种单色光被介质分子散射后频率发生改变的现象，称为并合散射效应，并且这种现象是由于光的非弹性散射引起的，将这种现象称为拉曼散射。

随着激光技术的迅速发展，逐渐将X射线等作为拉曼光谱的光源，使得拉曼光谱分析技术更为完善。电荷分布对称的键的红外吸收很弱，不易通过红外光谱分析法来验证，但是拉曼散射可用于检测这些键，除此以外拉曼光谱振动谱带的叠加效应较小，谱带清晰，有利于整个分子的骨架振动特征分析。

1.7.1 原理与实验装置

原位X射线拉曼散射是用来研究晶格及分子的振动模式、旋转模式和系统里的其他低频模式的一种分光技术。拉曼散射为非弹性散射，通常用来做激发的激光范围为可见光、近红外光或者在近紫外光范围附近。激光与系统声子相互作用，导致最后光子能量增加或减少，而由这些能量的变化可获得声子模式。这和红外光吸收光谱的基本原理相似，但两者所得到的数据结果是互补的。

通常，一个样品被一束激光照射，照射光点被透镜所聚焦且通过分光仪分光。波长靠近激光的波长时为弹性瑞利散射。自发性的拉曼散射是非常微弱的，并且很难区分开强度相对于拉曼散射高的瑞利散射，使得得到的光谱微弱，导致测定困难。一般光谱只能得到频率和强度两个参数，而拉曼光谱还可以测定分子的另一个重要参数——退偏比，偏振器在垂直入射方向时测定的散射光强度与偏振器在平行入射光方向测得的散射光强度的比值定义为退偏比，拉曼光谱在测定分子结构的对称性及晶体结构方面有重要意义，这在本书的锂离子电池原位分析技术中都是有着不错的应用。

所有的原位电化学拉曼电池组装在一个惰性气体填充手套箱内。在反复循环过程中，电池是完全密封的，目的是隔离空气和水分。首个原位电化学拉曼电池的照片及相应的绘图和组装如图1-18(a)所示。简单地说，原位拉曼电池是由不锈钢制成的一个矩形体。四个玻片被放置在底部，以隔离电极和外壳。然后将矩形电极和隔膜放置在腔内的玻片上，两侧用不锈钢接触棒固定。在组装过程中要注意防止短路和污染。在随后的研发进展中，通过不断地简化电池结构实现了对一个简单修改的扣式电池的原位拉曼测量[22]。通常情况下，现场分析有两种不同的结构，如图1-18(c)，为了研究充放电过程中硫阴极的变化，通过在负极装备透明窗、使用穿孔金属锂阳极和隔膜来保证聚焦激光束能够到达硫阴极表面。所以在本分析实验中，硫阴极的表面化学信息可以实时采集。为了监测Li/S电池循环过程中在硫电极附近产生的中间体，实验通常在硫阴极的中心打一个小孔，借助辅助器将激光束聚焦在硫电极附近的一点。在放电/充电过程中，可收集硫电极周围可溶性多硫化物的拉曼信号，实时监测电解液的组成变化。此外，一种简单的密封瓶型单元设备可以用于在没有隔膜的情况下原位测量多硫化物介质的拉曼光谱，如图1-18(b)。

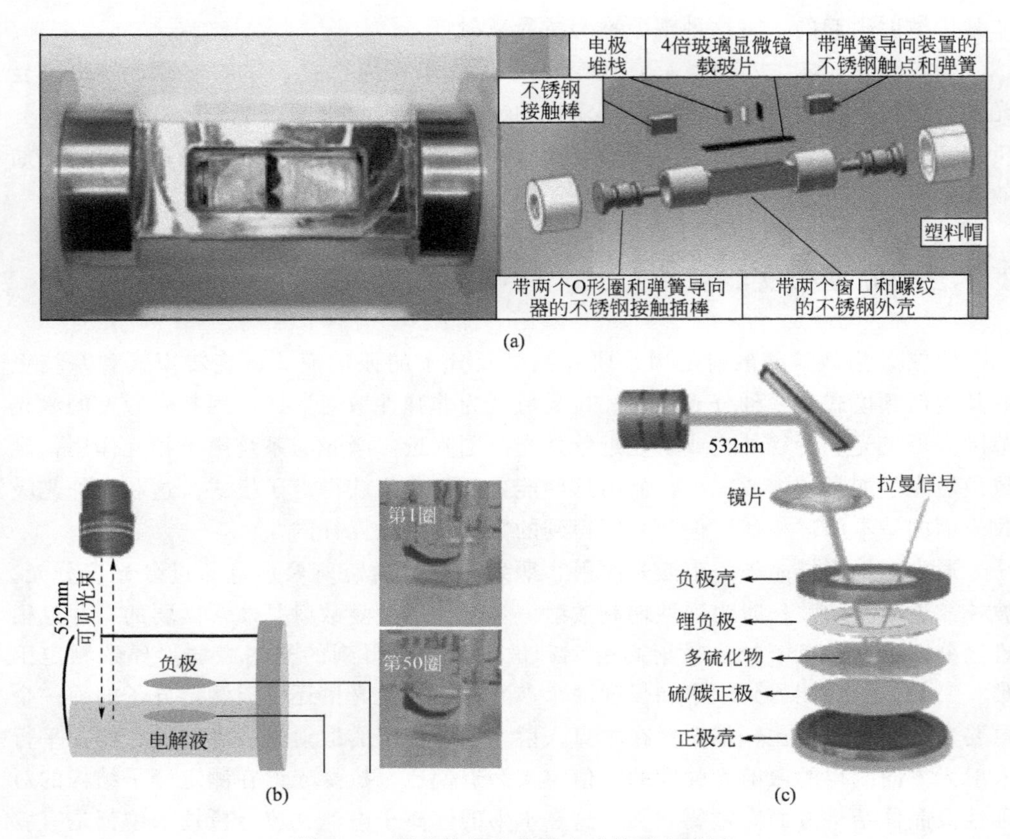

图 1-18 原位拉曼电化学电池的研究进展

(a) 原位拉曼电池，左侧面板为电池窗口与电极堆栈的照片，右侧面板为绘图和组装[23]；(b) 一个简单的密封瓶型原位拉曼电池[24]；(c) 原位扫描拉曼装置[25]

1.7.2 观察石墨电极电子结构变化

常见的锂离子电池中除石墨电极以外往往含有其他碳成分，如铝/聚乙烯层压薄膜、隔膜和电解质溶液，而这些含碳成分导致原位 XRS 测量分析中所有含碳组分的光谱重叠。如图 1-19(a)，为了克服这一问题并获得石墨电极的光谱，采用了一种垂直聚焦光束的类共焦方法。X 射线束垂直聚焦到大约 24μm，通过一个带有弯曲机械装置的 rhodium-coated 硅镜，以 5°的角度辐射到电池上。测量分析晶体的接收角为 0.068°，对应于沿光束方向 1.5mm 的接收宽度。这时 XRS 的分析区域设置在入射光束的重叠区域和分析仪的接受宽度内。测量电池弹性散射强度与垂直位置的关系来确定最佳垂直位置，最佳垂直位置还与电池各组件的厚度有关。图 1-19(b) 显示了在调整好的垂直位置获得的电池的碳 K 部 XRS 光谱，以及分别测量的每个含碳组分的光谱，通过光谱可以计算出入射 X 射线能量减去弹性峰值能

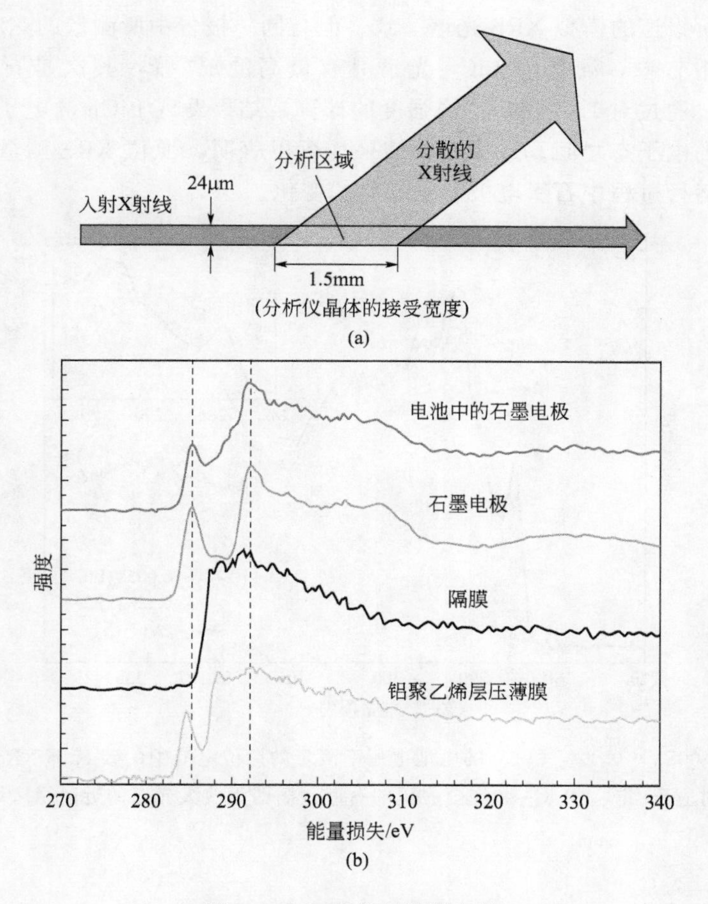

图 1-19　XRS 测量石墨电极

(a) XRS 测量分析区域示意图；(b) 原位电池中石墨电极的碳 K 部 XRS 光谱（第一条）以及分离电池组件（单石墨电极、隔膜和铝聚乙烯层压薄膜）的参考光谱[26]

量的值，即水平轴上的能量损失。电池的光谱与单独的石墨电极的光谱几乎相同，仅仅光谱特征较宽。此外，获得的光谱与隔膜或铝/聚乙烯层压薄膜的碳光谱不同。上述的结果表明，类共焦方法能够从含有多个含碳组分的电池中提取石墨电极的碳 K 部 XRS 光谱。另外，在一些研究中将忽略电解质溶液对光谱的影响，少量浸在石墨电极中的电解质溶液对碳 K 部 XRS 测量的影响微乎其微。

图 1-20 显示了在 0.005V、0.12V 和 2V 的电池电压下测得的电池中石墨电极的碳 K 部 XRS 光谱。在约 285.5eV 处出现的峰值对应于从 1s 到 π^* 的电子跃迁，在约 290eV 处的宽特征峰是 1s→σ^* 跃迁峰。观察到电池放电时的主要变化，即去锂化（见图 1-20）。随着石墨电极中锂含量的降低，1s→π^* 跃迁强度增大，1s→σ^* 跃迁开始向高能量方向移动。观察到的石墨的 π^* 峰强度与 LiC_6 的 π^* 峰强度变化符合实验和理论研究的结果。LiC_{12} 的 π^* 峰位于 LiC_6 和石墨的 π^* 峰之间。这一趋

势与文献中所报道的模拟 XRS 光谱一致，但与同一报告中所测量的 XRS 光谱不一致，在同一报告中，测得的 LiC_{12} 光谱具有最高的 π^* 峰，其次是石墨，然后是 LiC_6。然而，通过对 LiC_{12} 的 π^* 峰强度的计算，结果发现 LiC_{12} 的电子态应该介于 LiC_6 和石墨的电子态之间。这些实验结果均可以表明，原位 XRS 测量可以准确地检测出电池运行过程中石墨电极电子结构的变化。

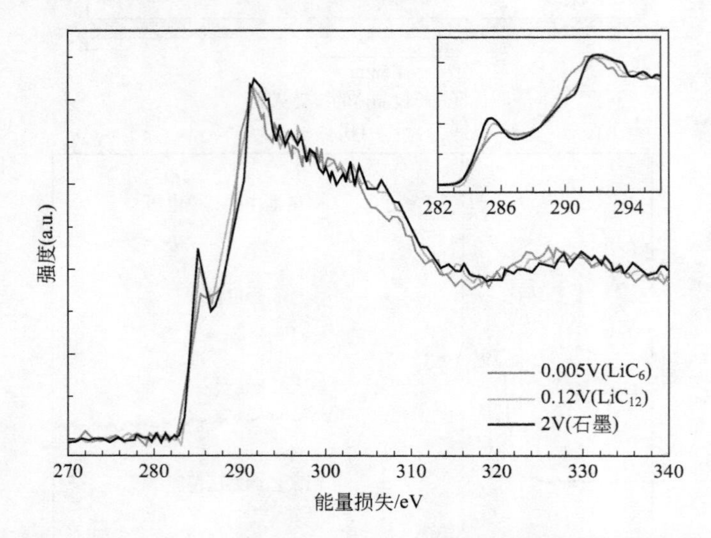

图 1-20 在 0.005V、0.12V 和 2V 的电池电压下测量的原位电池中的碳 K 部 XRS 光谱的比较，分别对应于 LiC_6、LiC_{12} 和完全去硫的石墨（插图为放大光谱的近边缘区域）[26]

第 2 章

电化学原位傅里叶红外光谱

原位傅里叶红外光谱（FTIR）法是一种吸收式光谱法，这种方法可以广泛用于区分具有不同官能团的分子。不同的化学官能团只有在一些特别的频率上才会吸收红外光，引起目标分子的振动能级和旋转能级的特定跳跃。在获得红外光谱数据后，通过干涉仪与傅里叶变换相结合，可以将测得的红外光谱转化为 FTIR 光谱。利用 FTIR 及原位显微镜傅里叶变换红外反射光谱（MFTIR）技术、原位偏振调制傅里叶变换红外光谱（PM-FTIR）研究锂硫电池的反应机理时，具有成本低、采集时间短、操作简单等优点。在含硫电极的电化学反应中，FTIR 可以根据 S-S 振动模式来识别各种多硫化物。在众多锂离子电池原位分析方法的帮助下，可以清楚地显示出在聚合物或离子液体电解质中多硫化物的溶解程度和迁移动力学。所以，本章介绍的各种原位傅里叶红外光谱技术在辅助设计新型功能电解质、添加剂以及聚合物和全固态电解质等锂电池方面具有广阔的应用前景[26]。

2.1 原位傅里叶变换红外光谱

在电池中，固体电极与液体电解质接触的界面上充满了离子分子、溶剂、偶极物种以及在电场作用下以固体或半固体形式存在的溶剂和离子的化学分解产物，这些产物的化学变化和反应机理通常很难无损地研究和化学鉴定。红外光谱利用电磁辐射的红外辐射对电池界面物质进行分析，即是一种通过激发分子振动、旋转等单一或组合性的变化来改变偶极矩的分析方法。

傅里叶变换红外光谱（FTIR）与拉曼光谱非常相似，但它是基于红外光的吸收而不是非弹性散射。锂离子电池界面上的 FTIR 分析与拉曼光谱相比，傅里叶变换红外光谱的信号更强。在本书的锂离子电池应用中，电池中的电解液成分有时会产生化学分解，使得电池中有几种界面反应。由于 FTIR 对这些电池中的有机分子非常敏感，可以很容易地帮助科研人员分析电化学循环过程中电解质的分解、反应机理、气体的产生、过充损伤、溶剂的层化以及 SEI 的变化。在研究过程中通常采用玻碳电极作为阳极来研究碳材料表面的 SEI 形成，这是借助了碳材料具有良好的红外反射性能和非锂插层特性。需要注意的是，常见的物质如氧气、二氧化碳、水等均会对光谱产生很大影响[26]。

2.1.1 原理与实验装置

FTIR 是一种用来获得固体、液体或气体的红外线吸收光谱和放射光谱的技术。傅里叶转换红外光谱仪同时收集一个大范围内的光谱数据，这给予了在小范围波长内测量强度的色散光谱仪一个显著的优势。傅里叶转换红外光谱仪是源自傅里叶转换，需要将原始数据转换成实际的光谱。

所有吸收光谱的目的均是要测量样本在每个波长吸收了多少光。傅里叶转换光谱是照射一束含有许多种频率的光并测量有多少光是被样本所吸收的，然后不停地更改光束的频率，然后获得第二个数据。经过大量的重复多次实验后，电脑将所有的数据整合分析并推断出在每个光波长下的吸光值。

光源涵盖大量的波长，傅里叶转换光谱就是利用光源发出的光束来进行测量，光线射到了由一定组态的镜子所构成的迈克尔逊干涉仪，其中一面会产生移动。当镜子移动时，光束中每个波长的光会受到干扰，在经过干涉仪时造成周期性的阻断、传输。不同的波长会有不同的速率，所以在每个时刻，光束在通过干涉仪后都会产生不同的光谱。

如图 2-1 所示，本节介绍几种不同红外透明窗口（如 BaF_2、CaF_2、ZnSe 和 NaCl）的原位 FTIR 装置在电化学电池研究中的应用。对于原位 FTIR 的电化学应用，在研究吸附在 Ag、Pt 和 Au 电极溶液界面上吸附剂的化学结构时，建议将电极表面保持在离红外窗口很近的位置，这样电解液溶剂只是一个很薄的层，使溶剂的影响最小化。近年来，衰减全反射技术（ATR）通过简化样品制备和具有光谱重现性，改变了传统的 FTIR 技术，这项技术基于全内反射现象，即测量与分析样品接触后红外辐射的变化。

FTIR 需要解决一个关键性问题就是电解液和降解的电解液产物之间拥有重叠峰，这些峰类似于 SEI 形式，使电化学中化学物质与反应进行的状态难以区分。为了解决这一问题，使用偏振红外辐射或者改变使用的溶剂，例如用四氢呋喃代替有机碳酸盐。

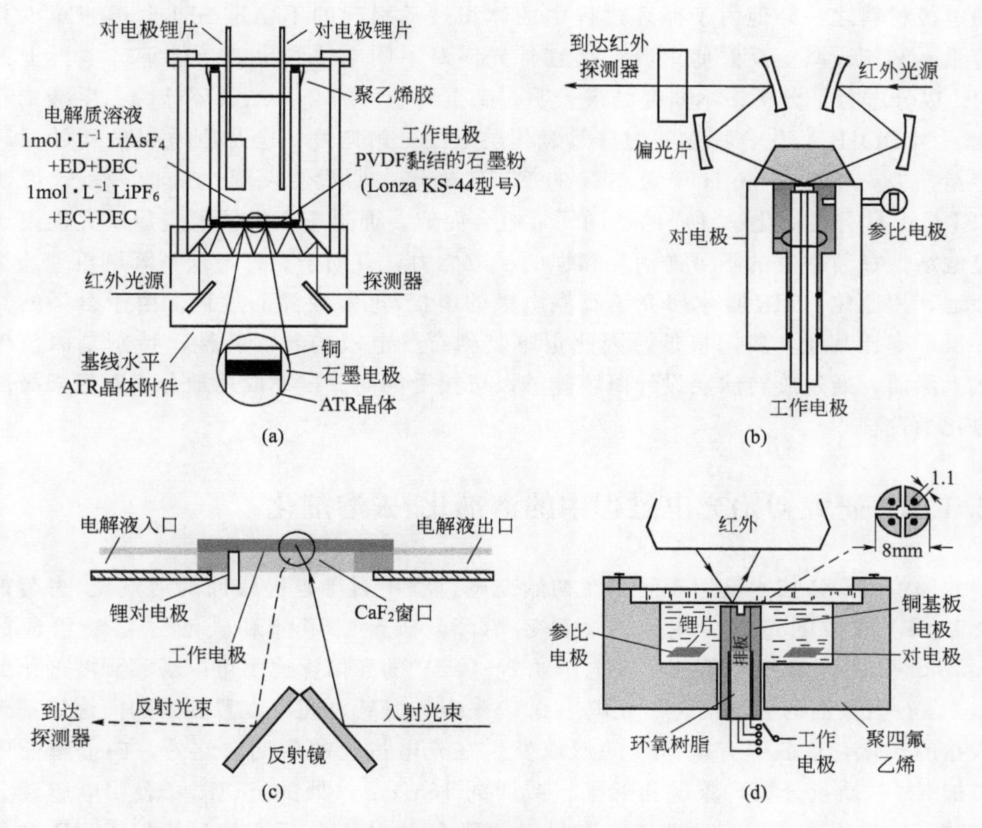

图 2-1　几种不同性能的原位 FTIR 电池方案[27-30]

锂离子电池中的有机电化学往往会导致有机化合物的聚合，这种聚合是由有机分子向电极的电子转移导致的，这些聚合物不溶于现有体系，作为界面层沉积在电极上，影响电化学反应性能。

2.1.2　观察薄膜电极动态行为

在锂离子电池中，定量分析与定性分析一样重要，但由于缺乏现成的相关分析工具，定量分析一直没有得到重视。在大量的原位分析方法逐渐成熟时，利用 FTIR 技术进行锂离子电池中化学物质定量分析，可以帮助评判薄膜电极的动态行为。

原位 FTIR 可以提取有关 SEI 的有价值的信息，例如 SEI 的厚度在锂化过程中持续增加，在脱锂过程中锂离子减少到一定程度时停止增加。研究 SEI 的电化学成分对于深入了解不同条件下形成的电解质分解产物和 SEI 的化学稳定性有着重要作用。硅因其具有优异的理论能量密度从而成为锂离子电池阳极材料中最有前途的电极材料之一，但由于循环过程中的体积波动引起的不稳定 SEI 会迅速减少其容量。利用衰减全反射傅里叶变换红外光谱对不同电位和表面条件下硅电极上的 SEI 成分进行了分析。本研究结果表明，高抗离子性的 2,5-二氧环己烷二甲酸二乙酯（DEDOHC）化合物在硅的自然氧化层上的分解产物，会加剧电极的初始循环容量损失。非晶态 Si/H 电极 SEI 的 FTIR 光谱表明没有明显的吸收峰，这说明 SEI 是由具有类似化学性质的不同元素组合而成。通过 FTIR 技术定量研究锂离子电池活性材料中氢的不可逆消耗和锂的扩散能力，有助于更好地理解降解机理。类似地，用原位 FTIR 技术研究了石墨电极的电极/电解液界面过程。由于石墨的红外反射率比其他金属阳极低，因此很难监测石墨电极的界面特性，特别是原位模式。然而，通过旋转涂层设计薄膜能够以可接受的高分辨率成功地分析石墨阳极的电化学过程[16]。

2.1.3 研究初始充电过程中的溶剂化/去溶剂化

原位 FTIR 技术已用于研究在初始充电过程中石墨电极表面的溶剂化/去溶剂化和 SEI 形成的过程。使用由碳酸乙烯酯、碳酸二甲酯和碳酸二乙酯组成的 1.0mol·L^{-1} $LiPF_6$电解液，在电压 3.2～0.5V 的高信噪比下可以观察到溶剂化的 Li^+在石墨表面的去溶剂化。在电压 0.05～0.0001V 之间可以看到溶剂向锂烷基碳酸盐的转化，这表明有机 SEI 的形成发生在充电过程的后期。此外，向电解液中添加 5%（质量分数）碳酸乙烯酯，减弱的 1657cm^{-1}处的 FTIR 峰表明电解液分解减少，说明 SEI 层有所改善。在另一项研究[31]中，使用原位显微镜 FTIR 在分子水平上研究了 Sn-Co 膜阳极的界面性质，并获得了不同浓度 $LiPF_6$的透射光谱，通过比较，以了解电解质中 $LiPF_6$浓度对电解质分解产物的影响。类似地，另一项基于原位 FTIR 的工作研究了各种乙烯电解质添加剂的还原，这有助于将来的锂离子电池系统开发[32]。

然而，单凭 FTIR 不足以理解电池退化过程的影响因素。它需要与其他技术相结合，在成像支持下解释相关的退化现象[16]。

2.1.4 研究添加剂的还原

Ein-Eli 等人[33]采用原位 FTIR 光谱研究了 1mol·L^{-1} $LiPF_6$ 电解液中硅电极上固体电解质相界层的形成和演化。结果表明，锂碳酸烷基盐是在锂化过程中通过 EC/DMC 的单电子还原、自由基反应形成。有趣的是，研究表明大部分 SEI 物质实际上是在脱锂过程中形成的。低电压过程中产生的低电位二氧化碳（CO_2）在高电压过程和随后的脱锂过程中被消耗，从而形成碳酸锂。

稳定的 SEI 对锂离子电池阳极循环性、库仑效率和安全性起着至关重要的作用。然而，SEI层在硅负极材料上是不稳定的，它在循环过程中增厚，导致电池性能变差，因此限制了硅作为一个可行的负极。大量的研究工作使用了非原位技术（SEM、FTIR、XPS）。然而，非原位方法不可避免地会存在人为影响。而原位技术可以提供关于SEI膜形成和演化的相对准确和详细的信息。一般来说，原位FTIR是研究SEI层形成的一种有效方法。然而，在Si粉电极上对SEI膜的原位FTIR研究很少报道，电解质、炭黑和Si粉末对IR的强烈吸收明显阻碍了这类研究。为了对硅粉电极上SEI的形成和演化进行准确的分析，原位ATR-FTIR光谱电化学电池被开发出来，最终实现了对SEI是如何在锂离子电池的易脆硅阳极上形成的传统观点的修正。

硅电极第一个极化周期的电位与比容量图如图2-2(a)所示。锂化硅合金曲线包括快速电位降［从OCP到1.3V，后跟一个倾斜下降（从1.2～0.11V）］和平稳区（0.11～0.01V）。锂化初始电位大约在0.11V。微分容量图［图2-2(b)］显示在锂化分支有一个约为0.87V的小峰和一个约为50mV的显著峰。在0.87V处的峰可以归因于Si阳极上形成了SEI。这种在锂化之前出现的峰，通常归因于SEI的形成，其特殊的电位很大程度上取决于特定的硅材料结构。锂化过程中的尖峰出现在约50mV处，源于非晶态Li_xSi向晶态$Li_{3.75}Si$的相变，而在去锂化过程中的两个明显的阳极峰（分别为0.32V和0.48V）则归因于Li_xSi合金的相变。

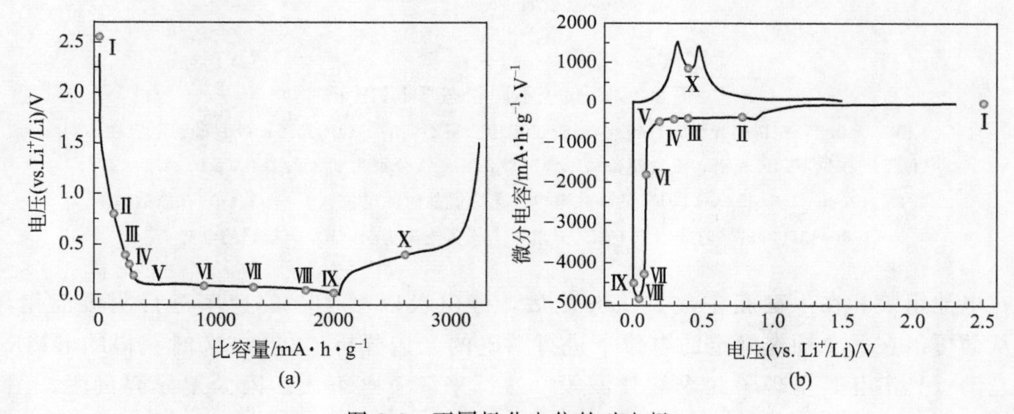

图2-2　不同极化电位的硅电极

(a) 电压与比容量；(b) a硅电极在第一个周期（C/100）对应的微分容量（dQ/dV）与电压（在锂化过程中，从OCP到0.01V开始和从0.01V到1.5V开始对Li金属进行极化。标注点Ⅰ～Ⅹ表示获得FTIR光谱的特定电位[33]）

到目前为止，三种类型的原位FTIR-ATR电池结构被设计并用来监测电极的表面化学。Ein-Eli等人[33]设计的原位FTIR-ATR光谱-电化学半电池，克服了这些挑战。

图2-2和图2-3为将硅电极极化到所需电位及相应的原位FTIR光谱。从原始的硅电极（组装前）获得的FTIR光谱非常弱，并且没有显示出可观察的吸收带。

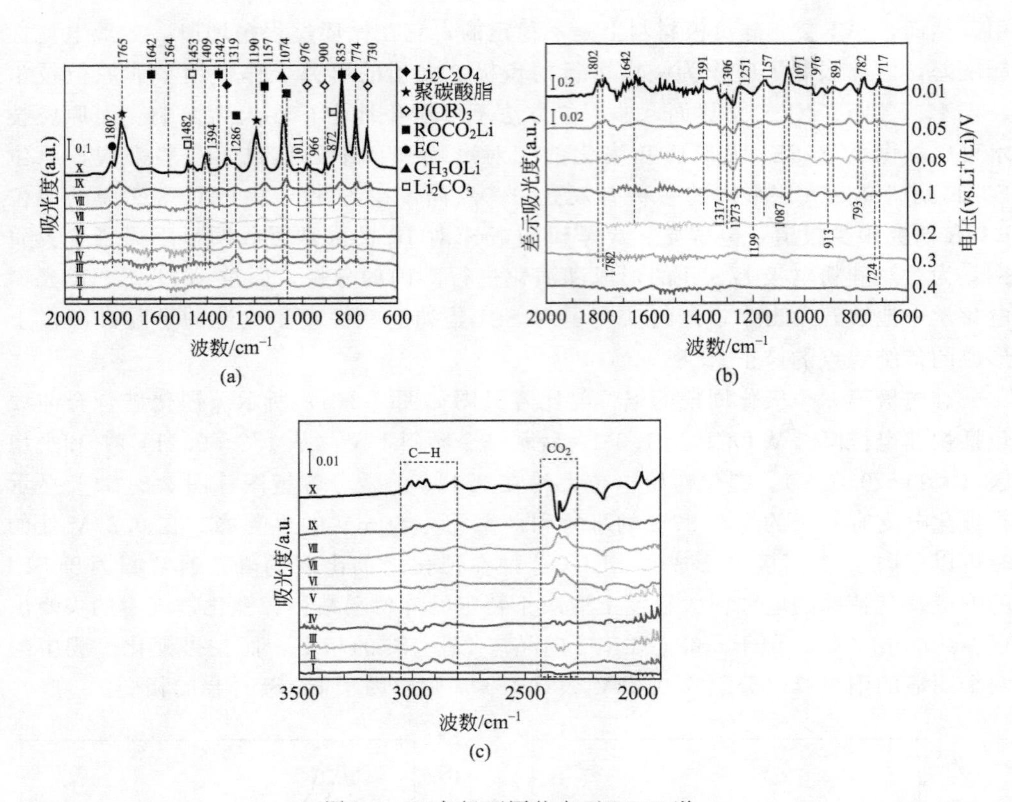

图 2-3　Si 负极不同状态下 FTIR 谱

(a) 相较于 0.8V 获得的光谱，在锂化/脱锂过程中获得不同的 FTIR 光谱；(b) 硅粉电极在不同电位下的原位 FTIR 光谱；Ⅰ为制备的工作电极，Ⅱ～Ⅸ分别为 0.8V、0.4V、0.3V、0.2V、0.1V、0.08V、0.05V、0.01V 的锂化电位，Ⅹ为脱盐时的电位 (0.4V)；(c) 在波数区域 1900～3500cm^{-1}内的原位 FTIR 光谱：Ⅰ～Ⅹ光谱为与 (b) 中相同的电势[33]

在电池组装和在手套箱中放置 12h 之后，硅电极以 C/100 的速率进行阴极极化，从而可以在每个预先确定的电位下进行精确的光谱分析。在 0.8V 时获得的 FTIR 光谱（光谱Ⅱ）呈现了几个红外波段，这都来源于电解质。因为差异容量图［图 2-2(b)］清楚地表明 SEI 的形成开始于约 0.87V，所以光谱中没有基于 SEI 的吸光度带。

以上结果表明在 0.8～0.1V 的电位窗口中确实存在 SEI 膜，尽管它太薄而不能保持明显的红外吸收带。这一观察结果与目前的硅负极 SEI 膜在循环中生长的概念是一致的。假设 SEI 膜没有完全附着在 Si 颗粒表面，在循环过程中由于 Si 体积变化较大，SEI 膜在一定程度上会脱落。随着锂化过程的进一步深入，人们开始观察到与 SEI 膜相关的 IR 吸收。当在 80mV 电位下，约 1642cm^{-1}（$V_{as,C=O}$）、1394cm^{-1}（$V_{s,C-H}$）和 1342cm^{-1}（$V_{s,C=O}$）处出现了一些新的红外波段，并且在约 1286cm^{-1}（$V_{s,C=O}$）、1069cm^{-1}（$V_{s,C-O}$）和 835cm^{-1}（d_{OCO_2}）处的 IR 带强度增加。这些谱带可归于 CH_3OCO_2Li、$(CH_2OCO_2Li)_2$ 和 $CH_3CH_2OCO_2Li$ 等碳酸锂烃酸盐的混合物。考虑到 C=O 带的明显变宽，可以认为这些物质是先通过单电子还原，然后通过自由基终止反应而形成的。随着电极进一步极化至 50mV，再下降至 10mV，没有出现新的红外波段；极化过程中，与碳酸烷基锂相对应的红外波段的强度逐渐增大，这表明在硅深度锂化过程中有连续的 SEI 膜形成。

图 2-3(b) 显示了从硅电极获得的微分吸收光谱（在特定电位获得的吸收率减去 0.8V 时的吸收率）。图中上升的吸光带表明相应物种的累计数量相对于 0.8V 增加，反之亦然。0.8V、0.4V、0.3V、0.2V 的红外吸光度图相同，但从 0.11V 开始逐渐出现新的波段。出现的上行带可能是由于新的表面物相产生或自由溶剂分子。这种溶剂分子的形成是由于锂离子在参与合金化过程中离开了它们的溶剂化球。相反，向下的吸收带可能与溶剂化壳中锂离子溶剂分子的 IR 吸收有关 [Li(溶剂)$^+$]。可以预见，Li(溶剂)$^+$ 的浓度随着锂化过程的发展而降低。红外波段耦合（1802cm^{-1}的向上吸收波段和 1782cm^{-1}处的向下带）分别归因于未溶剂化和溶剂化的 EC 分子的 C=O 基团（溶剂化减弱了 C=O 吸收）。非溶剂化 DMC 和非溶剂化 EC 在 1306cm^{-1}、1157cm^{-1}、和 1071cm^{-1}处的 V_{C-O-C} 和 V_{C-O} 带是向上的条带，而对应的溶剂化 DMC 和 EC 在 1317cm^{-1}、1199cm^{-1} 和 1087cm^{-1} 处的条带是向下的条带（C—O 和 C—O—C 键吸收通过溶剂化增强）。几对条带（1247cm^{-1}/1273cm^{-1}、891cm^{-1}/913cm^{-1}、782cm^{-1}/793cm^{-1} 和 714cm^{-1}/724cm^{-1}）对应于未溶剂化/溶剂化 O—C—O（DMC）、CH_3—O（DMC）、O—CO_2（DMC）和 EC-环；这些条带的演变表明，溶剂化可以增强这些键。其他向上的条带是由电解质分解而新形成的 SEI 产生的。

从 Li_xSi 合金中提取 Li^+（0.36V）时，IR 吸收带的强度显著增加。红外波段在 723cm^{-1}、900cm^{-1} 和 980cm^{-1}处吸收峰归因于烷基磷酸盐的形成，这些磷酸盐是由 $LiPF_6$ 以及这些分解产物与 ROH 和 ROLi 物质进一步反应形成的。1765cm^{-1}的频带强度大幅增加；EC 相关的 C=O 基团具有相同波长的吸收带，但其强度在 1802cm^{-1} 和 1765cm^{-1}之间有实质差别。带有 1157cm^{-1}肩峰的新的强带（1196cm^{-1}）的出现表明表面聚碳酸酯的形成，这可能是因为 EC 和 DMC 聚合的结果，而 1320cm^{-1}峰位可能与 Li-草酸盐的形成有关。这表明在去锂极化过程中，大量的 SEI 相关物质聚集在电极上。

在阴极极化过程中，在原始硅颗粒表面上形成 SEI 膜，然后在新暴露的 Li_xSi 表面形成一个附加的 SEI 膜材料。这些位点由于最初形成的 SEI 膜裂缝而暴露出来。在硅粒子膨胀的锂化过程中会出现裂缝，暴露出新鲜的 Li_xSi 表面。这与硅电极上 SEI（RSEI）的电阻结果一致。总的来说，SEI 材料的数量是由完全膨胀 Li_xSi 的表面积决定的。在脱锂后，支撑 SEI 膜外壳的 Li_xSi 芯实际上会收缩，SEI 壳会碎裂，因此，大面积收缩的 Li_xSi 芯会暴露在电解液中，从而可以形成新的 SEI 层。这种情况在锂离子脱出过程中会重复几次，导致在脱锂过程中大量的 SEI

膜材料产生并积累。

在不同电解液中，SEI在平整硅膜电极上的形貌发展支持这一假设。最近的理论研究表明，在SEI生长和锂化/脱锂过程中，在其内部出现了较大的非均匀应力。结果表明，在锂化（膨胀）Si上形成的SEI层，在脱锂时经历了高压应力。这些应力与穿过负极/反射层膜界面的大的法向拉伸牵引力有关，从而导致SEI分层。实验结果表明，电极颗粒的形状是有影响的。具体来说，球形粒子形状导致粒子/SEI界面处的正常牵引力比球形粒子高很多（约3倍）。

重要的是，在锂化过程中没有发现碳酸锂（Li_2CO_3）的形成。然而，在脱锂过程中高频率肩带（835cm^{-1}波段）出现在872cm^{-1}处。这个肩带的出现，随着1482cm^{-1}和1453cm^{-1}带强度的增加而增强，表明在脱锂过程中形成了Li_2CO_3。通常，Li_2CO_3可以通过EC的直接双电子还原形成。Li_2CO_3的缺失以及烷基碳酸锂的形成可能表明，EC和DMC的还原在锂化过程中遵循单一电子途径，而在低电流密度下双电子途径被抑制。

光谱2850～3002cm^{-1}区［图2-3(c)］表明了CH_3—和—CH_2—的伸缩振动，表明烷基的存在。在电位大于0.3V时，由于电化学电池中CO_2的浓度小于背景大气，二氧化碳红外波段为负；当电位从0.3V降至0.2V时，二氧化碳带向上，表明大量这种物质的形成。碳酸烷基锂与电解液中的氟化氢（氟化氢是$LiPF_6$盐产生的不可避免的污染物）或水反应产生二氧化碳；但后者是不可能的，因为没有Li_2CO_3吸光带。当电极极化下降到10mV时，由于CO_2的还原，LiF带开始出现向下的特征。在脱锂过程中，CO_2的消耗持续增加到0.36V，随着CO_2的进一步反应，这一特性进一步增强。

综上所述，通过对硅电极/电解液界面的彻底监测，Ein-Eli等人[33]通过原位FTIR发现了涉及SEI形成、气体演化和锂离子溶解/脱溶剂化的反应。这项研究得出的结论是：①在低电流密度的锂化过程中，电解液分解遵循单电子还原途径，导致形成烷基碳酸锂，而电解液盐分解发生在新的Li_xSi表面，在0.4V以下电位形成烷基磷酸盐；②碳酸烷基锂与氟化氢发生化学反应生成二氧化碳，它与自由基或锂离子反应，在随后的脱锂过程中产生Li_2CO_3；③硅颗粒收缩导致SEI壳剥落，在脱离过程中，Li_xSi颗粒表面可能会多次暴露于电解液中；④电解液分解产物大多是在脱锂过程中形成的。这些信息是相当独特的，它们对锂离子电池的硅阳极设计有实质性的影响，该研究扩展了大家对SEI性质以及它的积聚和破坏机制的基本理解。

2.2 原位显微镜傅里叶变换红外反射光谱

常见的红外显微镜一般都具有两种不同的测试模式，即直接透射和间接反射两种，透射和反射的分析方法转化可以应对不同的分析角度。反射显微红外光谱与透射变换光谱之间的区别在于收集的是样品的反射光和部分散射光，这两种光束的强度较透射光小很多，而且反射光中有一部分是镜面反射光，镜面反射光不会携带材料的结构信息，不能帮助研究人员进行分析实验，所以在同样的状况下，反射显微红外光谱的信噪比要比透射显微红外光谱的信噪比低得多。但在一些电化学结构中，部分样品不能透过红外光，只能通过反射光进行材料的分析，如金属表面的镀层。待测样品进行显微反射红外光谱分析时，不需要制样，将样品放在显微镜的样品台上，对样品表面聚焦后即可测定样品的单光束光谱。测试反射显微红外光谱时，光谱的纵坐标最终格式应设定为反射率 R（%），可以将测得的反射率光谱转换成吸光度光谱或透射率光谱，也可以将光谱纵坐标最终格式设定为 lg（$1/R$），这种设定所显示的光谱和将反射率光谱转换成的吸光度光谱完全相同。

2.2.1 原理与实验装置

与 FTIR 相似，原位显微镜傅里叶变换红外反射光谱（MFTIR）是一种获得待测材料红外线吸收光谱和反射光谱的技术。傅里叶变换红外反射光谱同样需要借助傅里叶转换，需要将原始数据转换成实际的光谱[29]。

所有吸收光谱的目的均是要测量样本在每个波长反射光束的量值。傅里叶变换红外反射光谱是照射一束含有许多种频率的光并测量照射到样本的光被改变的量，然后不停地更改光束的频率，获得第二个数据。经过大量的重复实验后，电脑将所有的数据整合分析并推断出在每个光波长下的反射量。

对 MFTIR 的研究是在 IR-Plan Advantage（Spectra-Tech Inc）显微镜上进行的，该显微镜结合一个 Nexus 870 FTIR 分光仪，并匹配一个窄波段的 HgCdTe 探测器，用液氮冷却。原位显微镜红外电池如图 2-4 所示。采用 KBr 圆盘作为红外辐射窗口，通过将电极移动到红外辐射窗口上形成一层薄薄的电解质。在原位 MFTIR 研究中采用了 Cu 电极阵列。该阵列是通过四根直径为 1.1mm 的铜丝通过聚四氟乙烯模板制备的，其中通道被凿除，以增加电解质的物质传输。该阵列的设计方法是在相同的实验条件下通过组合方法和原位 MFTIR 研究不同电极材料的界面。不同结构或组成的金属（或合金）薄膜可以在 Cu 电极上电沉积。在当前的研究中，将阵列上的一个 Sn 薄膜电极与红外显微镜入射红外光束的焦点对准以进行原位 MFTIR 测量。得到的频谱定义为

$$\frac{\Delta R}{R}(E_S)=\frac{R(E_S)-R(E_R)}{R(E_R)} \tag{2-1}$$

式中，$R(E_S)$ 和 $R(E_R)$ 分别是在样品电位 E_S 和参考电位 E_R 处采集的单束光谱。为了获得稳定界面的信息，在每个电位极化 800s 后收集单束光谱。每个单

光束光谱是通过收集和共添加 400 个干涉图来获得的，其中光谱分辨率为 $4cm^{-1}$。

MFTIR 研究中使用的电池，是在一个充满 Ar 的手套箱中组装的。用三电极进行电化学测试，其中对电极和参比电极都是锂金属箔。采用 263 恒电位器/恒电流器对电极电位进行了研究。所有实验均在室温下进行。

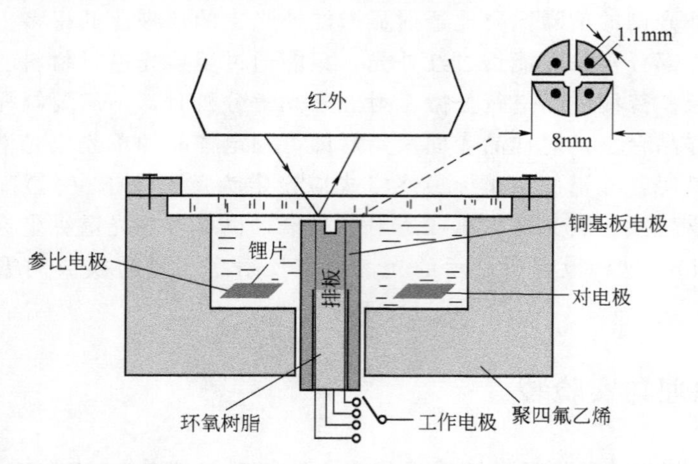

图 2-4 电化学原位 MFTIR 电池和 Cu 衬底电极阵列示意图[29]

2.2.2 研究电解液还原产物

电化学方法为界面反应提供了有价值的信息。利用原位 MFTIR 进一步的研究提供了界面反应的分子证据。首先在 2.70V 处收集光谱，然后以 0.10V 的间隔将电极电位逐步降低到 0V，并在每个 E_S处收集单束光谱。在阳极过程中，电极电位以相同间隔从 0V 增加到 2.70V。为了在每个 E_S处达到稳定状态，在电极电位阶跃到 E_S后施加 800s 的停留时间后采集 FTIR 光谱。

图 2-5 显示了在第一次阴极极化和随后的阳极极化过程中，在不同的 E_S值下，以 $1mol \cdot L^{-1}$ $LiPF_6$/[碳酸亚乙酯（EC）+碳酸二甲酯（DMC）]（1∶1）为电解液时记录的锡薄膜电极的全部原位 MFTIR 光谱。伴随着锂离子与 Sn 的合金化/去合金化（MFTIR 光谱见图 2-6）和电极与红外窗口之间薄层电解质的还原，光谱中出现了明显的向上和向下的红外光谱带。在阴极极化过程中，2.00V 和 1.80V 处光谱特征变化不明显，然后在 1.60～1.00V 和 0.60～0.10V 区域变得明显，这与电解液的还原和锂离子与锡的合金化有关。在阳极极化时，在 0.30～0.90V 和 1.10～1.80V 两个区域，分别观察到了锂从 Li_xSn 相脱合金和电解液分解过程中红外光谱特征的明显变化。

在电解质还原过程中，Sn 膜电极在 $1mol \cdot L^{-1}$ $LiPF_6$/(EC+DMC)（1∶1）中的原位 MFTIR 光谱如图 2-7 所示。如光谱所示，E_S在 1.50～1.10V 之间变化。

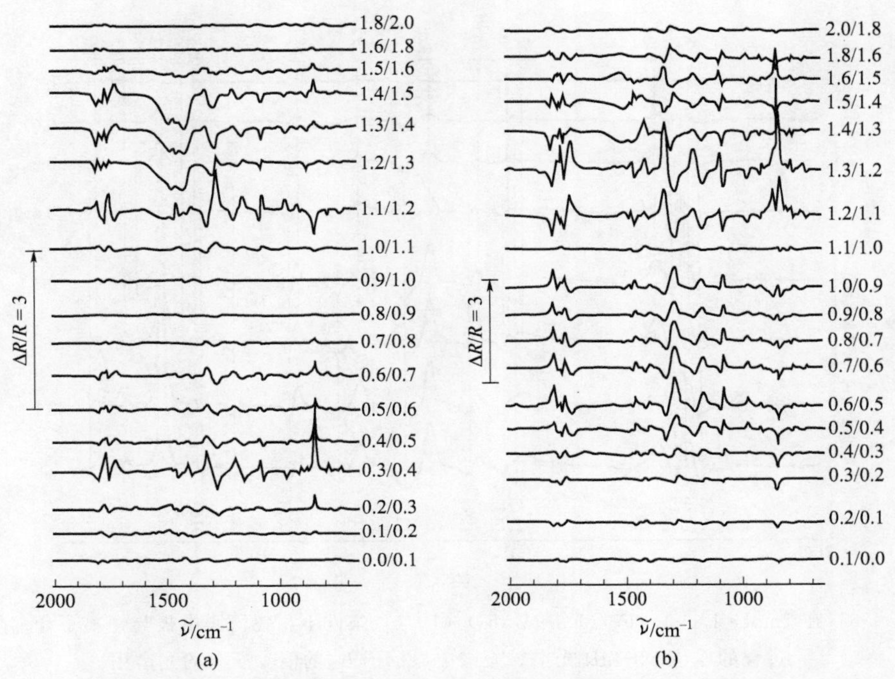

图 2-5　在不同 E_S 值下，$1mol \cdot L^{-1}$ $LiPF_6$/(EC+DMC)（1∶1）薄膜电极的原位 MFTIR 综合光谱[29]

（a）阴极极化；（b）阳极极化

所有光谱都是通过参考在 1.60V 下收集的 $R(E_R)$ 来计算的，此时电解液尚未在 Sn 电极上分解。图 2-7 和图 2-6 红外特征的主要区别在于，图 2-7 中的大多数红外波段是在向下的方向上观察到的。如上述分析所讨论的，$1768cm^{-1}$ 和 $1723cm^{-1}$ 处的向上带对应于 $Li(Sol)_n^+$ 的 $V_{C=O}$ 红外辐射吸收，而 $1325cm^{-1}$ 和 $1201cm^{-1}$ 处的红外辐射带则归因于 $Li(Sol)_n^+$ 的 V_{C-O-C} 和 V_{C-O} 红外辐射吸收。所有这些辐射带都随 E_S 的变化而观察到，表明 $Li(Sol)_n^+$ 被消耗。从 1.50V 到 1.20V，这些向上带的强度不断增加，然后在 1.10V 下降，最后消失。这种现象意味着它是溶剂化溶剂，而不是 Sn 电极上还原的未溶剂化溶剂，而且还原主要发生在 1.50～1.30V 区域。伴随着 $Li(Sol)_n^+$ 向固体产物的还原和溶剂从体向薄层的扩散，溶剂和还原产物的浓度都增加，而 $Li(Sol)_n^+$ 的浓度降低。因此，在 $1809cm^{-1}$、$1780cm^{-1}$ 和 $1759cm^{-1}$ 处的向下带应归属于 EC 和 DMC 的 $V_{C=O}$，而在 $1289cm^{-1}$、$1167cm^{-1}$ 和 $1081cm^{-1}$ 处的向下带应归属于 DMC 和 EC 的 V_{C-O-C} 和 V_{C-O} 红外辐射吸收。在 $970cm^{-1}$、$917cm^{-1}$、$874cm^{-1}$、$796cm^{-1}$、$778cm^{-1}$ 和 $724cm^{-1}$ 处的向下带也可归属于 EC 和 DMC 的红外辐射吸收，因为这些带可以在图 2-6 中观察到，其中发生溶剂化/脱溶。位于 $1481 \sim 1416cm^{-1}$ 区域的宽向下带可归因于 EC、DMC 和

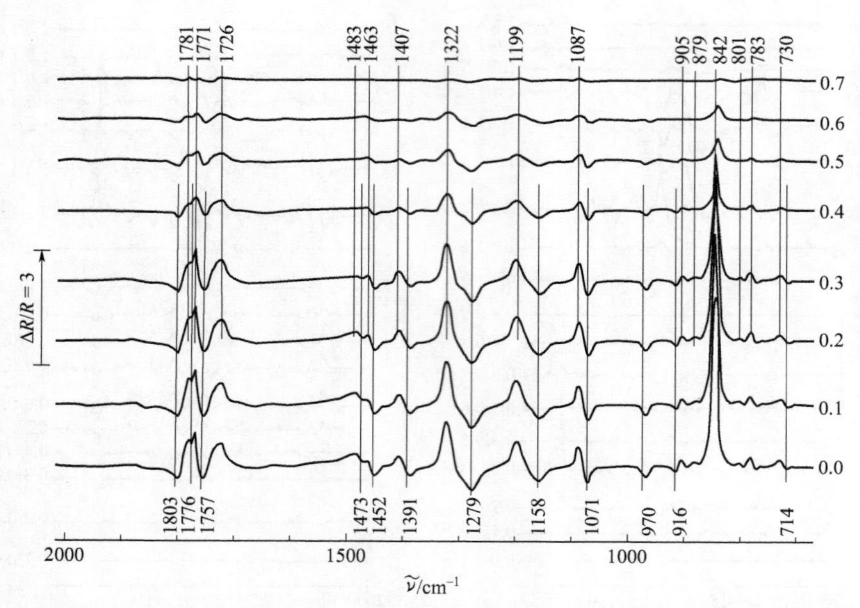

图 2-6　在 1mol・L^{-1} $LiPF_6$/(EC+DMC)（1∶1）条件下，锡薄膜电极与锂离子合金化过程的原位 MFTIR 光谱。光谱中显示了 E_S的值。所有的光谱用 0.80V 作为参考电位进行计算[29]

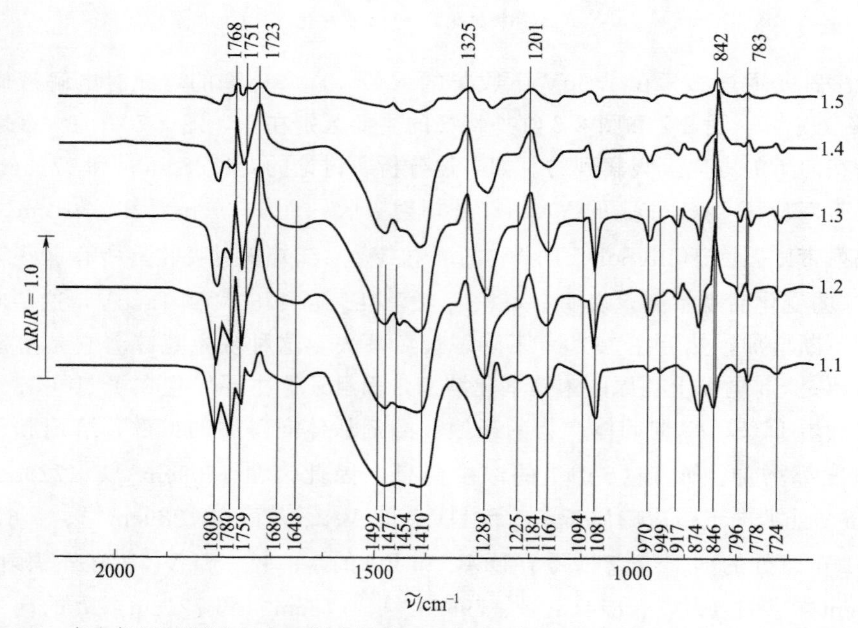

图 2-7　在电解液还原过程中，锡电极在 1mol・L^{-1} $LiPF_6$/(EC+DMC)（1∶1）中的原位 MFTIR。所有的光谱计算使用 1.60V 作为参考电位[29]

产物的δ_{CH_2}或δ_{CH_3}。在$1648cm^{-1}$、$1225cm^{-1}$、$1184cm^{-1}$、$1094cm^{-1}$、$949cm^{-1}$和$846cm^{-1}$处观察到的新的向下带可归属于还原产物的红外辐射吸收，如$ROCO_2Li$。然而，还原产物的红外吸收可能与溶剂分子的红外吸收部分重叠。以往的研究报道，$(CH_2OCO_2Li)_2$在$1650cm^{-1}$（$V_{C=O}$）、$1450\sim1400cm^{-1}$（δ_{CH_2}）、$1350\sim1290cm^{-1}$（$V_{C=O}$）、$1100\sim1070cm^{-1}$（$V_{C=O}$）和$840\sim842cm^{-1}$（OCO_2）处产生红外辐射带，而CH_3OCO_2Li在$1647cm^{-1}$（$V_{C=O}$）、$1490cm^{-1}$（δ_{CH_2}）、$1353cm^{-1}$（$V_{C=O}$）、$1105cm^{-1}$（V_{C-O}）、$984cm^{-1}$（$V_{C=C}$）和$862cm^{-1}$（OCO_2）处产生红外辐射吸收。

2.3 原位偏振调制傅里叶变换红外光谱

原位偏振调制傅里叶变换红外光谱只适用于测试锂离子电池中取向有序、分子排列有规则、各向异性的样品。在测量锂离子电池内物质变化时，可以改变偏振器偏振光的角度，就能得到不同的偏振红外光谱。在锂离子电池中，晶体样品具有各向异性，分子的位置通常固定，导致了基团振动的偶极矩变化也总是特定的。利用不同偏振方向的红外光束分析锂离子电池得到的偏振红外光谱不相同的机理可以获得偏振红外光谱，再通过傅里叶变化可以得到研究锂离子电池中很重要的原位分析技术——原位偏振调制傅里叶变换红外光谱（PM-FTIR）。

2.3.1 原理与实验装置

在气体和液体状态下，分子是在不断地、无规则地运动的，分子中的原子也在不断地运动；而处于固体状态时，分子中的原子仍在不断地原位运动。我们习惯将这种原子的运动称为原子之间的振动，或分子中基团的振动。在分子中的基团振动时偶极矩发生变化，这种变化是具有红外活性的，在分析实验中出现红外吸收谱带，振动引起的偶极矩变化越大，出现的红外吸收谱带越强。当入射偏振光电矢量方向与偶极矩变化方向平行时，也就是说，当红外偏振光偏振方向与偶极矩变化方向平行时，分子会吸收红外光，使偶极矩变化加大，使红外吸收谱带增强[34]。

当红外偏振光偏振方向与偶极矩变化方向垂直时，分子不能吸收红外偏振光，导致红外吸收谱带较弱甚至消失。红外样品中，不管分子的空间取向是有序还是无序，非偏振红外光照射样品时，样品中任何方向的红外活性振动都能吸收红外光，产生红外吸收谱带。对于分子空间取向无序的样品，由于分子在空间的排列没有规则，不能很好地定向，各种振动偶极矩变化方向也是没有规则的，在各个方向振动分布的概率是均等的。气体样品、液体样品、固体卤化物压片法制备的样品、糊状法制备的样品、漫反射法测试的样品、显微红外法测试的样品等，都属于分子空间取向无序的样品，属于各向同性的样品。对于各向同性的样品，用红外偏振光测试得到的光谱与用普通红外光测试得到的光谱是完全相同的。因此用红外偏振器附件测试分子空间取向无序、各向同性的样品是毫无意义的。

首先通过射频溅射的方法制备了 $LiCoO_2$ 薄膜电极，溅射时间为 90min，溅射薄膜为非晶态，因此在 700℃的状态下加热 5h，以提高薄膜的结晶度。

用原位 PM-FTIR 光谱分析了非水电解质的氧化过程。用于外反射法原位电化学光谱的电池和用于原位 PM-FTIR 光谱的光学系统如图 2-8 所示。采用双通道同步采样技术，利用光弹性调制器调制的 p 偏振和 s 偏振红外光束进行了原位 PM-FTIR 光谱分析。得到了 p 偏振光和 s 偏振光的总光谱，A 通道采集光谱作为背景光谱，B 通道采集差分光谱作为样本光谱。当红外光束从电极反射时，p 偏振光比 s 偏振光更容易被电极表面的分子吸收。因此，该方法消除了窗口与电极之间电解质溶液的光谱，只放大了电极表面的吸收光谱。

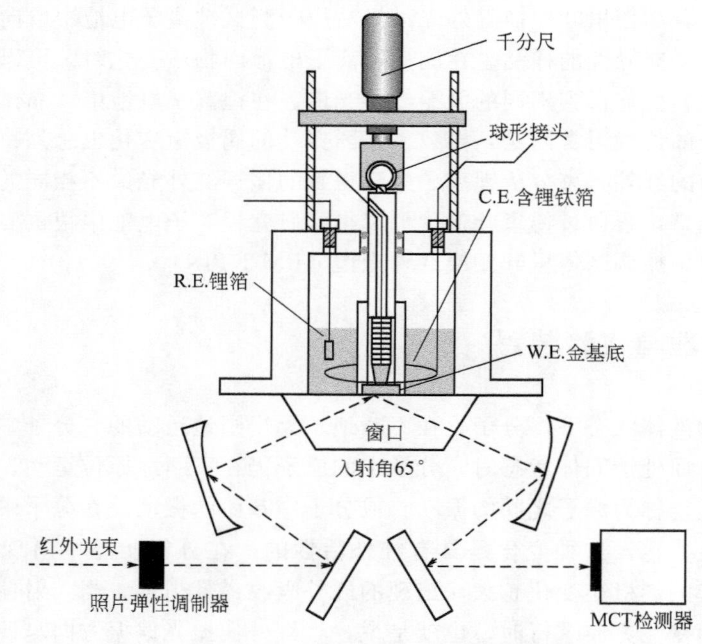

图 2-8 原位 PM-FTIR 单元和光学系统示意图[34]

测试器件以制备的薄膜电极作为工作电极，锂金属作为对电极和参比电极，电解质溶液为 $1mol \cdot L^{-1}$ $LiClO_4^-$/碳酸丙烯酯（PC）和 $1mol \cdot L^{-1}$ $LiClO_4$/[碳酸亚乙酯（EC）：碳酸二乙酯（DEC）]（1：1）。选择 CaF_2 作为红外窗口，测量的波数范围为 $1100 \sim 2200cm^{-1}$，收集时间为 200s，在循环伏安过程中，获得了不同电极电位下的原位 PM-FTIR 光谱。电位范围为 3.5～4.2V（vs. Li^+/Li），扫描速率为 $0.1mV \cdot s^{-1}$。原位 PM-FTIR 测量间隔为 500s，因此每次测量的电极电位差为

50mV。在每个电位下，测量外反射光谱。通过在每个电极电位下测量的两个光谱计算出微分光谱，作为原位 PM-FTIR 光谱。

计算的微分光谱包括向上峰和向下峰。前者对应于化学键的消失（物质数量的减少），后者对应于化学键的生成（新物质数量增加）。

2.3.2 研究非水电解质在 $LiCoO_2$ 薄膜电极上的电化学氧化行为

图 2-9 显示了在阳极极化和阴极极化过程中含有 1mol·L^{-1} $LiClO_4$/PC 的原位 PM-FTIR 光谱。如图 2-9(a) 所示，在高于 3.75V（vs. Li^+/Li）的电极电位下观察到这些峰。这种现象意味着在 $LiCoO_2$ 的充电过程中 PC 发生氧化，并且 PC 的氧化产物残留在 $LiCoO_2$ 电极表面。这样的残余产物可以形成一种表面膜。另外，表面膜形成开始时的电极电位与 $LiCoO_2$ 的脱嵌过程吻合较好，表明 PC 的氧化过程可能与 $LiCoO_2$ 的氧化还原电位密切相关。

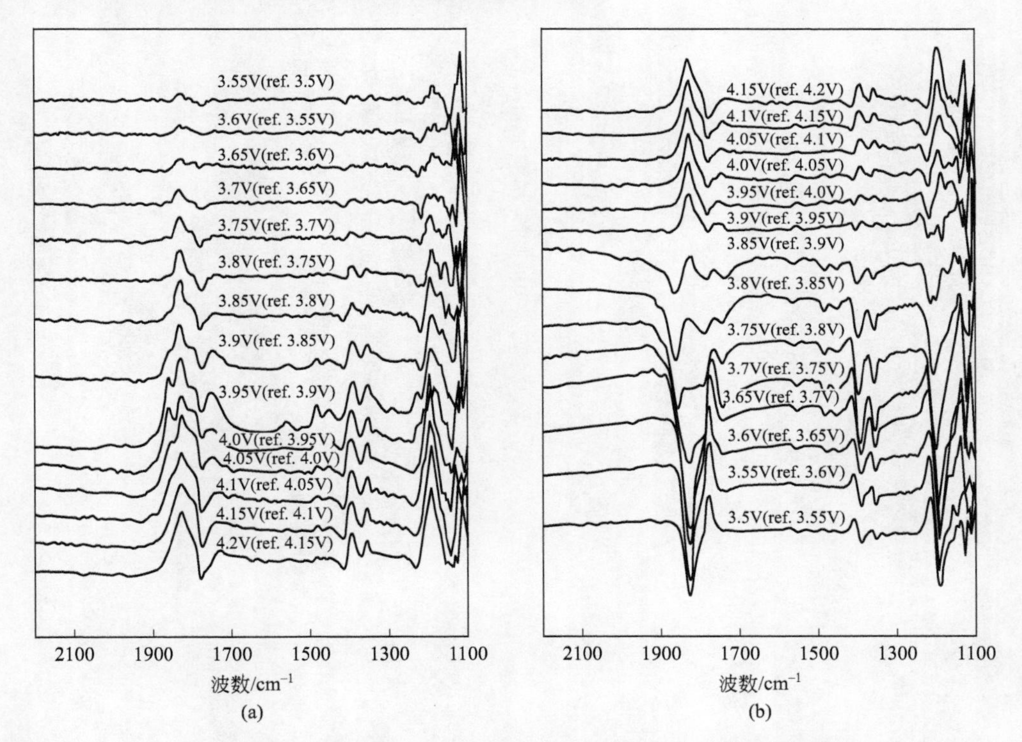

图 2-9 在含有 1mol·L^{-1} $LiClO_4$/PC 中对 $LiCoO_2$ 薄膜电极进行循环伏安测试时的原位 PM-FTIR 光谱

(a) 阳极极化；(b) 阴极极化[34]

图 2-9(b) 显示了阴极极化过程中的原位 PM-FTIR 光谱。在阴极极化开始时，仍观察到 PC 的氧化。但是，当阴极电极电位大于 3.9V（vs. Li^+/Li）时，各谱线

的形状逐渐发生变化。最后，在 3.6V（vs. Li^+/Li）电压下观察到 1780cm^{-1}处的向上峰和 1830cm^{-1}处的向下峰。在较低波数下出现的其他峰也有类似的光谱变化。对这些光谱的最可能的了解是通过在阴极极化过程中剥离和溶解的表面膜来实现的。在 EC-DEC 二元溶剂体系中也观察到了同样的现象。

最终研究结果表明，$LiCoO_2$ 表面的成膜和剥离过程不仅发生在第一个循环中，而且还发生在第二个和之后的循环中。这种现象是由于电解液对氧化产物的吸附较弱，如产物的偶极矩与电极表面的静电相互作用。这种相互作用可能与电极表面电位有关，电极表面电位随电极电位的变化而变化。原位 PM-FTIR 分析表明，在充电过程中，电解质溶液中的溶剂，如 PC 或 EC-DEC 二元溶剂，在电极电位大于等于 3.75V（vs. Li^+/Li）时被氧化形成表面膜。然而，在放电过程中，由于表面膜与 $LiCoO_2$ 薄膜电极表面的相互作用较弱，表面膜不太稳定，并在放电过程中脱落。

第 3 章

电化学原位磁共振技术

3.1 原位核磁共振波谱

3.1.1 原理与实验装置

核磁共振波谱法（nuclear magnetic resonance，NMR）是一种极其重要的现代仪器分析方法。该法的基本原理是原子核在外磁场中吸收电磁波产生某种频率的振动，当外加能量与原子核振动频率相同时，原子核吸收能量发生能级跃迁，产生共振吸收信号。

原子核具有磁矩 μ，当存在外磁场 B 时，原子核与外磁场发生相互作用产生附加能量：

$$E=-\mu B=-\mu_l B=-\gamma MnhB \tag{3-1}$$

式中，μ 为磁矩；B 为外磁场强度；h 为普朗克常数；M 为磁量子数；γ 为磁旋比。

由于 M 可取 $2I+1$ 个值，它表示核自旋相对于磁场取不同方向时，有不同的附加能量。磁矩与外磁场间相互作用的能量可使外磁场中的原子核能级分裂成 $2I+1$个子能级，这称为原子核的塞曼效应。此时两相邻子能级之差为：

$$\Delta E=\gamma hB \tag{3-2}$$

因此当用电磁波照射核时它将只吸收如下频率的电磁波：

$$\nu=\frac{\Delta E}{h}=\frac{\gamma hB}{2\pi h}=\frac{\gamma B}{2\pi} \tag{3-3}$$

在外磁场中的原子吸收特定频率电磁波的现象就是核磁共振的经典概念[35]。

在有机结构分析的各种谱学方法中，核磁共振方法给出的结构信息最为准确和严格。在一张已知结构的核磁共振波谱图上，物质的每个官能团和结构单元均可找到确切对应的吸收峰。结构比较简单的小分子物质，在获取其核磁共振波谱图后，结合通过其他谱学测得的谱图，即可较为准确地推测和分析出其化学结构式。

图 3-1 所示是一种实验室测试核磁共振装置的示意图，该装置通过调节频率以产生核磁共振。将样品装在瓶外绕有线圈的小瓶中并将其置于磁铁两极之间，通过射频振荡器向线圈中通入射频电流，该电流将向样品发射同频率的电磁波，发射频率大致和磁场对应的频率相等。为了精确地测定共振频率，使用一个调频振荡器使射频电磁波的频率在共振频率附近连续变化，当电磁波频率正好等于共振频率时，射频振荡器输出的信号曲线将出现一个吸收峰，从示波器上可以观察到该吸收峰，同时可由频率计读出此共振频率。

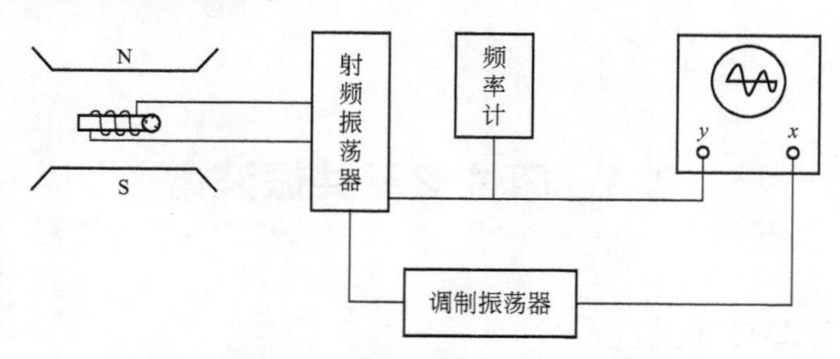

图 3-1　核磁共振实验装置示意图

目前常使用的核磁共振仪有连续波（CN）核磁共振仪及脉冲傅里叶（PFT）变换核磁共振仪两种。连续波核磁共振仪主要由磁铁、射频发射器、检测器和放大器、记录仪等组成。磁铁用来产生磁场，主要有三种：磁场强度 14000G、频率 60MHz 的永久磁铁，磁场强度 23500G、频率 100MHz 的电磁铁，频率可达 200MHz 以上、最高可达 500～600MHz 的超导磁铁。频率高的仪器，其分辨率高、灵敏度高并且图谱简单易于分析。磁铁上装有扫描线圈以保证磁铁产生的磁场均匀分布且能在一个较窄的范围内连续精确变化，射频发射器用来产生固定频率的电磁辐射波，检测器和放大器用来检测和放大共振信号，记录仪将共振信号绘制成共振图谱。

原位核磁共振检测技术是依据核磁共振谱中的主要参数，在反应过程实时检测反应物和产物变化情况的一种分析测试方法，是研究聚合反应动力学过程的有力工具。目前原位核磁共振技术研究活性自由基聚合的工作主要集中在热聚合领域，这是因为核磁共振的探头一般都具备加热和控温的功能，在核磁管中实现热聚合的原位检测是可能的；然而普通的 NMR 探头与磁共振的腔体之间是紧密结合的，没有预留额外的光通道，因此将光导入核磁共振谱仪并非易事。目前，有报道的能实现光导入的主要有两种方法：一种方法是由 Duckett 实验室设计的，在宽腔磁体内配备一个直径较小的探头，探头侧面开有一个小孔供光通过，紫外光由磁体的底部进入并通过棱镜和反射镜由探头上的小孔穿越匀场线圈射入待测样品。该方法可以保证样品管在探头内的旋转以提高分辨率，同时也保留了封闭核磁管做一些带有压力的实验的可能性。不过该方法必须使用宽腔的磁体，并且还需要对探头进行改造。另外一种方法是 Ball 实验室开发的，他们搭建了一个带有可发出紫外-可见光的高压汞灯的装置，一根长约 3m、直径为 600～1500μm 的单模光纤连接光源后由顶部引入直接插入核磁管内，将光照射在样品上，这种方法的好处是不受磁体型号的限制，无需改造探头，更容易操作。

宁波材料所测试中心核磁实验室借鉴 Ball 实验室搭建装置的方法，首次采用 300W 的氙灯作为光源，利用多模石英光纤把光引入核磁共振谱仪内，成功开发了光引发原位核磁共振检测技术，装置图见图 3-2。

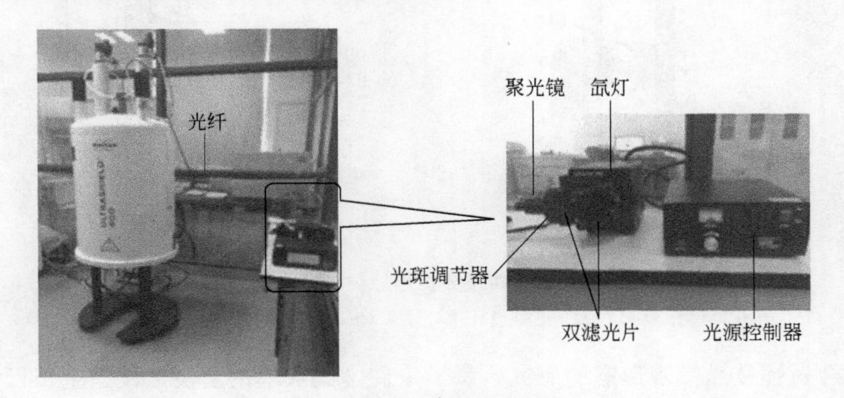

图 3-2 原位核磁共振装置图

图 3-3 所示是核磁共振和核磁共振研究中常用的一些电池设计。原位核磁共振中最常用的是图 3-3(a) 所示的“咖啡袋”型电池，它具有易于制备且柔性较好的特点[36]。另外，针对特殊分析需求，Swagelok 型电池和 PTFE 体电池（在电极之间有固定距离）［图 3-3(b)～(d)］也有广泛的应用[37-39]。在研究锂电池枝晶时，枝晶体积不断变化，柔性器件也会随之发生变化，影响了实验结果，采用距离固定的扣式电池可克服该缺点。另外，圆柱形磁室有助于减小体磁化率（BMS）效应、提高信噪比（S/N）以及获得更好的核磁共振位移。

3.1.2 对锂微结构生长的量化分析

锂金属负极在电池循环过程中枝晶的形成以及枝晶生长对电池循环的具体影响，是锂金属电池研究中受到广泛关注的一个方向。科学家已经利用扫描电子显微镜证明枝晶的形成与电流密度有直接的关系，电流密度越高，枝晶越容易形成。然而，利用扫描电子显微镜无法对枝晶进行定量分析。研究中经常使用容量损失和循环效率作为衡量锂枝晶形成的重要指标，但是这些指标只能对锂枝晶进行定性分

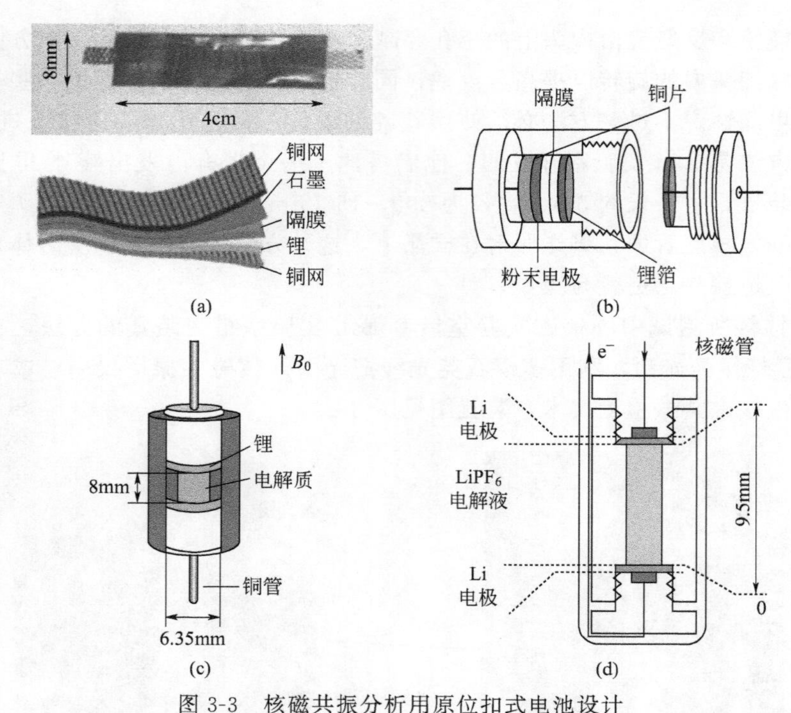

图 3-3　核磁共振分析用原位扣式电池设计

(a) Latleir 等设计[36]；(b) Poli 等设计[37]；(c) Chang 等设计[38]；(d) Klett 等设计[39]

析。结合对锂枝晶微观形态的研究，科学家们尝试从理论上模拟枝晶生长行为，但受限于缺乏能够直接定量分析锂枝晶结构的实验方法，一直无法取得突破[40]。

在电池循环过程中对其进行原位核磁共振是一种无创伤研究循环过程中电极材料结构变化的方法。因为锂的核磁共振谱灵敏度高，可以在远比电池充放循环所需时间短得多的时间内快速获取锂的信号，因此可以检测量化活性材料在同一循环中不同电荷状态下发生的结构变化。该方法依赖于用于激发锂核的射频场的能力，需穿透大块的超过几十微米厚的锂金属电极，这涉及渗透深度的问题。渗透深度 d 可以通过已知物理常数和相关金属性质的函数很方便地计算出来：

$$d = \frac{1}{\sqrt{\pi \mu_0}} \sqrt{\frac{\rho}{\mu_r f}} \tag{3-4}$$

式中，μ_0 为真空中渗透率（$4\pi \times 10^{-7} \mathrm{m \cdot kg \cdot A^{-2} \cdot s^{-2}}$）；$\mu_r$ 是金属的相对磁导率（锂，$\mu_r = 1.4$）；ρ 为金属的电阻率（$92.8 \mathrm{n\Omega \cdot m}$）；$f$ 为应用射频场的频率（77.8MHz）。通过这些值，可以计算出锂的渗透深度值为 14.7μm。值得注意的是，使用较高磁场强度的核磁共振将导致较小的渗透深度。由于射频只穿透次表层区域，测试大块金属时信号强弱与金属的面积成正比，而不是与其体积成正比。因此，与宏观结构不同，锂微观结构发出的信号强度与它们的面积或质量成正比。因此，锂微观结构的信号可以很容易地从块状锂的信号中分离出来，这使得原位核磁共振波谱可以很容易地监测锂枝晶的形成和生长。

Bhattacharyya 等人[40]设计了锂金属电池原位核磁共振的实验装置，实验是用 Chemagnetics 光谱仪在室温下以 200MHz 的质子工作频率进行的。所有实验均使用一个调谐频率为 77.8MHz 的 5mm 螺线管线圈单共振静态探针，使用的射频功率是 100kHz（ω_1），脉冲宽度 $\pi/2$ 一直固定在 2.5μs 以确保 $\omega_1\tau_p=\pi/2$。在所有的实验中，电池锂金属负极的平面都是垂直于磁场的。将核磁共振波谱仪与电化学循环仪同步，在每个电池的循环过程中，以均匀的间隔记录一系列的光谱，其中，与测得的金属锂的纵向自旋晶格弛豫时间（T_1）相比，选择了足够长的循环延迟(1s)，以避免锂信号的饱和。由于锂金属核磁共振信号远离了电池中其他成分共振的光谱区域，在电池中，其他来源的锂信号，比如来自电解液或正极材料的，都出现在 0～100ppm 的高场区域。因此，金属电极的核磁共振信号可以很容易地从这些信号中分离出来。记录的光谱序列通过一组 MatLab 脚本进行处理，这些脚本结合洛伦兹/高斯谱线，对奈特位移峰（在 250～300ppm 范围内）进行自动相位、基线校正和反褶积。反褶积是通过记录线廓的最小二乘拟合进行的，所需峰数最小，每个峰都有四个可调参数，即振幅、位置、宽度和指定高斯/洛伦兹展宽程度的比率。根据反褶积所用的所有峰值下的面积计算强度，实验中研究了三种电池：一种是 $LiCoO_2$-Li 电池，采用标准的 $LiPF_6$ 溶于碳酸乙烯（EC）/碳酸二甲酯（DMC）电解液，然后是两种对称锂电池（即两个电极上都是锂的电池），但采用两种抑制锂枝晶能力差别很大的离子液体。

为了证明渗透深度问题在锂金属电池核磁共振研究中的重要性，研究者通过将多条堆叠的锂条压在一起制备了三个样品，每个条带的尺寸为 11mm×4.5mm，厚度均匀，为 0.38mm，制成的样品厚度分别为 0.76mm、1.14mm 和 1.52mm。这些样品的体积比为 2∶3∶4，它们表面积比约为 1∶1.08∶1.18。NMR 信号对于面积（而不是体积）的线性依赖性非常明显（图 3-4），这验证了理论分析，即电极的 NMR 信号主要来源于表面附近的锂原子。图 3-4(a) 为 3 个电池在电化学循环过程中不同阶段的锂核磁共振谱图，图 3-4(b)、(c) 为产生的扣式电池电位和应用电流分布。所有扣式电池的共振约为 258ppm。这种锂金属共振的大位移由奈特位移引起，奈特位移是金属的明显特征，也是测量锂原子核费米能级态密度的一个标尺。对于 $LiCoO_2$-Li 电池，锂金属核磁共振 $I_{expt}(t)$ 的强度增长和衰减几乎是线性的［图 3-4(d)］。

结合电化学循环进行原位核磁共振波谱测试能够动态监测锂枝晶的形成和生长，利用基于金属结构在射频激发下的渗透深度的简单计算，研究者证明了定量分析锂枝晶是可行的。假设体金属电极的总比表面积在电池的电化学循环下不发生显著变化，锂金属信号强度的变化可以归因于锂枝晶的形成和生长。通过特殊设计，还可以将核磁共振图谱测试技术方法扩展到检测更广泛的金属系统中，包括电化学腐蚀、调查小金属表面的微裂缝和裂纹，以及在催化或燃料电池应用中烧结金属纳米颗粒等方面。

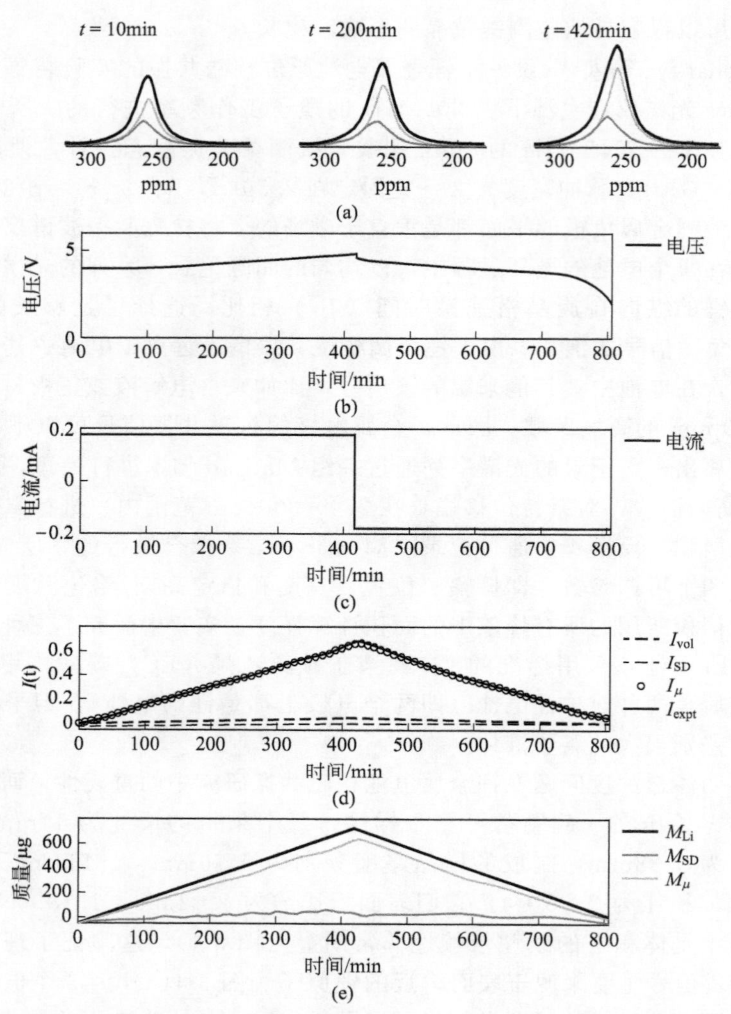

图 3-4　在一次充放电电化学循环获得的 $LiCoO_2$-Li 电池的锂核磁共振谱图[40]

(a) 反褶积锂核磁共振谱图随时间的变化；(b)，(c) 测量电压和外加电流；(d) 测量到的锂金属强度［$I_{expt}(t)$］用实线表示；(e) $I_{expt}(t)$ 与沉积或剥夺的锂的总质量 $M_{Li}(t)$（从电化学中提取）可以用来计算沉积的锂 $M_{SD}(t)$ 和锂微观结构质量 $M_\mu(t)$

3.2　磁共振成像

3.2.1　原理与实验装置

核磁共振成像（nuclear magnetic resonance imaging，NMRI），又称自旋成像

(spin imaging)，也称磁共振成像（magnetic resonance imaging，MRI)，是利用核磁共振（nuclear magnetic resonance，NMR）原理，依据所释放的能量在物质内部不同结构环境中不同的衰减，通过外加梯度磁场检测所发射出的电磁波，即可得知构成这一物质原子核的位置和种类，据此可以绘制成物体内部的结构图像。原子核自旋，具有角动量，并且由于核带电荷，它们的自旋能够产生磁矩。当原子核置于静磁场中，本来是随机取向的双极磁体受磁场力的作用，与磁场作同一取向。以质子即氢的主要同位素为例，它只能有两种基本状态：取向“平行”和取向“反向平行”，他们分别对应于低能和高能状态。精确分析证明，自旋并不完全与磁场趋向一致，而是以一个角度 θ 倾斜。双极磁体开始环绕磁场进动，进动的频率取决于磁场强度，也与原子核类型有关。它们之间的关系满足拉莫尔关系：$\omega_0=\gamma B_0$，即进动角频率 ω_0 是磁场强度 B_0 与磁旋比 γ 的积。γ 是每种核素的一个基本物理常数[41]。

从宏观上看，进动的磁矩集合中，相位是随机的。它们的合成取向就形成宏观磁化，以磁矩 M 表示。就是这个宏观磁矩在接收线圈中产生核磁共振信号。在大量氢核中，约有一半略多一点处于低等状态。可以证明，处于两种基本能量状态跃迁核子之间存在动态平衡，平衡状态由磁场和温度决定。当从较低能量状态向较高能量状态跃迁的核子数等于从较高能量状态到较低能量状态跃迁的核子数时，就达到“热平衡”。如果向磁矩施加符合拉莫尔频率的射频能量，而这个能量等于较高和较低两种基本能量状态间磁场能量的差值，就能使磁矩从能量较低的“平行”状态跳到能量较高的“反向平行”状态，就发生共振。

由于向磁矩施加拉莫频率的能量能使磁矩发生共振，那么使用一个振幅为 B_1，而且与进动的自旋同步（共振）的射频场，当射频磁场 B_1 的作用方向与主磁场 B_0 垂直时，可使磁化向量 M 偏离静止位置做螺旋运动，或称章动，即经射频场的力迫使宏观磁化向量环绕它进动。如果各持续时间能使宏观磁化向量旋转 90°，它就落在与静磁场垂直的平面内，可产生横向磁化向量 M_{xy}。如果在这横向平面内放置一个接收线圈，该线圈就能切割磁力线产生感生电压。当射频磁场 B_1 撤除后，宏观磁化向量经受静磁场作用，就环绕它进动，称为“自由进动”。因进动的频率是拉莫尔频率，所感生的电压也具有相同频率。由于横向磁化向量是不恒定的，它以特征时间常数衰减至零，它感生的电压幅度也随时间衰减，表现为阻尼振荡，这种信号就称为自由感应衰减信号（FID)。信号的初始幅度与横向磁化成正比，而横向磁化与特定体元的组织中受激励的核子数目成正比，于是，在磁共振图像中可辨别氢原子密度的差异。

因为拉莫尔频率与磁场强度成比例，如果磁场沿 X 轴成梯度改变，得到的共振频率也显然与体元在 X 轴的位置有关。而要得到同时投影在两个坐标轴 X-Y 上的信号，可以先加上梯度磁场 G_X，收集和变换得到的信号，再用磁场 G_Y 代替 G_X，重复这一过程。在实际情况下，信号是从大量空间位置点收集的，信号由许多频率复合组成。利用数学分析方法，如傅里叶变换，不但能求出各个共振频率，即相应的空间位置，还能求出相应的信号振幅，而信号振幅与特定空间位置的自旋密度成比例。所有核磁共振成像方法都以此原理为基础。

用梯度磁场对共振信号进行空间定位的办法得到的图像实质上是物体内质子的密度图，磁共振像素值反映的横向磁化不但与质子数量有关，而且与它们的运动特性，即所谓“弛豫时间”有关。在自由进动阶段，磁化向量经过一个称为“弛豫”的过程，回到它的原始静止位置。弛豫过程的特性由时间常数 T_1 和 T_2 描述。为了做简单的热力学模拟，科学家提出“自旋温度”的概念，认为经射频磁场激励后的自旋是“热”的，核子的环境便称“晶格”。可把它理解成一个热容量很大的容器，通过“热”接触吸收核子多余的能量。自旋与晶格的绝“热”十分有效，“热”传递慢，弛豫时间就长。自旋晶格弛豫时间 T_1 是纵向磁化向量 M_Z 复位的过程，因此 T_1 也叫纵向弛豫时间。复位过程遵守指数规律，脉冲之后，经过 T_1s，复位到它静止值的63％。

经过射频磁场激励之后，除纵向磁化分量要恢复，横向磁化分量 M_{XY} 也要衰减，使信号逐渐消失。如果磁场是理想均匀的，即全部核子完全经受同一磁场强度，这横向磁化分量以常数 T_2 衰减，它叫横向或自旋-自旋弛豫时间。由于实际上磁场不均匀，FID 衰减过程的有效时间常数 T_2^* 要比 T_2 短。由于 FID 信号不能表示纵向磁化向量，也不能正确表示横向磁化分量衰减的实际时间常数，所以，实际测量都是利用给予一定的脉冲序列（180°和 90°射频激励脉冲组成一定的脉冲序列）来进行间接测量，以获得 T_1 加权的和 T_2 加权的图像。

MRI 当前主要应用于以下几个方面：

① 在高分子化学领域，如碳纤维增强环氧树脂的研究、固态反应的空间有向性研究、聚合物中溶剂扩散的研究、聚合物硫化及弹性体的均匀性研究等；

② 在金属陶瓷中，通过对多孔结构的研究来检测陶瓷制品中存在的沙眼；

③ 在火箭燃料中，用于探测固体燃料中的缺陷以及填充物、增塑剂和推进剂的分布情况；

④ 在石油化学方面，主要侧重于研究流体在岩石中的分布状态和流通性以及对油藏描述与强化采油机理的研究。

核磁共振成像主要由三大基本构件组成，即磁体部分、磁共振波谱仪部分、数据处理和图像重建部分。磁体主要由主磁体（产生强大的静磁场）、补偿线圈（校正线圈）、射频线圈和梯度线圈组成。衡量磁体的性能有四条标准：磁场强度、时间稳定性、均匀性、孔道尺寸。增加静磁场强度可使检测灵敏度提高，即扫描时间缩短和空间分辨率提高，但也会使射频场的穿透深度减少。磁场强度为 0.35T 时，可以得到很好的空间分辨率。补偿线圈的作用是补偿主磁场线圈，使其产生的静磁场逼近理想均匀磁场。由于精度要求高而且校准工作极其烦琐，一般是以计算机辅助进行，需要多次测量、多次计算和修正才能达到要求。一般是采取各种形状的线圈并根据具体情况，通以不同电流，以弥补基础场的不均匀处。梯度线圈需要与之严格匹配的梯度电源，电源稳定度要求为万分之一。梯度电源和补偿电源一般都采用水冷却。另外，主磁场的逸散磁场对周围影响很大，主要影响对象是各种磁盘、图像显示器、影像增强等。外界磁性物体对主磁体均匀度也有影响。

磁共振波谱仪部分主要包括射频发射部分和一套磁共振信号的接收系统。发射部分相当于一部无线电发射机，它是波形和频谱精密可调的单边带发射装置，其峰值发射功率为数百瓦至15kW可调。接收系统用来接收样品反映出来的自由感应衰减信号。由于这种信号极微弱，故要求接收系统的总增益很高，噪声必须很低。一般波谱仪都采用超外差式接收系统，其主要增益可取之中频放大器。由于中频放大器工作在与发射系统不同的频段上，可避免发射直接干扰。在预放大器与中放器之间设有一个接收门，实际上也就是一个射频开关，它主要是在发射系统工作瞬间关闭，防止强大的射频发射信号进入接收系统。经中频放大后的FID信号一般幅值都超过0.5V，可进行检波，检波后，信号还要进行放大和滤波。

磁共振信号首先通过变换器变为数字量，并存入暂存器。图像处理机按所需方法处理原始数据，获得磁共振的不同参数图像，并存入图像存储器。这种图像可根据需要进行一系列的后置处理。后置处理内容分为两大类：其一是通用的图像处理，其二是磁共振专用的图像处理，如计算 T_1 值、T_2 值、质子密度。至少应采用三十二位阵列处理机。经重建后的图像依次送入高分辨率的显示装置，也可存入磁盘和通过多幅照相机制成硬拷贝。

3.2.2 实时识别枝晶生长位置

在目前使用的成像技术中，扫描电子显微镜只能提供定性的成像信息，原位NMR能提供定量的信息，但在提供图像的空间信息方面受到限制。原位磁共振成像（MRI）是一种非常有效的无创伤检测方法，它可以提供实时、定量的空间信息，特别是锂离子电池电解质/电极系统中锂枝晶的形成和生长。这项技术能够实时识别枝晶生长的位置，验证影响锂金属形成和溶解的不同条件（电流率、电解质添加剂等），并帮助理解电极降解的化学反应。据报道，电池相对于射频线圈的方向对成像质量有很大影响，因此需要特别小心地调整[42]。

锂金属核对MRI的低敏感性限制了原位MRI在观察锂枝晶形成中的应用，这一障碍已被公开的一种间接方法克服。在这种新的方法中，H MRI被用来监测锂金属电池电解质上锂枝晶的三维生长，与以往的研究不同，这使得快速成像成为可能。这项研究表明枝晶的生长不是单向的，并且在枝晶生长后，整个实验过程中已经形成的组织形态没有进一步变化。同时，该研究还利用射频技术对实验所得的MRI数据进行了定量分析。

该核磁共振实验在Bruker Ultrashield 9.4 T Avance I光谱仪上进行，该光谱仪含有 Bruker Micro 2.5 梯度组件，在 400.1MHz 的^{1}H 下运行。扣式电池在磁铁中对齐，使磁场方向垂直于电极的表面［如图 3-5(a) 所示］。电池在线圈的中心，其中的激励曲线大约为 15mm 以确保在扣式电池中的所有组件得到均匀激励。三维^{1}H MRI 实验使用 Paravision 5.1 中实现的 3D FLASH 序列，使用 2ms 的 TE，100ms 的 TR，10°的标称翻转角（α），以及为了平均进行四次信号扫描。视场在 x、y、z 方向分别为 11.52mm×11.52mm×17.28mm，k 空间由 x、y 方向的 64 个相位编码点和沿 z 方向的 96 个读出点组成，只采集相位方向中心的 50 个 k 空间点，以加速采集。应用 FLASH 序列可以得到覆盖电池中两个电极和电解质区域的三维图像，等效分辨率为 180μm，实验总时间为 1000s。

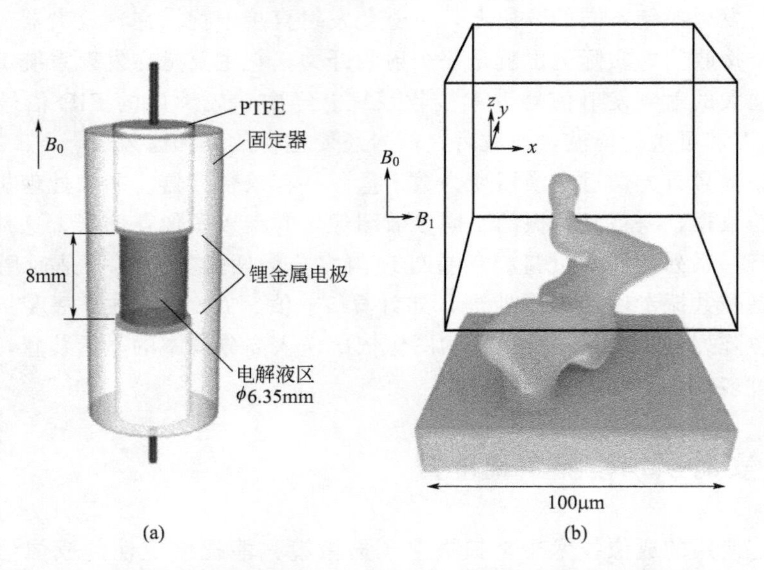

图 3-5　原位磁共振成像的电池示意图和用于计算的锂枝晶模型[42]

(a) 原位磁共振成像电池示意图；(b) 计算的锂枝晶模型

图 3-6 显示了不同时间点对称锂金属电极电池几何形状树枝生长的三维图像。使用快速低角度拍摄对电化学电池原位检测监测获得的图像［图 3-6(a)］显示最初在电解质区域相对均匀，黑暗区域从 z＝4mm 和－4mm 延伸到两个 Li 电极。图 3-6(a) 首先展示了在 50μA（0.16mA · cm^{-2}）下充电 72h（施加的总电荷，Q_{tot}＝13.0C）后电池内部的原始状态。随着进一步的放电，有物质从顶部电极的左侧长出并生长到电解质区域的中间，26.1h 后刺穿了整个电解质腔，达到底部电极。该物质在电极间的形态和逐渐“生长”的过程，表明其为锂枝晶结构。

通过将图像分割成高于和低于阈值强度的区域，即 $I_{threshold}$＝0.2I_{max}［图 3-6(b)］，可以强调锂枝晶的位置和生长情况。$I_{threshold}$ 的选择是为了提供良好的图像对比度，同时保持重建锂枝晶的三维结构。这种方法相比 3D 成像技术具有相当大的优势，因为 3D 成像技术观察^{7}Li 金属需要更长的扫描时间。目前的方法提供了

180μm 的各向同性分辨率扫描 1000s，有着增加的信噪比和有利的 MR 特性的^{1}H 核以及由长程敏感性效应提供的对比度增强，具有进一步优化的潜力。原位观察三维锂枝晶生长的技术为研究人员提供了研究锂金属电池失效机制的有效方法。例如，图 3-6(c) 中的一系列图像显示，即使在宏观长度尺度上，枝晶生长也不是单向的，而是在生长之后扭曲，最终使电池短路。

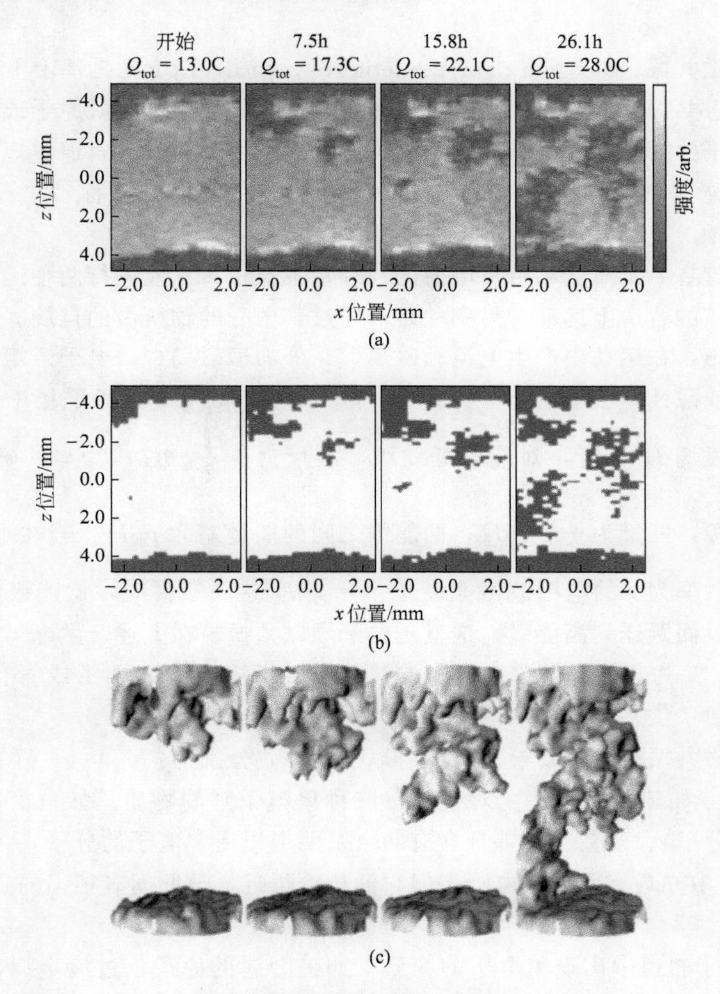

图 3-6 原位磁共振成像结果[42]

(a) 四个不同时间点的二维切片；(b) 来自 (a) 结果的分段图像；(c) 四个不同时间点的三维分割图像

上述间接磁共振成像方法可推广到其他电极材料，如锌、钠、镁等。先进的电极设计、电解质和隔膜对枝晶形成和生长的影响可以在未来的电池设计中使用这种方法进行评估。磁共振成像技术是核磁共振技术的一个升级版本，它能提供与空间位置有关的信息和核磁共振谱数据，是一种有前景的综合性技术，在锂离子电池电极的原位表征方面具有广阔的应用前景。

3.3 电子顺磁共振波谱

3.3.1 原理与实验装置

电子顺磁共振（electron paramagnetic resonance，EPR）是基于不配对电子的磁矩的一种磁共振技术，可用于从定性和定量两个方面检测物质原子或分子中所含的不配对电子并探索其周围环境的结构特性。对自由基而言，轨道磁矩几乎不起作用，总磁矩绝大部分来自电子自旋，所以电子顺磁共振亦称“电子自旋共振（ESR)”。

电子是具有一定质量和带负电荷的一种基本粒子，它能进行两种运动：一种是在围绕原子核的轨道上运动，另一种是对通过其中心的轴所做的自旋。由于电子的运动产生力矩，在运动中产生电流和磁矩，在外加恒磁场中，电子磁矩的作用如同细小的磁棒或磁针，由于电子的自旋量子数为 1/2，故电子在外磁场中只有两种取向：①与外磁场 H 平行，对应于低能级，能量为 $-\frac{1}{2}g\beta H$；②与外磁场逆平行，对应于高能级，能量为 $+\frac{1}{2}g\beta H$，两能级之间的能量差为 $g\beta H$。若在垂直于 H 的方向，加上频率为 ν 的电磁波恰能满足 $h\nu=g\beta H$ 这一条件时，低能级的电子就吸收电磁波能量而跃迁到高能级，这就是电子顺磁共振。在上述产生电子顺磁共振的基本条件中，h 为普朗克常数，g 为波谱分裂因子（简称 g 因子或 g 值），β 为电子磁矩的自然单位，称为玻尔磁子[43]。

电子顺磁共振波谱主要检测对象有以下两种，分别为：

① 在分子轨道中出现不配对电子（或称单电子）的物质。如自由基（含有一个单电子的分子)、双基及多基（含有两个及两个以上单电子的分子)、三重态分子（在分子轨道中亦具有两个单电子，但它们相距很近，彼此间有很强的磁相互作用，与双基不同）等。

② 在原子轨道中出现单电子的物质，如碱金属的原子、过渡金属离子（包括铁族、钯族、铂族离子，它们依次具有未充满的 3d、4d、5d 壳层)、稀土金属离子（具有未充满的 4f 壳层）等。

电子顺磁共振波谱仪由 4 个部件组成：①微波发生与传导系统；②谐振腔系统；③电磁铁系统；④调制和检测系统。绝大多数仪器工作于微波区，通常采用固定微波频率 ν，而改变磁场强度 H 来达到共振条件。但实际上 ν 若太低，则所用波导管尺寸要加大，变得笨重，加工不便，成本贵；而 ν 又不能太高，否则 H 必须相应提高，这时电磁铁中的导线匝数要加多，导线加粗，磁铁要加大，亦使加工困难。电子顺磁共振波谱仪常用的波带有下列 3 种情况（表 3-1），其中 X 波带最为常用。

表 3-1 电子顺磁共振波谱仪常用的波带

波带	频率 $\nu/\times10^3$MHz	波长 λ/cm	相应的共振磁场 H/T
X	9.5	3.16	0.3390
K	24	1.25	0.8560
Q	35	0.86	1.2490

1965 年，美国的 H. M. 麦康奈尔创立了一种研究方法，名为自旋标记法，即将一种稳定的自由基（最常用者为氮氧自由基）结合到单个分子或处于较复杂系统内的分子上的特定部位，而从电子顺磁共振波谱取得有关标记物环境的信息。自旋标记物有 4 个优点：①对溶剂的极性敏感，因此得以探究标记物周围环境的疏水性或亲水性；②对分子转动速率极为敏感，因此能检测物质的环境内所容许的活动程度，特别是计测由某种生化过程引起的生物分子构象的改变；③EPR 波谱较简单，易于分析，由 ^{14}N 引起的三峰波谱能提供许多有价值的信息；④不存在来自抗磁性环境的干扰信号。

3.3.2 研究循环过程中自由基氧物种的形成过程

图 3-7(a) 显示了 $Li_2Ru_{0.75}Sn_{0.25}O_3$ 电极在特殊设计的 EPR 电化学电池中的恒电流循环曲线。循环轮曲线类似于先前用这些材料在扣式电池或 Swagelok 型电池上获得的曲线。$Li_2Ru_{0.75}Sn_{0.25}O_3$ 的充电曲线中有两个平台，随后在充放电过程中呈 S 形变化。该 EPR 电池表现出持续的循环，证实了其气密性以及 Kel-F 聚合物对电解质的稳定性/相容性。

在循环过程中检测的 EPR 光谱如图 3-7(b) 所示。最初，EPR 光谱没有特征，这与以下事实一致：活性材料 $Li_2Ru_{0.75}Sn_{0.25}O_3$（$Ru^{4+}$ 在正极中是 EPR 失活的），电池组件也不包含不成对的电子。但是，由于锂费米能级顶部的电子自旋未成对，负极的块状锂箔片应显示宽的 EPR 信号。EPR 频谱无特征，难以观察到大块锂 EPR 信号，可能是由于 Pauli 顺磁性弱（EPR 强度低）和集肤深度效应所致，这限制了微波场对大块物质的渗透范围（大约为 1μm），金属 Li EPR 信号的宽度与样品纯度有很大的相关性（EPR 信号的宽度随缺陷和杂质的增加而增加）。

通过将电池充电至 3.6V，研究人员观察到出现了一个宽 EPR 信号，其中心值为 g=2.0002，小于自由电子自旋值 g_e=2.0023，该信号指示 Ru^{5+} 的存在。如先前从室温和低温处通过异位测量收集到的信号形状所明确指出的那样，它证实了 EPR 失活的 Ru^{4+}（$4d^4$）被氧化为 EPR 活性 Ru^{5+}（$4d^3$）。在该充电步骤中，观察到另外一个非常尖锐且略有失真的信号，该信号的线宽为 1.5G，其中心非常接

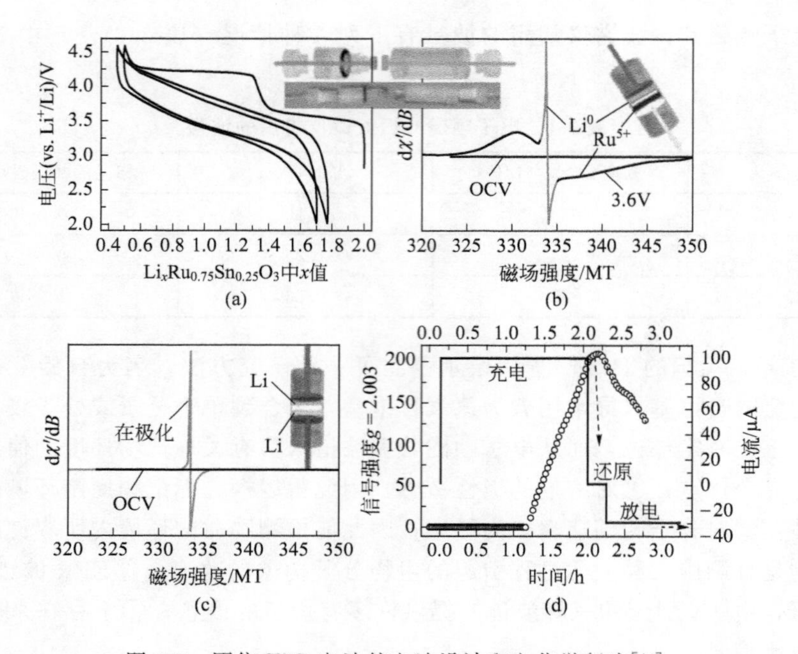

图 3-7 原位 EPR 电池的电池设计和电化学行为[44]

(a) 专为原位 EPR 测量而设计的圆柱形电池的电化学循环性能；(b) $Li_2Ru_{0.75}Sn_{0.25}O_3$ 的 X 波段 EPR 谱在 OCV 和充电至 3.6V 后的锂半电池对比；(c) 锂对称电池的 X 波段 EPR 光谱；(d) 锂对称电池循环时锂金属信号强度的变化

近自由电子的 g 值（$g=2.0023$）。这种尖锐的 EPR 信号来自充电过程中沉积在负极锂箔上锂的聚集体；信号强度、线形和线宽在很大程度上取决于聚集体的大小和纯度。对于小于渗透深度（约 1μm）的锂原子，EPR 线报告显示对称信号（$A/B=1$），A 和 B 分别是信号正负部分的幅度。该 EPR 线稍微变形（$A/B\approx2.2$）表示锂颗粒的大小（或 Li 枝晶的宽度）是稍大的量级。研究人员通过组装对称的锂/电解质/锂电池进一步测试了这种信号分配。由于上述原因，未检测到电池的可分辨锂 EPR 信号。一旦我们施加了连续的偏置电压，就会出现清晰的信号［图 3-7(c)］，其强度随着极化时间的增加而连续增加［图 3-7(d)］，并在偏置电压关闭时稳定下来。与预期的恒定信号相比，反向偏置电压会触发 EPR 信号的减小。这种差异很可能是由于从活性 EPR 电极中除去锂团块，并在相对的大块电极上成核以形成具有临界尺寸的锂团块（可进行 EPR 检测）所致。这一发现为使用原位操作 EPR 作为 NMR 的新的补充工具提供了实时监测锂电镀/剥离的可能性，同时还具有为识别锂成核的位置提供更好分辨率的优点。

这种原位 EPR 技术对于通过监测 EPR 信号的演变来了解在 $Li_2Ru_{0.75}Sn_{0.25}O_3$ 电极上发生的锂驱动的阳离子-阴离子氧化还原过程的机理研究也非常有价值。图 3-8 显示了在低压区域（2～4V）收集的 EPR 光谱，为清楚起见，它们与锂金属信号进行了反卷积，由于 Ru^{5+} 可以很好地看到和分析离子，宽的 EPR 信号以 $g=2.0002$ 为中心。如图 3-8(b)，当电池充电至 4V 时，其强度持续增加，而当电池从 4V 放电至 2V 时，其强度降低至几乎为零，这意味着在第一个放电过程中，阳离子氧化还原过程是完全可以通过 EPR 和 XPS 测量事先确定的。

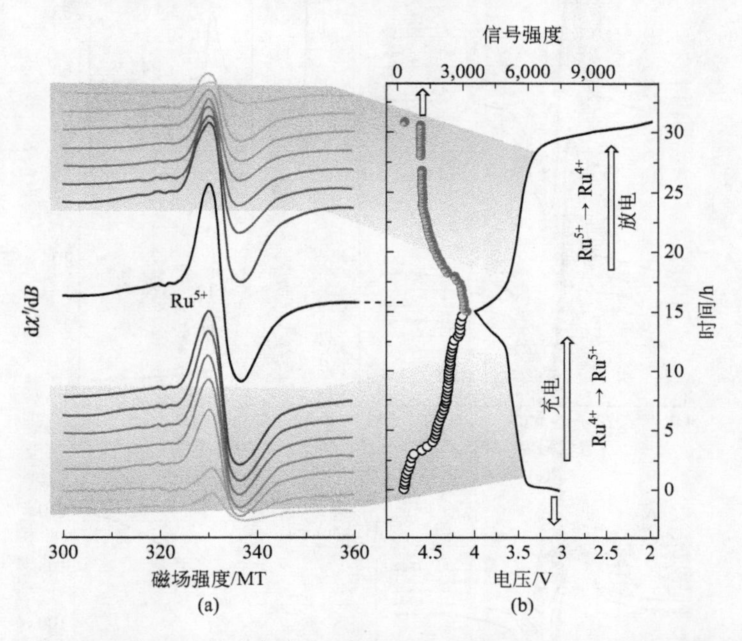

图 3-8 (a) 从 OCV 到 4V 充电期间的 X 波段 EPR 频谱；(b) 相应的电池电化学循环[44]

为了探测这些高容量分层氧化物电极的总体氧化还原过程，在 2～4.6V 的整个电压范围内循环使用 EPR $Li/Li_2Ru_{0.75}Sn_{0.25}O_3$ 电池，在此电压范围内，预计阳离子氧化还原（$Ru^{4+} \longrightarrow Ru^{5+} + e^-$）和阴离子氧化还原（$O_2^- \longrightarrow O_2^{n-}$ 其中 $1 \leqslant n \leqslant 3$）反应。与先前的异位实验一致，$Ru^{5+}$（$g=2.0002$）随电池充电至 4V 而增多。进一步充电至 4V 以上时，Ru^{5+} 信号减小，并且在较高电压的中间出现新的弱信号（$g=2.007$）峰［见图 3-9(a) 中的区域Ⅲ］，在电池达到 4.6V 时在稳定之前连续增长。该信号的线形显示出不对称加宽［图 3-9(b)］和相对于自由电子自旋正 g 移值（2.0023）。这种顺磁性物质在充电时形成是由于强烈的 Ru(4d)-O(2p) 轨道相互作用触发的还原耦合机制。阴离子氧化还原物质主要为 $O_2^{3-}/O_2^{2-}/O_2^-$，在下文中表示为 O_2^{n-}，其中 $1 \leqslant n \leqslant 3$。注意，一对块体的 O^{2-}，记作 O_2^{4-}，具有填充满了反键轨道的电子组态 $\pi_g^{*4}\sigma_u^{*2}$［图 3-10(a)］。这些填充的反键 σ 轨道对应于氧 2p 带的顶部。因此，将 O^- 在氧化时形成离子更好地描述为离子对 O_2^{3-} 构型（$\pi_g^{*4}\sigma_u^{*1}$），用在反键 σ_u^* 轨道。O—O 键的长度减小，这会使反键 σ_u^* 轨道不稳定，从而使孔稳定。考虑 O_2^{n-} 对应于孔中存在的物质反键轨道，必须注意到，只有 O_2^{3-}（$\pi_g^{*4}\sigma_u^{*1}$）和 O_2^-（$\pi_g^{*3}\sigma_u^{*0}$）物种［图 3-10(b)］具有一个电子自

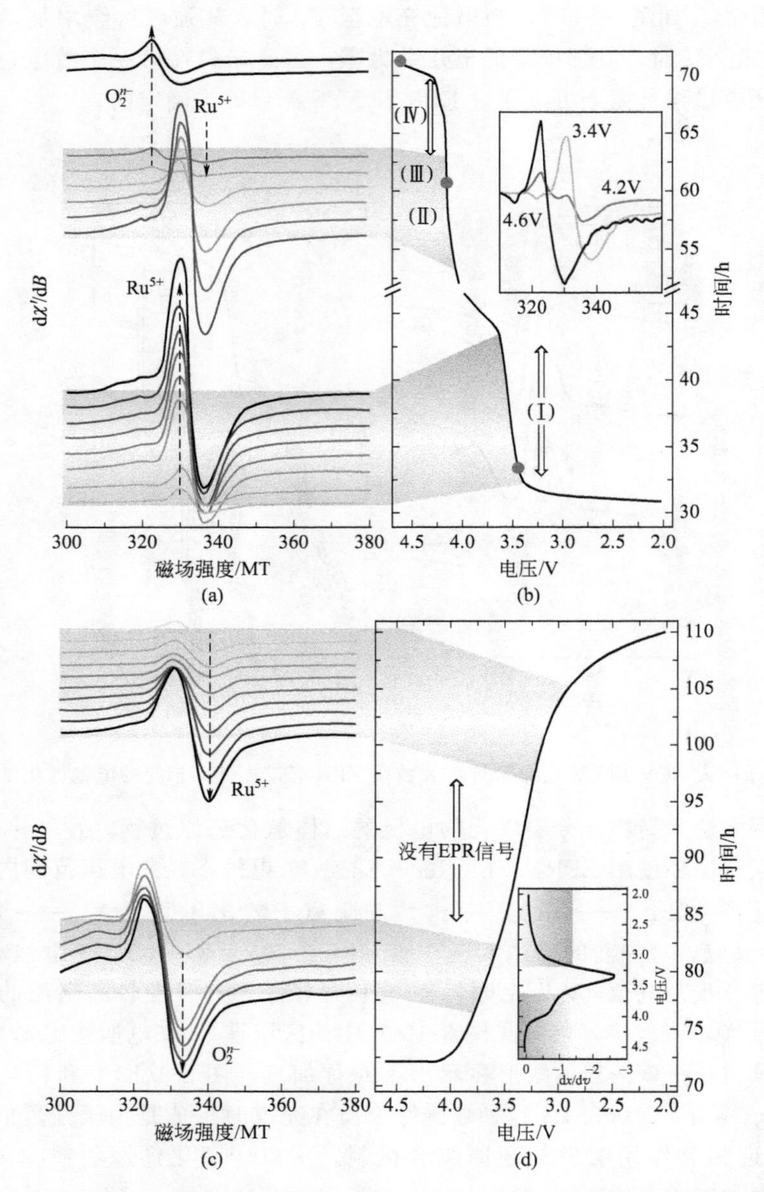

图 3-9 在 2～4.6V 之间循环期间，$Li_2Ru_{0.75}Sn_{0.25}O_3$ 与 Li 半电池的 X 带 EPR 光谱[44]

(a) $Li_2Ru_{0.75}Sn_{0.25}O_3$ 与 Li 半电池在 2～4.6V 充电时的 X 波段 EPR 光谱；(b) 与 (a) 相应的扣式电池循环曲线；(c) $Li_2Ru_{0.75}Sn_{0.25}O_3$ 对锂半电池从 4.6～2V 放电期间的 X 波段 EPR 谱；(d) 与 (b) 相应的循环曲线

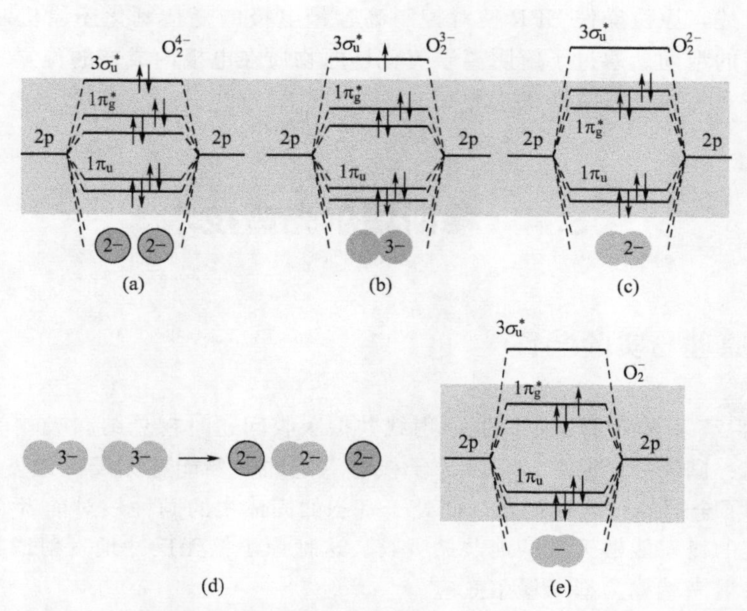

图 3-10 (a) 一对相邻 O_2^- 离子的对应图；(b) O_2^{3-} 有单个非成对电子；

(c) O_2^{2-} 由于成对，电子数为偶数；(d) 两个 O_2^{3-} 缩合，产生一个 O_2^{2-} 离子；

(e) O_2^- 有单个非成对电子[44]

旋，$S=1/2$，因此 EPR 活化，而 O_2^{2-} （$\pi_g^{*4}\sigma_u^{*0}$） ［图 3-10(c)］是失活的，$S=0$。因此，O_2^{3-} 和 O_2^- 与在 EPR 信号均为 $g=2.007$。此信号的微弱可以通过两个 O_2^{3-} 的部分缩合生成 O_2 来解释，根据 $O_2^{3-}+O_2^{3-} \longrightarrow 2O^{2-}+O_2^{2-}$ ［图 3-10(d)］，O^{2-} 和 O_2^{2-} 导致 EPR 失活。因此，氧的弱 EPR 线可能是因为剩余的 O_2^{3-} 物质在缩合后存在，或者是 O_2^{2-} 氧化产生的 O^{2-} 导致的。

放电时，最初观察到 O_2^{n-} 信号减弱，达到一个电压范围（3.5～3.2V），在这个电压范围内，EPR 光谱没有特征峰。因为电压达到 2V，有一个 Ru^{5+} 信号的突然消失，其强度逐渐下降到几乎为零（$Ru^{5+} \longrightarrow Ru^{4+}$）。这进一步证实了一个整体的可逆过程，尽管第一次充电和放电之间的反应路径是不同的。简单地说，在放电过程中，首先是 EPR 活性 O_2^{3-}/O_2^- 物质的还原，给出 EPR 的 O_2^{2-} 和 Ru^{4+} 信号，之后通过电子重组（$2Ru^{4+}+2O_2^{2-} \longrightarrow 2Ru^{5+}+2O_2^-$），在约 3.3V 以下被活性的 Ru^{5+} 取代。然后，Ru^{5+} 下一步被还原成 Ru^{4+}。当研究人员重复原位 EPR 实验时，结果类似，证明了该技术的绝对可重复性。这些结果进一步证实了为这些高容量电极材料提出的锂驱动的还原耦合机制。同时，它与之前观察到的完全充电电极的 ^7Li 核磁共振谱与原始 Ru^{4+} 材料非常相似，这也很好地解释了为什么 Ru 基高容量电极的 XPS 谱不断地显示出 Ru-3d 核心谱向下而不是向上移动，因为样品的电荷高于 4V。

如上所述，原位操作EPR使对控制高容量电极的复杂氧化还原机制的基本理解有了空前的帮助。通过了解阴离子氧化还原物质在电极内成核的位置，可以成功地将这项技术为实用电极提供指导。

3.4 穆斯堡尔光谱技术

3.4.1 原理与实验装置

1956年27岁的穆斯堡尔研究γ射线共振吸收问题时在总结和吸收前人的研究基础上指出：固体中的某些放射性原子核有一定的概率能够无反冲地发射γ射线，γ光子携带了全部的核跃迁能量。而处于基态的固体中的同种核对前者发射的γ射线也有一定的概率能够无反冲地共振吸收。这种原子核无反冲地发射或共振吸收γ射线的现象后来就称为穆斯堡尔效应。

凡是有穆斯堡尔效应的原子核，都可简称为穆斯堡尔核。目前，发现具有穆斯堡尔效应的化学元素（不包括铀后元素）只有42种，80多种同位素，尚未发现比钾（K）元素更轻的含穆斯堡尔核素的化学元素。大多数要在低温下才能观察到，只有铁的1414keV和锡的23.87keV的核跃迁在室温下有较大概率的穆斯堡尔效应。对于不含穆斯堡尔原子的固体，可将某种合适的穆斯堡尔核人为地引入所要研究的固体中，即将穆斯堡尔核当作探针进行间接研究，也能得到不少有用信息。

穆斯堡尔光谱仪（MS）是一种利用核的超精细相互作用的方法，它可以研究电子环境对核的超精细能级的影响，从而探测材料的结构。探测的参数通常是同分异构体位移和四极相互作用，它们提供有关穆斯堡尔原子价态和电子结构的信息，以及超精细磁场（如果存在）。在典型的实验中，透射辐射的强度与穆斯堡尔源速度相关。对于合适的γ射线源的特殊要求限制了这种技术应用于研究不同的同位素。虽然理论上可以用质谱法研究与锂离子电池相关的几种同位素，但大多数研究仅限于铁和锡实验[45]。

γ射线能量一般高于典型的X射线衍射能量，因此，用于原位MS研究的电池与原位XRD和XAS装置非常相似，因为γ射线可以穿透电池和窗口结构，例如Leriche等人特别设计的电池。用于原位MS测量的一种更简单但相似的设计是一种扣式电池，电池盖和外壳上装有铍窗。铍窗相对于γ射线是透明的，并且还能充当集流体。然而，当与阴极材料接触时，需要隔着一层铝以防止铍窗口氧化[23,24]。

透射式谱仪的结构图如图3-11所示，其中包括以下几个主要部分：

① 放射源。放射源是一个具有较大的无反冲分数的γ光子源。对^{57}Fe源，一般使用单色源（即发射单一能量的光子）。通常将放射性母核^{57}Co扩散到Pd、Rh

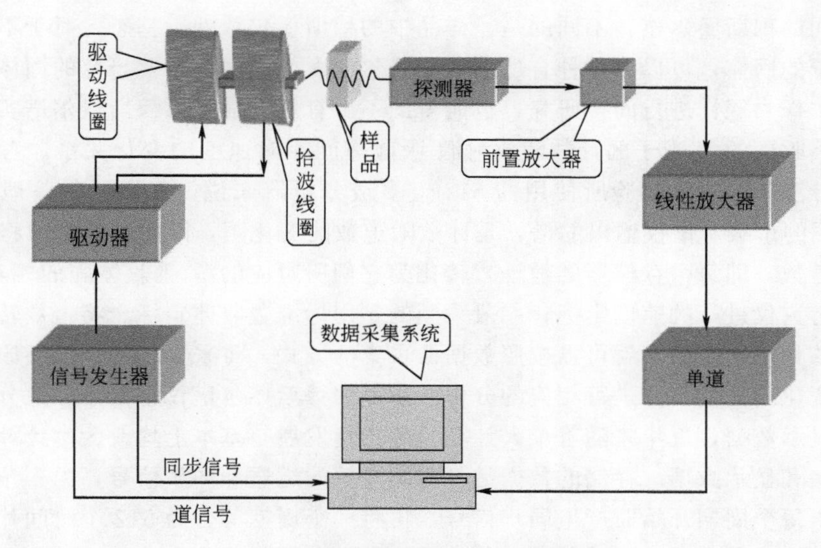

图 3-11　穆斯堡尔光谱仪装置示意图

或 Pt 这类结构对称性高、非磁性、德拜温度高且化学性能稳定的金属衬底中制得。极化源是通过将^{57}Co 扩入 α-Fe 中制得，源强从若干毫居里（$1Ci=3.7\times10^{10}Bq$）至数百 mCi。

② 驱动系统。驱动器提供穆斯堡尔放射源所需要的多普勒速度。它由函数发生器、前置放大器和电磁驱动器构成。函数发生器产生所需要的速度波形，如常用的三角波和正弦波，这样就可以同时向工作在多路定标方式（又称时间方式）的多道分析器或者计算机发送同步信号，使振子的运动与多道分析器记录数据的工作同步，也就是使源在某一个特定速度时发出的透过样品 γ 光子产生的信号总是记录在某一个特定的道中（每道相当于一个计数器），前置放大器提供振子运动所需的功率，振子载着放射源运动。驱动速度随样品而定，速度定得过小会损失信号，过大又会降低精度。

③ 探测器和记录系统。这部分装置由 γ 射线探测器、放大器、单道分析器、多道分析器、采集卡和计算机组成。探测器多用正比计数器或 NaI 闪烁计数器，其输出脉冲经前置放大器和线性放大器放大后进入单道分析器。单道分析器选择出与穆斯堡尔效应有关的信号，将这些信号送入工作在多路定标方式的多道分析器中，此时多道分析器的每一个道都相当于一个计数器，他们按次序记录不同时刻（相应于放射源不同的多普勒速度）到达探测器的 Y 光子数，每道中的计数就构成了穆斯堡尔图谱。计算机通过采集卡采集到这些信息，然后把它们记录在一个文件中，以供解谱时使用。

④ 吸收体。在这里，吸收体就是所要研究的样品（发射谱吸收的情况与此不同，放射源是试样，吸收体是一致的单能量跃迁的标准吸收体）。样品必须含有与

源中相同的穆斯堡尔核，不同的是，样品中的穆斯堡尔核处于基态。对于不含穆斯堡尔原子的固体，可以将某种合适的穆斯堡尔核人为地引入所要研究的固体，即将穆斯堡尔作为探针进行间接研究，也能得到不少有用的信息。穆斯堡尔谱实际上是探测器接收到的 Y 光子的计数随放射源-吸收体间相对速度的变化关系。考虑到计数的统计涨落，对本实验所使用的 512 道多道分析器来说，每道计数一般应达到 10^5～10^6 的量级。谱仪输出的谱，是计数随道数的变化图，因此首先必须将多道分析器的道数（即每个存储器的地址）转化为它们所对应的源-吸收体间的相对速度，这就是对谱仪进行的速度定标，一般采用的是用标准吸收体定标。将道数转化为其所对应的相对速度后，就可以按照数据被采集的方式，将采集到的计数还原为计数随速度变化的谱性，并进行相应的分析。早期的穆斯堡尔谱仪常采用多道分析器来存储和显示数据，近年来随着个人计算机的迅速发展，基本上均改为由计算机来控制、存储和显示数据。存储的数据是与时间有关的道进和同步信号，由三角波发生器产生，每个周期开始时产生同步信号，再将一个周期等分为 512 个时间片，每个时间片开始时产生道进信号。这样可以使三角波的一个周期与 1～512 个道址存储扫描所需的时间一一对应。所以实验上测得的横坐标是道址，但是可以和三角波的电压信号一一对应，这样 1～512 个道址就可以对应于驱动器所施加的多普勒速度，在一个周期的时间内可以从 $-V_{max}$ 变化到 $+V_{max}$，再变化到 $-V_{max}$，驱动器往复运动，而纵坐标反映的就是每一个道址内所测量得到的 γ 射线计数，这样就可以获得穆斯堡尔谱。

3.4.2 研究电子环境对材料结构的影响

由于穆斯堡尔光谱是探究锡局部结构和氧化还原活性的一种理想方法，Sathiya 等人决定利用原位穆斯堡尔光谱技术研究 $Li_2Ru_{1-y}Sn_yO_3$ 电池中正极材料在充放电时的变化。研究发现，随着 Ru 含量的增加，Sn^{4+} 的同分异构体偏移也增加了，这表明富含 Ru 的物质的 Ru-O 键具有较高的共价特性。与之相反的是，充放电时 Sn 同分异构体没有变化，说明 Sn^{4+} 并不活跃。另外，研究者还发现第一次充电引发了 Sn 周围不可逆的局部结构畸变，Sn-O 键在锂脱出/嵌入时减弱/增强，即 Sn 在带电样品中与氧的结合较少。

第 4 章

电化学原位光学技术

4.1 光学显微镜

4.1.1 原理与实验装置

光学显微镜（optical microscope，简写为 OM）是利用光学原理，把人眼所不能分辨的微小物体放大成像，以供人们提取微细结构信息的光学仪器。普通光学显微镜达不到纳米级。

显微镜是利用凸透镜的放大成像原理，将人眼不能分辨的微小物体放大到人眼能分辨的尺寸，其主要是增大近处微小物体对眼睛的张角（视角大的物体在视网膜上成像大），用角放大率 M 表示它们的放大本领。因同一件物体对眼睛的张角与物体离眼睛的距离有关，所以一般规定离眼睛距离为 25cm（明视距离）处的放大率为仪器的放大率。显微镜观察物体时通常视角甚小，因此视角之比可用其正切之比代替。

光学显微镜和放大镜起着同样的作用，就是把近处的微小物体成一放大的像，以供人眼观察，只是光学显微镜比放大镜可以具有更高的放大率而已。图 4-1 是物体被光学显微镜成像的原理图。图中把物镜和目镜均以单块透镜表示。物体 AB 位于物镜前方，离开物镜的距离大于物镜的焦距，但小于两倍物镜焦距。所以，它经物镜以后，必然形成一个倒立的放大的实像 A1B1。A1B1 位于目镜的物方焦距 F_2 或者在很靠近 F_2 的位置上，再经目镜放大为虚像 A2B2 后供眼睛观察。虚像 A2B2 的位置取 A1B1 之间的距离，可以在无限远处（当 A1B1 位于 F_2 处时），也可以在观察者的明视距离处（当 A1B1 在图中焦距 F2 之右边时）[46]。

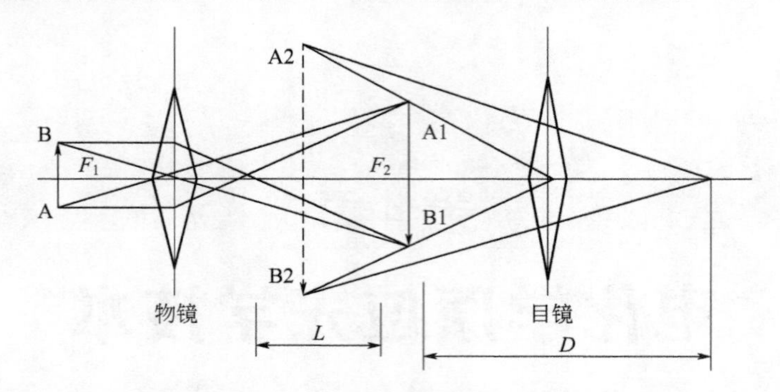

图 4-1　光学显微镜放大原理

AB—物体；A1B1—物镜放大图像；A2B2—目镜放大图像；F_1—物镜焦距；F_2—目镜焦距；
L—光学镜筒长度（物镜后焦点与目镜前焦点的距离）；D—明视距离

光学显微镜有多种分类方法：

① 按使用目镜的数目可分为双目显微镜和单目显微镜；

② 按图像是否有立体感可分为立体视觉显微镜和非立体视觉显微镜；

③ 按观察对象可分为生物显微镜和金相显微镜等；

④ 按光学原理可分为偏光显微镜、相衬显微镜和微差干涉对比显微镜等；

⑤ 按光源类型可分为普通光显微镜、荧光显微镜、紫外光显微镜、红外光显微镜和激光显微镜等；

⑥ 按接收器类型可分为目视显微镜、数码（摄像）显微镜等。

显微镜（如图 4-2）的光学系统主要包括物镜、目镜、反光镜和聚光器四个部件。广义上说也包括照明光源、滤光器、盖玻片和载玻片等。

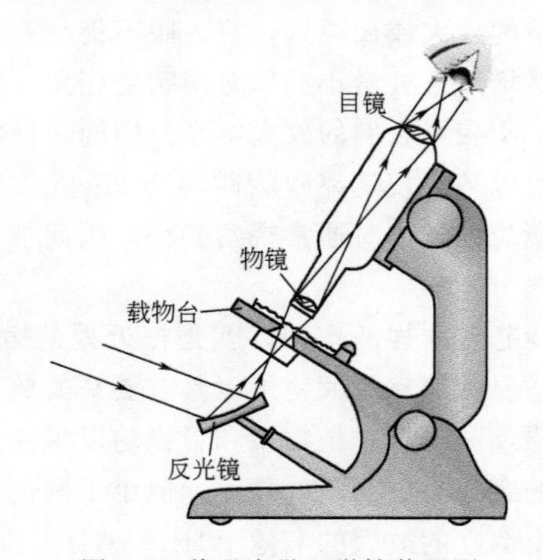

图 4-2　普通光学显微镜装置图

物镜是决定显微镜性能的最重要部件，安装在物镜转换器上，接近被观察的物体，故叫作物镜或接物镜。物镜的放大倍数与其长度成正比。物镜放大倍数越大，物镜越长。

目镜因为它靠近观察者的眼睛，因此也叫接目镜，安装在镜筒的上端。通常目镜由上下两组透镜组成，上面的透镜叫作接目透镜，下面的透镜叫作会聚透镜或场镜。上下透镜之间或场镜下面装有一个光阑（它的大小决定了视场的大小），因为标本正好在光阑面上成像，可在这个光阑上粘一小段毛发作为指针，用来指示某个特点的目标。也可在其上面放置目镜测微尺，用来测量所观察标本的大小。目镜的长度越短，放大倍数越大（因目镜的放大倍数与目镜的焦距成反比）。

聚光器也叫集光器，位于标本下方的聚光器支架上。它主要由聚光镜和可变光阑组成。其中，聚光镜可分为明视场聚光镜（普通显微镜配置）和暗视场聚光镜。

反光镜是一个可以随意转动的双面镜，直径为50mm，一面为平面，一面为凹面，其作用是将从任何方向射来的光线经通光孔反射上来。平面镜反射光线的能力较弱，是在光线较强时使用，凹面镜反射光线的能力较强，是在光线较弱时使用。

反光镜通常一面是平面镜，另一面是凹面镜，装在聚光器下面，可以在水平与垂直两个方向上任意旋转。

反光镜的作用是使由光源发出的光线或天然光射向聚光器。当用聚光器时一般用平面镜，不用时用凹面镜；当光线强时用平面镜，弱时用凹面镜。

显微镜的机械装置是显微镜的重要组成部分。其作用是固定与调节光学镜头，固定与移动标本等。主要有镜座、镜臂、载物台、镜筒、物镜转换器与调焦装置。

(1) 镜座和镜臂

① 镜座作用是支撑整个显微镜，装有反光镜，有的还装有照明光源。

② 镜臂作用是支撑镜筒和载物台。分固定镜臂、可倾斜镜臂两种。

(2) 载物台（又称工作台、镜台）

载物台作用是安放载玻片，形状有圆形和方形两种，其中方形的面积为120mm×110mm。中心有一个通光孔，通光孔后方左右两侧各有一个安装压片夹用的小孔。分为固定式与移动式两种。有的载物台的纵横坐标上都装有游标尺，一般读数为0.1mm，游标尺可用来测定标本的大小，也可用来对被检部分做标记。

(3) 镜筒

镜筒上端放置目镜，下端连接物镜转换器。分为固定式和可调节式两种。机械筒长（从目镜管上缘到物镜转换器螺旋口下端的距离称为镜筒长度或机械筒长）不能变更的叫作固定式镜筒，能变更的叫作调节式镜筒，新式显微镜大多采用固定式镜筒，国产显微镜也大多采用固定式镜筒，国产显微镜的机械筒长通常是160mm。

安装目镜的镜筒，有单筒和双筒两种。单筒又可分为直立式和倾斜式两种，双筒则都是倾斜式的。其中双筒显微镜，两眼可同时观察以减轻眼睛的疲劳。双筒之间的距离可以调节，而且其中有一个目镜有屈光度调节（即视力调节）装置，便于两眼视力不同的观察者使用。

(4) 物镜转换器

物镜转换器固定在镜筒下端，有3～4个物镜螺旋口，物镜应按放大倍数高低顺序排列。旋转物镜转换器时，应用手指捏住旋转碟旋转，不要用手指推动物镜，因时间长容易使光轴歪斜，使成像质量变坏。

(5) 调焦装置

显微镜上装有粗准焦螺旋和细准焦螺旋。有的显微镜粗准焦螺旋与细准焦螺旋装在同一轴上，大螺旋为粗准焦螺旋，小螺旋为细准焦螺旋；有的则分开安置，位于镜臂的上端较大的一对螺旋是粗准焦螺旋，其转动一周，镜筒上升或下降10mm。位于粗准焦螺旋下方较小的一对螺旋为细准焦螺旋，其转动一周，镜筒升降值为0.1mm，细准焦螺旋调焦范围不小于1.8mm。

4.1.2 观察锂枝晶的生长

光学显微镜（OM）在可见光从物体表面反射后形成图像。由于可见光的波长在390～700nm之间，所以它的分辨率要低得多（约200nm）。这就限制了OM的适用性，它只能分析电池的宏观结构特征，例如锂枝晶生长。用OM很难观察到纳米级的SEI，但可以看到SEI分解后（枝晶）的二次生长。树枝状晶是电极-电解液界面的部分电化学非活性但化学活性的微观结构，并随着每次充放电循环而生长。树突可以穿透隔膜并导致电池短路。由于所需仪器的简单性、成本效益低、非真空操作、非破坏性以及成像过程与样品电导率无关，OM更适合于原位分析[47,48]。

OM在电池原位分析中适用于三个主要领域：①直接观察锂枝晶的生长；②观察由于锂迁移而引起的电极颜色变化；③由于在锂化/去锂化过程中体积变化引起的电极应力测量。与石墨阳极电池相比，最轻的金属锂阳极为高能密度电池提供了一种选择。然而，锂枝晶的生长使其不适用于实际应用。锂枝晶的生长是由于锂金属电极表面的SEI膜不均匀所致。在电化学放电过程中，非均匀SEI更容易开裂，并在裂纹附近沉积更多的锂。这些生长中的锂体以丝状树枝状结构突出。为了原位研究锂枝晶和界面反应，采用了几种光学显微镜电池设计，大多数为原位OM研究而提出的电池设计使用透明材料作为窗口，如聚丙烯或玻璃，如图4-3所示。

通过对原位OM中锂沉积和剥离反应的分析和观察，研究者提出了几种锂枝晶生长模型，如图4-4所示。

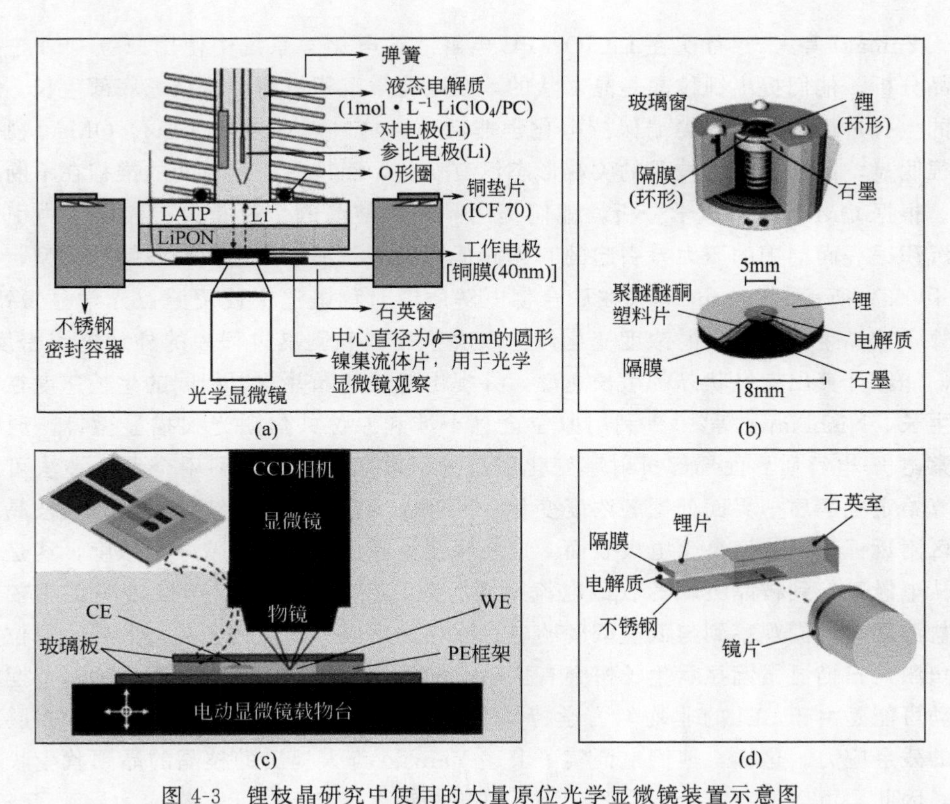

图 4-3 锂枝晶研究中使用的大量原位光学显微镜装置示意图

(a) Sagane 等人[49]的；(b) Steiger 等人[50]的；(c) Uhlmann 等人[51]的；(d) Li 等人[52]的

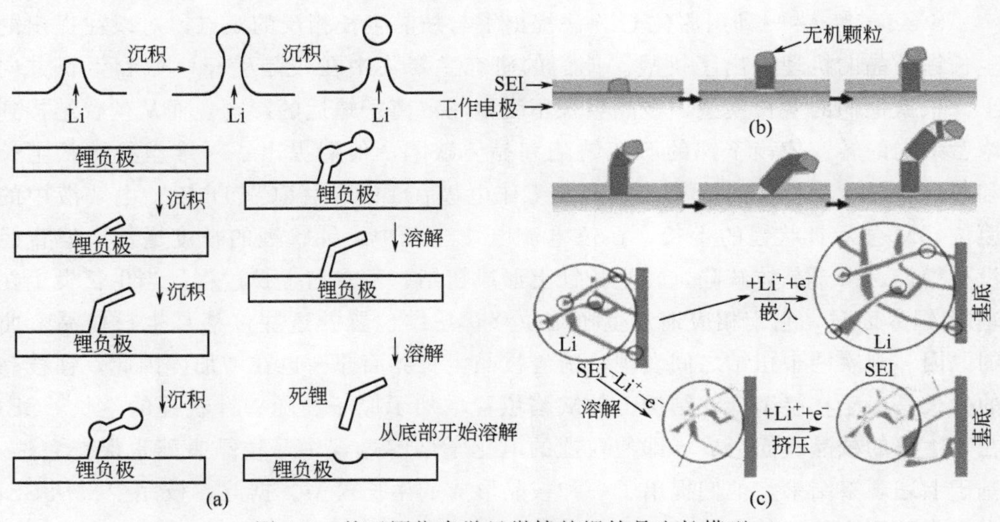

图 4-4 基于原位光学显微镜的锂枝晶生长模型

(a) Yamaki 等人[53]晶须状沉积溶解模型；(b) Steiger 等人[54]丝状针状生长模型；(c) Steiger 等人[50]苔藓生长模型

Yamaki 等人[53]首次在 $LiClO_4$/PC 电解液的电化学系统中使用原位 OM 进行枝晶分析。他们提出锂枝晶是晶须状的，在电化学沉积过程中从枝晶底部生长。在它的生长过程中，它的尖端保持电化学非活性。这一点在他们的原位 OM 可视化中很明显，因为其中锂枝晶的尖端形态没有变化，而枝晶随着时间的推移在不断生长。根据 OM 观察和数学分析，他们提出晶须状枝晶的生长是由于表面张力引起的沉积锂表面周围的压力差引起的，因此他们提出了锂枝晶生长和溶解的模型，如图 4-4(a) 所示。Brissot 等人在聚合物电解质锂对称电池中使用原位光学显微镜，估算了枝晶生长过程中的浓度变化，这取决于镀锂和剥离过程中的外加电流密度。他们能够计算出树枝状晶的生长速率，并提出树枝状晶并非以相同的生长速度在同时生长。Nishikawa 等[55,56]利用原位全息干涉和原位共焦激光扫描显微镜，通过观察电极-电解质界面局部折射率变化引起的干涉条纹位移，利用全息干涉法可以估算给定电解质盐界面处锂的浓度变化。Nishikawa 等人研究结果表明，在枝晶生长区附近锂离子浓度高于电极表面。这表明锂枝晶的基部生长依赖于浓度，这是由于从电极基部到枝晶尖端的收敛电流密度所致。在 $LiClO_4$/PC 电解液中使用较高的盐浓度，他们观察到与低盐浓度的电解液相比形成了较短的枝晶。此外，原位共聚焦激光扫描显微镜显示生长树突有摆动运动。他们认为，沉积过程中的这些摆动运动可能是由于 SEI 的非均匀力学特性引起的，该特性导致了锂金属和 SEI 层之间的残余应力。这样，他们也证实了上述 Yamaki 等人提出的枝晶的晶须状生长机制，因此，可以得出结论：在 SEI 下不均匀的锂生长和 SEI 上的锂应力导致了 SEI 的分解和枝晶的形成。

Steiger 等人[50]利用原位 OM 法提出了与枝晶生长相反的观点，对以往提出的生长锂枝晶的机理提出了挑战。他们的研究主要集中在枝晶生长区域和生长方向上。根据他们的生长模型，枝晶生长不受电场或离子输运的影响，而从丝状结构到浓密结构的转变依赖于锂的 SEI 缺陷和晶体缺陷，他们提出了一维丝状针状生长和苔藓状灌木状生长的分离机制。钨工作电极在 $LiPF_6$/(EC∶DMC) 电解液中的原位 OM 显示针状锂的生长，在恒电流电镀过程中，针状锂的长度增加，但直径没有增加。由于晶体缺陷，在生长针上形成扭结，不参与生长过程。当生长发生在基底-锂界面时，它们相应地发生扭结位移，扭结位置的这些位移是生长枝晶弯曲的原因。观察两个扭结之间发现，随着枝晶生长界面原子也在增加。因此，锂枝晶的生长是由于在整个针状结构上的缺陷位置增加了原子。随着针状锂的生长，SEI 在新生长的枝晶表面形成，即使在锂的电化学溶解过程中，枝晶表面也保持完整。基于上述观察结果，他们提出了一种枝晶形成的生长模型。据此，枝晶生长从 SEI 中的表面污染物开始，主要是由于 SEI 中电解质盐的分解而形成无机成分，这些电解质盐作为非活性部分保留在枝晶顶端。然后在生长的树枝晶中添加新的原子，较易发生在三个缺陷位置，即在基底-针状枝晶界面、顶部无机粒子-锂界面或针状枝晶扭结处。界面和扭结处原子的添加会导致枝晶的晃动和扭曲运动，这一现象 Nishikawa 等人也观察到了，因此，缺陷对于枝晶生长和随时间的形态变化是必要的。同样，Steiger 等人还提出了一个形成锂灌木或苔藓结构的机制，涉及一个三维生长模型。这里，针叶中的分枝导致形成灌木/苔藓三维结构。在生长过程中，由于锂同时附着在缺陷部位的不同晶界上，以及由于更大的枝晶形态的折叠、折叠结构上的生长和“死锂”的机械缠绕而产生分枝。在溶解过程中，锂首先发生溶解，主要是从灌木结构上部开始，而灌木结构上部的 SEI 仍积聚在下部枝晶上。这一过程使得灌木结构的内芯电阻更大，因此，内芯锂不会被剥离，以死锂形式存在，从而导致容量损失。因此，随着重复的循环，由于新锂表面的暴露，SEI 的厚度增加。为了进一步证实电解液在金属锂一维针状和三维灌木状生长中的作用，Steiger 等人[57]在液态电解液 $LiPF_6$/(EC：DMC) 和 LiTFSI/(DOL：DME) 中进行了锂沉积以及物理气相沉积（PVD)。对生长过程的原位 OM 观察表明，在物理沉积过程中形成了一维针状锂结构，表明针状生长是锂金属的固有特性，对电解液和 SEI 的生长没有任何影响。电解液基生长显示了灌丛状三维结构的形成，说明灌丛状结构的生长受 SEI 控制。采用锂离子电池常用的两种电解质体系 $LiPF_6$/(EC：DMC) 和 LiTFSI/(DOL：DME)，证实了 SEI 组分对沉积锂的形态有不利影响。最近，Bai 等人[58]提出了一种简单的玻璃毛细管电化学电池，并观察到苔藓状和树枝状锂生长在扩散控制区。他们还观察到，在电极之间使用直径小于锂晶须膜的阳极氧化铝（AAO）无孔膜可以阻止电池短路，但这种膜对枝晶锂无效。

除了对枝晶生长的基础研究外，原位 OM 还被发现有助于研究化学和物理参数对枝晶生长的影响，如添加剂和温度的影响。Sano 等人[59]用原位 OM 研究了碳酸乙烯酯（VC）添加剂对离子液体电解质 PP13［TFSA］和 EMI［FSA］中锂枝晶形态的影响。本研究得出结论：含有 VC 的电解质 PP13［TFSA］形成颗粒状锂沉积，而其余的复合物则形成细长的枝晶形状，这也得到了非原位扫描电镜结果的支持。Shen 等人[60]在电解液体系中添加四氯苯醌，循环过程中在 SEI 层形成亲锂性的锂盐四氯苯醌锂，从分子模拟的计算结果中也可以看出这种锂盐的亲锂性会诱导锂离子的均匀沉积，稳定锂金属界面，防止枝晶生长，实现大电流大容量稳定循环，这也得到了非原位扫描电镜结果的支持。原位 OM 显示不含有四氯苯醌的电解质具有连续的枝晶生长，而含有四氯苯醌的电解质始终没有枝晶生长，如图 4-5 (a) 所示。

Love 等人[62]还研究了温度对枝晶生长速率、形态和电池短路的影响。他们用 $LiPF_6$/(EC：DMC) 电解液在三种不同温度下对锂对称电池进行了原位 OM 观察：−10℃、5℃和 20℃。他们发现与其他电池相比，低温电池（−10℃）更早发生枝晶生长，但 5℃电池却先短路。为了寻找原因，他们对不同温度下枝晶的不同形态

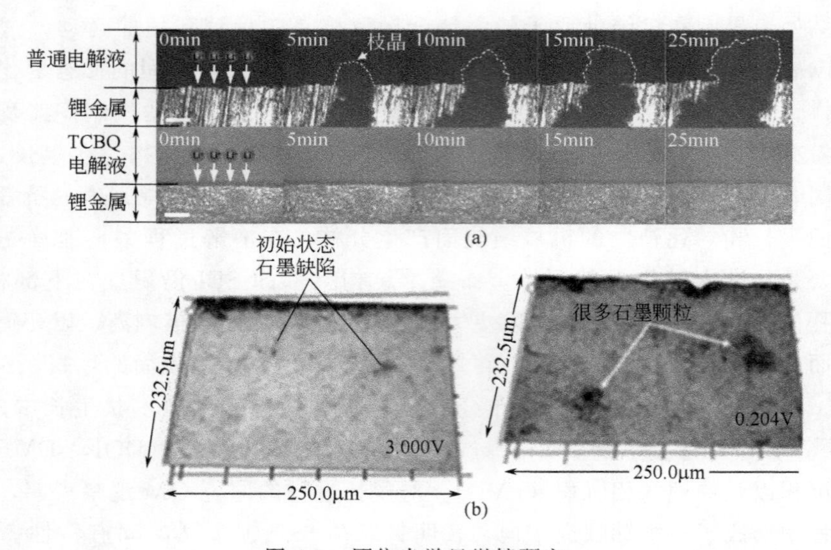

图 4-5　原位光学显微镜研究

(a) 添加剂对锂枝晶形成的影响[60]；(b) 电化学循环过程中的石墨表面损伤[61]

进行观察，发现－10℃下为蘑菇状结构，5℃和 20℃下为针状结构，不同形态的原因是由于枝晶生长速率和锂镀层的变化。在较低的温度（－10℃）下，由于枝晶的形成速度较快，镀锂量较低，形成了蘑菇状的形貌；而在 20℃时，镀锂量较大，枝晶生长速度较小；在 5℃时，镀锂量和枝晶生长速率相等。根据他们的观点，由于蘑菇状形貌在平面的 x-y 方向生长，在－10℃下短路延迟；而由于针状结构在 5℃及以上温度下的单向生长导致短路更快。

原位 OM 在枝晶分析应用上不仅限于液体电解质电池，也扩展到了固体电解质电池。Sagane 等人[49]应用原位 OM 研究三电极系统中的 LiPON-Cu 界面。固体电解质电池中沉积锂的生长与传统液体电解质电池沉积锂向电解质侧生长相反。在这里，锂在其固体电解质基电池中的生长朝向铜侧，并且在纳米厚的铜表面上呈现出一个凸起。

当进一步生长时，这些凸起穿透铜表面，形成一维结构。因此，作者采用面向扣式电池 Cu 侧的原位 OM 进行枝晶生长研究。他们观察到在电镀的初始状态下有光滑的锂镀层，这进一步决定了随后锂的生长形态。锂通常在预镀区域生长，但他们发现，随着电流密度的增加，镀锂的尺寸减小。因此，他们得出结论，控制初始镀锂可能是稳定后续镀锂和剥离过程的关键。Wood 等人[63]在 Li-Li 对称电池中也观察到了预镀锂上类似的锂生长，而不是形成新的成核和枝晶生长。这种枝晶生长受锂的成核和沉积锂表面新形成的 SEI 控制。他们还观察到，在锂沉积过程中，不均匀的电流分布导致电极的非均匀覆盖。他们将电池极化的变化与电极上锂枝晶和坑的生长进行了实验和数值关联。比较三种电解质 $LiPF_6$/(EC：DMC)、LiFSI/

DME 和 LiTFSI/(DOL：二甲醚)，他们的结论是，乙醚基电解液由于成核密度的增加导致枝晶尺寸减小，从而促进了电极表面的完全覆盖。

光学显微镜优于其他电子显微镜技术的能力与它在可见光范围内可以改变颜色的能力有关，这使得 OM 成为研究某些电极（如石墨和 TiO_2）的锂化和相关界面反应的合适分析工具。Harris 等人[64]使用 OM 对 MCMB 石墨电极中的锂迁移进行操作监测，并在使用 $LiPF_6$/(EC：DEC）电解液的石墨/Li 电池短路期间观察到锂枝晶。他们将 MCMB 石墨电极的颜色变化与锂化程度相关联。他们利用这种颜色变化来研究锂的迁移，得出锂的迁移主要是通过多孔石墨电极。在他们的可视化中，嵌锂发生在+0.002V，这进一步促进了石墨电极在脱锂过程中锂枝晶的生长。然后，这种生长的锂枝晶穿透隔膜，使电池短路。Bhattacharya 等人[61]还使用原位 OM 研究了石墨阳极的锂化和脱锂过程，观察到石墨表面的锂损失以黑色凹坑形式表现，如图 4-5（b）所示，石墨表面的缺失或凹坑的形成主要发生在 0.0～0.134V 的去锂化过程中，并且在较低的电流密度下比在较高的电流密度下更严重。在锂化过程中，在 1.0～0.00V 电压范围之间可以发现表面的损伤几乎可以忽略不计，他们还观察到石墨表面的对比度变化，并得出结论，这是电解液还原和石墨表面形成界面表面膜的主要迹象。Uhlmann 等人还观察到石墨电极在锂化和脱锂过程中的颜色变化。这种颜色变化可能与锂嵌入石墨晶格、其对 SEI 的贡献或仅仅是其在石墨表面的电镀有关。通过对石墨的颜色变化和扫描电镜的观察，认为石墨表面存在不可逆的锂沉积（“死锂”）。

为了使用光学显微镜收集更精确的信息，在设计层面上进行了一些修改，如引入激光光源、半导体数字成像和干涉测量法。Azhagurajan 等人[65]利用微分光学显微镜，原位观察到 MoS_2 在 LiTFSI/(EMI-FSI）电解液中的电化学嵌锂行为，开辟了一条监测表面反应的新途径。基于相的光学性质的变化可以观察到 MoS_2 层中嵌锂的变化，这项技术也可以用于其他界面，只要界面反应导致相变，对比度的变化就会导致光学性质的变化。这使得它成为研究 SEI 形成过程中电极-电解质反应以及对 SEI 初始层形成进行评估的有效工具。

Beaulieu 等人[66]的早期的关于锂离子电池电极的研究工作就是使用原位光学显微镜研究了合金基 Si-Sn 阳极的体积变化。研究显示 Si-Sn 膜在充放电过程中因基底膜接触破裂、膜破裂、卷曲等事件而发生的形态变化。最初的研究只涉及形态学变化。这项工作得到进一步的发展，建立了一个利用原位 OM 对阳极材料合金化/去合金化过程中各向同性体积变化进行定量估计的方法。与电化学反应过程中的原子力显微镜相比，这种原位 OM 对体积变化的定量估算是非常精确的，表明原位 OM 非常适合此类研究[67]。最近，原位 OM 也被用于监测 Si 表面的裂纹扩展和单个 Si 颗粒阳极在第一次锂化循环中的体积膨胀[68,69]。

4.2 多光束光学应力传感器

4.2.1 原理与实验装置

多光束光学应力传感器技术（MOSS）是一种通过测量基底曲率变化来确定薄膜应力的方法。这是通过使用平行激光束阵列，并测量它们从基板反射时间距的相对变化来实现的。通过这种方法，可以监测在薄膜电极中电池运行期间的电化学诱导应力/应变。

典型的原位 MOSS 电池具有烧杯电池的特征，该烧杯电池由锂箔构成，充当位于电池底部的对电极，由浸没在电解液中的隔膜和包含薄膜电极材料的基板覆盖。在其上沉积电极层的基板放置在电化学电池中，使得电极侧面向隔膜。玻璃窗的合并允许光束照射到基板的背面。用于测量曲率的激光束阵列在基板背面反射。使用的基底必须能弹性变形，以使薄膜电极中的感应应力与被测基底曲率成正比。必要时将阻挡层沉积在基底上，以将其与电化学反应隔离。

如图 4-6(a) 所示，SEI 的形成和电化学锂化作用使电池电极上产生机械应力[70]。光学显微镜有助于监测和量化这些电极中产生的应力，这种分析技术被称为多光束光学应力传感（MOSS）技术。该方法是在测量激光束偏转的基础上，利用 Stoney's 方程计算应力厚度的，使用晶圆曲率法来确定锂离子电池中薄膜电极在电化学循环过程中引起的应力。基于 MOSS 电极曲率测量装置的工作原理如图 4-6(b) 所示[71]，将平行的激光束阵列照射在基板上，定制的原位 MOSS 电池有

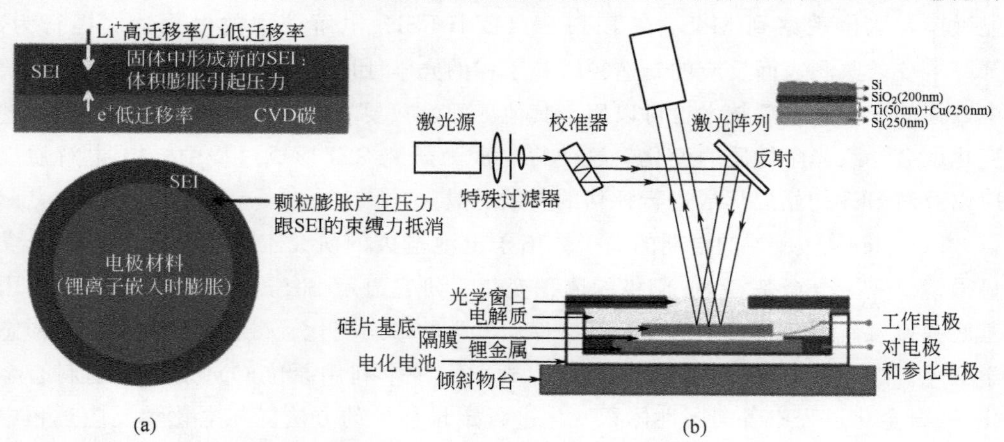

图 4-6 多光束光学应力传感器技术的重要性和工作原理

(a) 石墨电极上 SEI 生成和伴随应力生成的示意图[70]；(b) 使用激光光源和 CCD 相机设置模式的电化学电池示意图[71]

一个特殊的电极，该电极由涂有薄 Ti 和 Ni 层的厚石英晶片组成，作为被测电极材料的集流体，用于测量锂化和去锂化过程中由于电极应力变化而引起的激光位置的移动。该技术能够测量电化学过程中产生的可逆应力（由合金化-脱合金或插层-脱插层过程产生）和不可逆应力（由不可逆 SEI、无机残留物和“死锂”形成产生）。

4.2.2 实时应力评估

虽然计算建模是确定电化学电池应力相关机理的一种重要方法，但由于缺乏实验基础数据，很难获得合理的建模精度。因此利用 MOSS 研究结果可作为以更全面的方式评估电化学电池的损伤进展的参考。该技术可以用于对实际复合石墨负极进行实时应力评估，以量化电解液浸润过程中由于黏合剂膨胀以及电化学循环过程中产生的应力[70]。此外，采用 MOSS 技术可以测量硅薄膜电极在锂化和脱锂过程中的应力[72]。本研究量化了电化学循环过程中硅薄膜电极中产生的压应力和拉应力。观察表明，Si 薄膜电极在释放机械能的同时，经历了反复的压应力和拉应力循环。此外，结果表明，循环过程中产生的应力对锂化硅的化学势有贡献，从而对电极电位也有影响。应用该技术对 Ge 薄膜电极进行了类似的应力变化研究[73]。应力发展模式似乎类似于 Si 薄膜中的应力过程，但在数量上有所不同。本研究所测得的 Ge 的峰值压应力和应力-容量曲线所包围的面积均小于锂化硅，说明 Ge 的塑性变形所引起的能量损失小于 Si。此外，还发现 Ge 薄膜电极内部产生的应力对充电速率敏感，表现出速率依赖的应力变化行为。除应力变化外，还对锂化非晶 Ge 薄膜的刚度和断裂能进行了研究[74]。对非晶 Li_xGe 断裂能的解释表明，其与纯 Ge 类似，存在刚性断裂。尽管 Li_xGe 具有脆性，但其在相对较低的应力下塑性流动的能力在电化学循环过程中增强了 Ge 电极的抗断裂能力。尽管合金材料具有很高的理论容量，但由于其在重复应力循环下的失效，其不能作为商业电池的负极材料。因此，量化电化学循环过程中的应力变化对理解电极失效至关重要。MOSS 已被证明是表征薄膜电极中应力变化和传递的有效方法。然而，重要的是要确保所使用的基底能够容易变形，以便基底曲率可以直接与电化学循环在电极中产生的应力相关。

第5章

电化学原位拉曼光谱

5.1 原理与实验装置

拉曼光谱基于单色光与样品相互作用时的非弹性散射，散射光的波长或光子能量的变化对应于系统的振动模式，这是拉曼活性分子的特征。因此，拉曼光谱可以确定在循环过程中电极的结构变化[47,75]。

由于需要为激光到达电极创建一条光的通路，通常在原位电池外壳中开个口并用薄玻璃封住。这就为激光穿透创建了一个窗口。为了使激光到达电极，可以使用

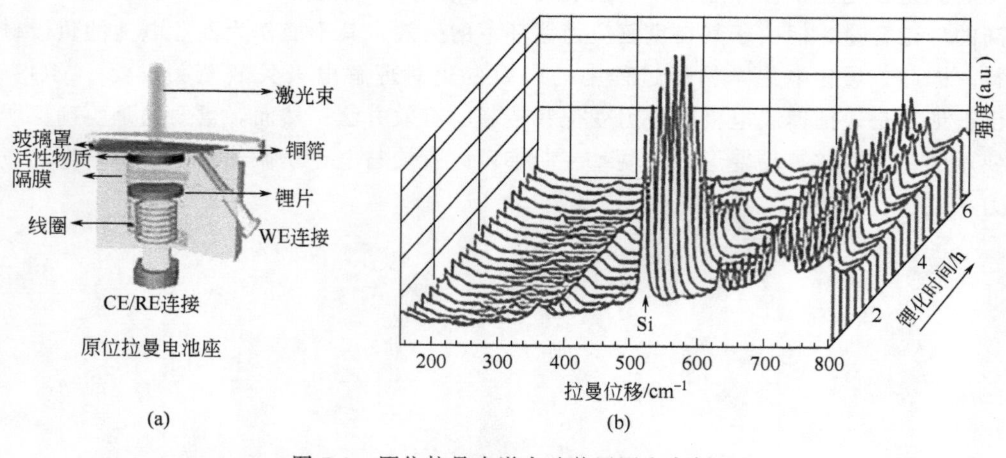

图 5-1 原位拉曼光谱实验装置图和实例

(a) 原位拉曼光谱实验装置图[76]；(b) 硅锂化过程的拉曼光谱[77]

两种配置：第一种配置是使用在外壳开口附近穿孔的顶部集流体，或者网格尺寸小于激光束直径一个数量级的集电网格；第二种配置包括集流体、锂箔和隔膜，所述集流体、锂箔和隔膜均配置有一个孔，以露出电池底部的另一侧电极。然而，在第二种配置中由于隔膜有穿孔，因此被观测的电极区域可能没有达到最佳离子连接。此外，第一种配置中玻璃窗靠近所需研究的电极，因此，可以将激光路径中的液体电解质量保持在最小值以限制电解液对光的散射。

拉曼光谱技术是一种非破坏性和非侵入性技术，具有较高的空间分辨率和表面灵敏度。因此，它被用作检查锂离子电池的常用技术［如图 5-1(a)］。然而，由于锂离子电池电极中发生电化学反应的复杂性导致光谱高度重叠和难以解释，它可以应用的机理研究受限[76]。

5.2　评估循环过程中产生的应力

电极内部的应力直接导致电化学电池的结构变形和材料失效，因此对锂化和脱锂过程中的应力演化有清晰的认识是至关重要的。利用原位拉曼光谱测量 c-Si 纳米颗粒的一阶峰位移，定量地评估 c-Si 纳米颗粒中锂化诱导的应力，在电极结构中，纳米颗粒的核心发生了从拉应力到压应力的转变。压应力导致拉曼频率的增加，而拉应力导致拉曼频率的降低。这种行为使得拉曼光谱成为确定电极应力的一种可靠方法，而使用其他技术测量电极应力则存在问题。为了建立应力与频率变化之间的关系，测量并绘制了拉曼频率对应于不同已知应力水平的曲线。然后，通过提取一阶拉曼峰［图 5-1(b)］相应变化的数据，应用此关系确定原位电极中的应力[16,77]。

5.3　观察 SEI 的形成和组成

Panitz 等[78]于 1999 年提出了原位拉曼光谱研究锂离子电池界面的方法。在石墨电极和 $LiClO_4$/(EC∶DMC) 电解液界面上，观察到放电过程中在 100～5mV 电位范围内电解液 C═O 基团伸缩振动的变化。他们推测由于 EC 的分解在石墨-电解液界面导致 SEI 形成或锂离子与电解液的溶剂化是振动强度变化的原因。他们首先提出了对石墨电极微米（μm）级分辨率的扫描，并在石墨表面观察到非均匀性的锂嵌入。此外，他们还展示了电极表面 Raman 扫描对于了解 $LiCoO_2$ 电荷状态的适用性[79,80]。Tang 等[81]最近利用原位拉曼光谱比较了石墨电极与还原氧化石墨烯（r-GO）的锂化行为。他们发现，在放电（锂化）过程中，与石墨相比，r-GO中拉曼G带的早期消失是由于锂通过表面氧官能团、缺陷位置的溶剂化或是由于锂完全覆盖了r-GO表面。Ramos-Sanchez等人[82]也在对SWNT的锂化研究中观察到拉曼光谱中类似的峰消失，他们认为峰消失的现象与碳结构中SEI的形成和锂的聚集有关，例如SWNT的高活性不饱和或缺陷的位置。

Bhattacharya等人[83]研究了Li_2CO_3在石墨电极上作为人工SEI的作用和石墨表面SEI的机械稳定性以及Li^+的运输能力。Murugesan等人[84]监测镀铜α-Si：H粒子电极的锂化/去锂化过程，原位拉曼光谱表明，Cu作为一种人工SEI层有效地阻止了电解液的击穿，而电解液的拉曼峰保持不变。

在过去的十年中，先进的拉曼光谱模式的应用已经显示出它能够通过原位监测来跟踪一些SEI成分的能力。Schmitz等人[85]利用原位拉曼光谱研究了$LiPF_6$/（EC：DEC）电解液中锂在铜表面的电化学沉积。他们观察到在铜表面上Li_2CO_3的均匀分布和Li_2C_2的不均匀分布。他们发现Li_2C_2只在锂被电沉积的特定位置形成。他们通过非原位质谱进一步证实了Li_2C_2的存在。在他们的进一步研究[86]中，他们证明了原位拉曼光谱在石墨电极上跟踪$LiPF_6$/PC电解质中VC和1-氟丙烷-2-酮添加剂还原的乙烯基双键的可行性。

SERS通过在被分析的表面上使用Ag、Au或Cu的金属纳米粒子，从而放大拉曼信号强度。然而，SERS在电化学分析中的应用仍然受到限制，因为金属纳米粒子可能会污染电池并对电化学过程造成干扰。同时，裸纳米粒子的团聚降低了制备过程的效率。因此，为了避免这些缺点，2010年Li等人[87]将SERS活性金属纳米颗粒包裹在一层纳米级厚的化学绝缘、光学透明的二氧化硅或氧化铝涂层中，这项技术被命名为壳分离纳米颗粒增强拉曼光谱（SHINERS）。SERS活性纳米粒子上的绝缘壳不允许分析表面和核心金属纳米粒子之间的接触，因此可以用来避免对电化学反应的干扰，如图5-2(a)所示。信号增强在10^7～10^8倍的范围内，取决于外壳厚度。

Hy等人[88]首次提出用原位SHINERS对阴极界面进行详细的界面分析，以跟踪电解液分解和SEI成分。在使用$LiPF_6$/（EC：DEC）电解液、MCMB阳极的LLNMO电极上，他们使用硅包覆的Au纳米粒子从电解液分解形成的SEI组分中产生SERS效应。他们提出电解液pH值的变化、电解液的分解、析氧和氧阴离子氧化还原决定了Li_2O的形成、Li_2CO_3和LiOH在MCMB电极上沉积的情况，如图5-2（b）所示。充电初期，在LLNMO阴极和MCMB碳电极上形成SEI，Li_2CO_3几乎不沉积。在对电池进一步充电后，在平台区，LLNMO阴极释放晶格氧，导致Li_2O的形成，该Li_2O与电解液中的H^+反应，生成Li^+和H_2O，该H_2O与插层的锂发生反应，从而在MCMB碳SEI上形成LiOH。由于电解液中H^+的消耗，pH值发生变化，形成一个碱性区，导致Li_2CO_3更多地向阴极侧沉淀。在他们的另一项研究中，他们成功地展示了硅包覆的金纳米粒子在追踪锂化过

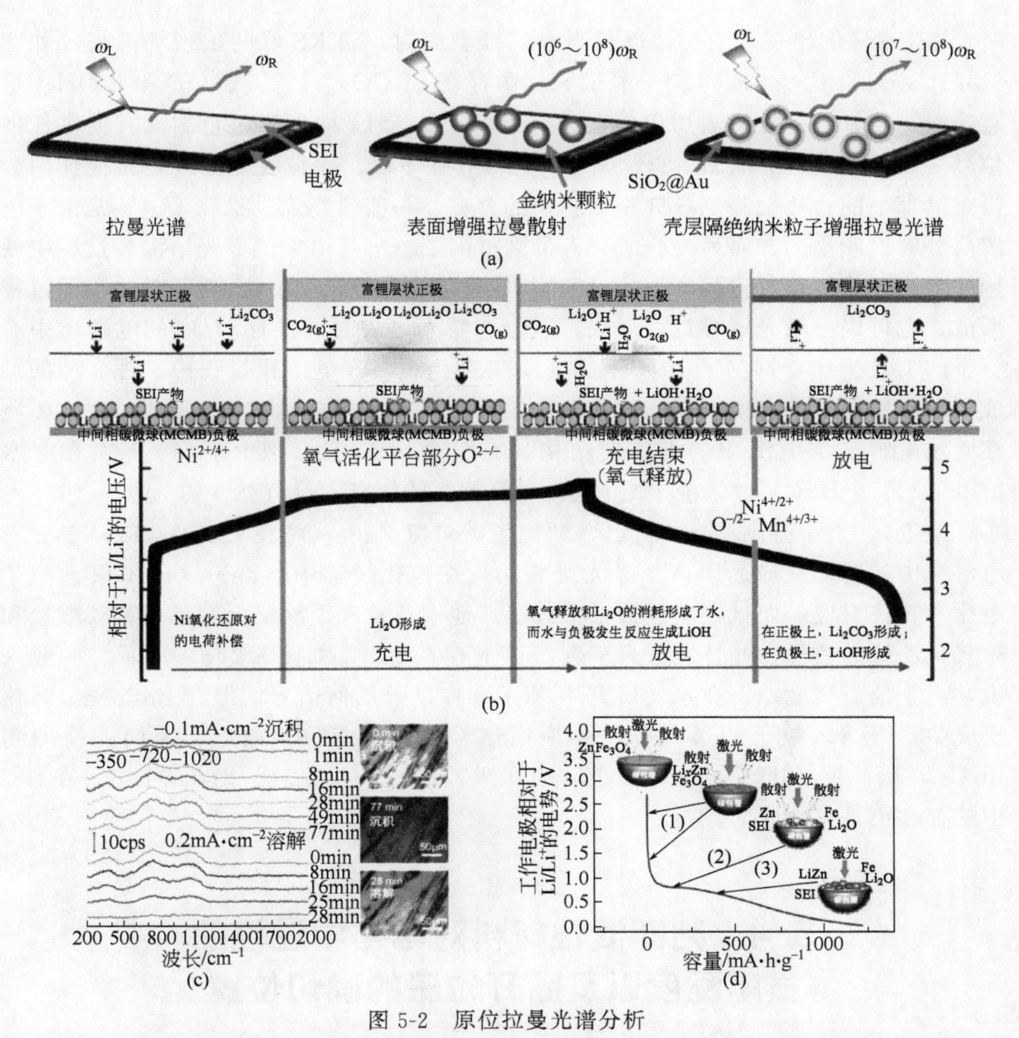

图 5-2　原位拉曼光谱分析

(a) 拉曼光谱、表面增强拉曼光谱（SERS）和壳分离纳米颗粒增强拉曼光谱（SHINERS）的比较方案[47]；(b) 在 LLNMO 阴极和 MCMB 阳极上的界面反应[88]；(c) 锂电沉积期间 SEI 的 SERS 光谱[89]；(d) 碳涂层 $ZnFe_2O_4$ 的转化反应[90]

程中铜和硅表面上表面反应产物时的适用性。他们在裸铜电极上监测了 Si、Li_2CO_3 和 $LiOH \cdot H_2O$ 物种形成的相变。

Tang 等人[89]最近在锂纳米结构上观察到了一种有趣的 SERS 效应。通过电沉积 Li 纳米棒（NR），他们发现 SERS 信号对锂的微观结构、激光波长和功率敏感。在锂的几种纳米结构中，与无序的锂结构和粗糙的锂箔相比，只有一个含锂纳米棒的样品显示出很强的 SERS 信号。然而，与 SERS 活性金属（$10^4 \sim 10^6$ 倍）相比，这种 SERS 效应要小得多（7～30 倍）。在 $LiPF_6$/EC：DMC（$50\mu L \cdot L^{-1}$ 水）电解液中，锂在铜表面电沉积过程中的原位 SERS 光谱显示，当锂以 NR 的形式沉积时，SERS 峰的出现和消失，以及当它们被剥离时，SERS 峰的出现和消失，如图 5-2(c) 所示。这些 SERS 信号显示 SEI 中存在 Li_2CO_3、Li_2C_2、LiF 和 LiOH。这意味着，尽管 SEI 在溶解后仍然存在，但由于缺乏 Li 纳米棒，它们没有提供任何信号。Li_2C_2 的存在和 SEI 的形成机制经常存在争议。除拉曼光谱外，其他任何分析工具都不能直接检测到 SEI 中 Li_2C_2 的存在。一些研究人员推测 Li_2C_2 是由于电解质分解而产生的，而另一些研究人员则推测 Li_2C_2 是由于拉曼光谱测量过程中使用的激光源的加热效应而产生的。实验表明，在 SEI 中，Li_2C_2 既可以由本征过程形成，也可以由激光诱导过程形成。原位拉曼光谱表明，含有 H_2O 的电解质中有更多的 LiF 生成，抑制了 Li_2CO_3 和 Li_2C_2 的生成。在电沉积过程中，锂 NR 的形成仍然是决定于电解质，在其他水存在的条件下不会形成锂 NR。因此，锂 NR 比在无水电解液中电沉积的无序锂结构具有更少的 Li_2C_2。然而，Hy 等人在非水 $LiPF_6$/(EC∶DEC) 电解液中 Cu 表面电沉积锂的研究中没有观察到 Li_2C_2。

最近，Cabo-Fernandez 等人[90]研究了碳包覆 $ZnFe_2O_4$ 在 $LiPF_6$/(EC∶DMC) 电解液中的转化反应。原位拉曼光谱表明，在锂化过程中，$ZnFe_2O_4$ 不仅参与了电化学转化反应，而且在碳包覆层中嵌锂。他们还发现碳涂层上有机烷基碳酸盐和聚氧化乙烯的信号，并怀疑在人工碳 SEI 上存在 SEI，如图 5-2(d) 所示。一般来说，由于信号强度差，在拉曼研究中 SEI 没有显示任何信号，但在 $ZnFe_2O_4$ 转化反应中，锌纳米粒子的形成可能会增强信号并提供 SERS 效应。他们还检测到 Li_2C_2 在碳涂层 $ZnFe_2O_4$ 上的峰值，但在裸 $ZnFe_2O_4$ 上没有。因此，Li_2C_2 在 SEI 中的存在仍是有争议的。

5.4 判断活性材料对电化学过程的贡献程度以及断开粒子的确切位置

原位拉曼光谱可以检测到活性物质参与电化学过程的程度，以及断开颗粒的确切位置[91]。活性物质的连接性是通过绘制位置图来确定的，即使在电化学过程完成后，这些位置仍保持为晶硅，并且然后对结果进行相应的量化。研究表明，Si 活性粒子从一开始就存在断开的现象，根本不参与电化学过程。阳极中最初断开的硅颗粒的存在表明了采用高质量电极制备方法的重要性，而第一次放电循环后的连接性损失突出了改进电极设计的重要性。此外，本研究还探讨了集流体类型与活性物质负载之影响。结果表明，这两个参数都影响活性物质的连接性，而较低的质量负荷保证了较高比例的连接良好的活性电极颗粒。

原位拉曼光谱在研究电化学循环过程中电极中电荷分布的不均匀状态方面特别有价值，电荷分布的不均匀可能会导致局部过充/过放电，因为电极的某些区域以较高的速率充放电[92]。然而，由于其空间分辨率仅限于亚微米级，因此该技术只允许电极级观测。将拉曼光谱技术与原子力显微镜（AFM）和扫描电镜（SEM）等非光学显微镜相结合，不仅可以在单个样品区进行多种分析技术，而且克服了拉曼光谱技术分辨率低的缺点，提高了分辨率[16]。

第6章

电化学原位紫外-可见光谱

6.1 原理与实验装置

电化学原位（in-situ）紫外-可见反射光谱法又称电化学调制紫外-可见反射光谱法，它是采用紫外-可见区的单色平面偏振光（即偏振面平行于入射面的P偏振光或垂直于入射面的S偏振光）以确定的入射角激发受电极电位调制的电极表面，然后测量电极表面相对反射率变化（$\Delta R/R$）随入射光波长（或能量）、电极电位或时间的变化关系[31]。

电化学原位紫外-可见反射光谱法最初主要用于监测吸附物和薄膜的形成。20世纪70年代初，Mcintyre和Aspnes提出了金属/溶液界面多层光学模型，可从测得的$\Delta R/R$计算出吸附物的光学常数，促进了反射光谱法的发展。然而，由于经典连续性理论的局限性，理论计算与实验结果符合程度差，这一技术一度发展缓慢。几年后，科学家利用这一技术对半导体电极和金属单晶电极进行研究，发现了一些与金属/电解液界面物理和化学性质有关的效应（例如金属表面态的发现及测定）。由于固体物理理论的应用和固体表面量子力学理论的发展，以及电化学原位紫外-可见反射光谱测量灵敏度的提高，该技术发展成为电化学光谱中不可缺少的技术之一。

电化学原位紫外-可见反射光谱法主要有镜面反射（也称外反射）和内反射（包括衰减全内反射）等测量方式。相对来说，镜面反射法发展得较快。实现电化学调制的两种方式分别是电位调制和覆盖度调制。在金属或半导体双层充电区中的电位调制通常用在电反射研究中，在此情况下不存在法拉第反应，反射率变化主要是由电位变化引起的。覆盖度调制主要用于研究吸附物，虽然覆盖度的变化也是由电位变化导致的，但此时反射率的变化主要是由于覆盖度的变化而引起的。实验中通常测量相对反射率变化 $\Delta R/R$，这可减少或消除由于分光光度计精确度、光窗反射、电解液吸收、分散散射、电解池中光束散焦等而引起的误差的影响。电化学调制是通过控制电极电位来实现的，按其电极电位控制的类型，常见的有直流电位调制、阶跃电位调制、大幅度方波电位调制和小幅度方波或正弦波电位调制等。直流电位调制、阶跃电位调制和大幅度方波电位调制测量 $\Delta R/R$ 被称为 $\Delta R/R$ 的积分测量；而小幅度交流电位调制测量 $\Delta R/R$，称为 $\Delta R/R$ 的微分测量。同传统的电化学研究方法相似，电化学调制反射光谱也有稳态和暂态之分。$\Delta R/R$ 的范围一般在 $10^{-5}\sim10^{-1}$之间。通过 $\Delta R/R$ 与入射光波长的关系可以获得电极/溶液界面的电子吸收光谱和电反射光谱[93]。

测量装置主要包含光学系统、电化学控制系统和微弱信号检测系统三个部分，根据光束可分为单光束光谱测量装置和双光束光谱测量装置两类。单光束电化学原位紫外-可见反射光谱测量装置中，来自光源的光经光学系统后变为单色平面偏振光入射到研究电极表面，入射角可变。电极电位由恒电位仪和信号发生器控制。入射光经电极表面反射后，成为带有电极界面（表面）或界面附近信息的反射光，该反射光用光电倍增管、电流跟随器及锁定放大器组成的检测系统来检测。

6.2 观察多硫化物的浓度

紫外-可见光谱分析技术具有操作简便、消耗试剂量小、重复性好、测量精度高和快速检测等优点，非常适合对液体样品的快速检测。目前该技术主要有原子吸收光谱法、分子吸收光谱法以及高光谱遥感法，其中紫外-可见光谱分析法可直接或间接地测定锂硫电池电解液中多硫化物的种类和含量，具有灵敏、快速、准确、简单等优点。其工作原理是根据物质的吸收光谱来分析物质的成分、结构和浓度，其基本原理是朗伯-比尔吸收定律，即在一定的吸收光程下，物质的浓度与吸光度成正比，见式(6-1)[94]。

$$A=\lg(I/I_0)=kbc \tag{6-1}$$

式中，A 为吸光度；I_0为入射光强度；I 为透射光强度；k 为摩尔吸光系数，$L\cdot mol^{-1}\cdot cm^{-1}$；$b$ 为液层厚度（吸收光程），cm；c 为吸光物质的浓度，$mol\cdot L^{-1}$。

在多组分共存的情况下，如各吸光组分的浓度均比较稀，可忽略相互之间的作用，这时体系的总吸光度等于各组分的吸光度之和，如式(6-2) 所示[94]。

$$A=A_1+A_2+A_3+\cdots+A_N \tag{6-2}$$

式中，A 为溶液总的吸光度；A_N 是第 N 个组分的吸光度，依据吸光度的加和性，可以进行多组分分析和多参数测量。不同化学物质各自不同的特征吸收光谱是对电解液进行定性、定量分析的基础。通过紫外-可见光谱仪，采集电解液在紫外区或可见光区的全波段连续光谱，可以获得待测物质的特征吸收光谱，然后利用智能算法分析光谱和各待测物质参数的关系，建立相关模型，可以实现对电解液中多硫化物的定量和定性分析。

在锂硫电池充放电过程中，锂离子与硫生成了长链多硫化物，多硫化物溶解到电解液中，改变了电解液和隔膜的颜色。因此，利用原位紫外分析测试方法可以对生成的多硫化物的种类进行研究。图 6-1 展示了原位紫外测试应用于锂硫电池的实验装置图以及用于测试的扣式电池结构，将带有玻璃窗口的扣式电池一边进行充放电一边检测其隔膜上生成的多硫化物的种类，从而进行定性分析[95]。

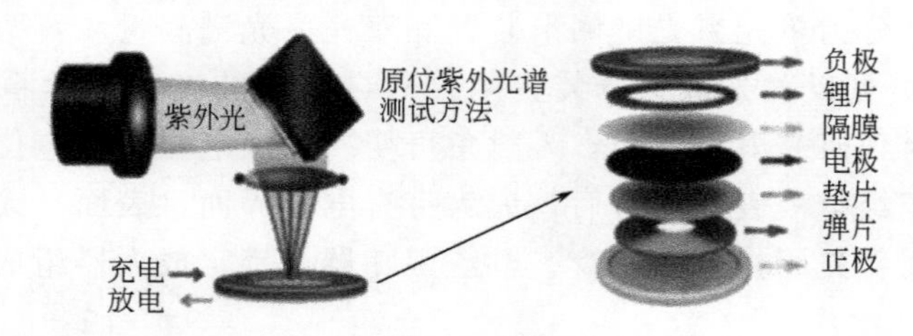

图 6-1　原位紫外分析测试的实验装置图以及用于测试的扣式电池结构[95]

晏教授课题组利用原位紫外技术定性分析了不同多硫化物与波长的关系[95]，不同的多硫化物溶解在相同的电解液中时颜色区别很明显。溶解了长链多硫化物的电解液颜色明显要比溶解了短链多硫化物的电解液深，溶液的颜色逐渐变深意味着更强的吸光度，即更长的吸收波长。多硫化物分子与紫外-可见光电磁辐射之间的相互作用取决于多硫化物硫链的长短、碱金属和溶解多硫化物的溶剂。这可以通过两组溶解不同化学计量比的硫和锂混合物制备的阴极溶液的照片来证明。图 6-2 中的照片显示了一个可观察到的差异，即长链多硫化物吸收波长更高的光（朝向红外区域），而短链多硫化物吸收波长更靠近光谱的紫外部分。多硫化物与电解液之间的相互作用可通过使用 UV-Vis 光谱法进行轻松监测，根据观察到的溶液颜色差

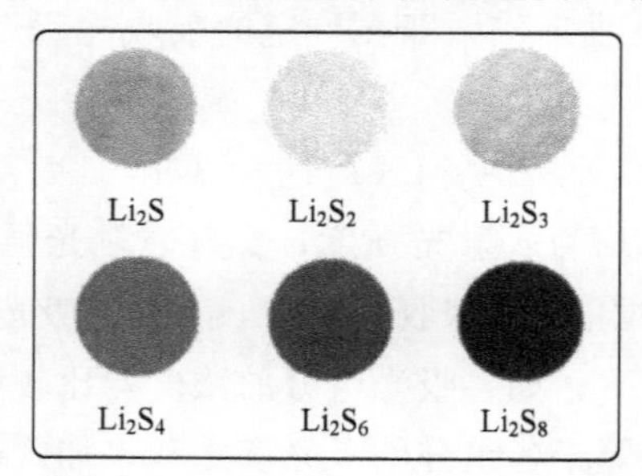

图 6-2　六种不同多硫化物溶于电解液中的颜色变化[94,95]

异，由于在 $\lambda=185\sim1000$nm 范围内存在Ⅱ带，其结果通常显示出较宽的吸收带，紫外光谱的变化范围为 0～400nm。为了能找到一个方法来区别溶解不同多硫化物的电解液，利用了紫外光谱一阶导数的方法。电解液的溶质为 $1\text{mol}\cdot\text{L}^{-1}$ 的 LiTFSI 和 1%质量分数的硝酸锂，溶剂为 1,3-二氧戊环和 1,2-二甲氧基乙烷（体积比为 1∶1）。值得注意的是，反射比的吸收波长受正极材料的量与隔膜的润湿度影响，因此所有测量的光谱要标准化处理。如吸光度 $I^*_{535\text{nm}}$ 是 $\lambda=570$nm 与 $\lambda=535$nm 做差来做归一化处理，即（$I^*_{535\text{nm}}=I_{570\text{nm}}-I_{535\text{nm}}$）。$\lambda=510$nm 时需用方程（$I^*_{510\text{nm}}=I_{570\text{nm}}-I^*_{535\text{nm}}-I^*_{510\text{nm}}$）处理。

以浓度为 $10\text{mmol}\cdot\text{L}^{-1}$ 的多硫化物为例，如图 6-3(a) 所示，长链多硫化物相比短链多硫化物吸收更长的波长。对这几组数据处理求其一阶导数，在图 6-3(b) 中可以更清晰地发现长链多硫化物 Li_2S_8 和 Li_2S_6 的紫外光一阶导数峰分别出现在 $\lambda=560$nm 和 $\lambda=530$nm 处。对于短链的多硫化物，Li_2S_4 的峰在 $\lambda=505$nm 处，Li_2S_3 的峰在 $\lambda=470$nm 处，Li_2S_2 的峰在 $\lambda=435$nm 处，Li_2S 由于其几乎不溶于电解液的性质，而检测不到峰位。通过这几个基准峰，可以研究在锂硫电池充放电过程中产生的多硫化物种类[95]。

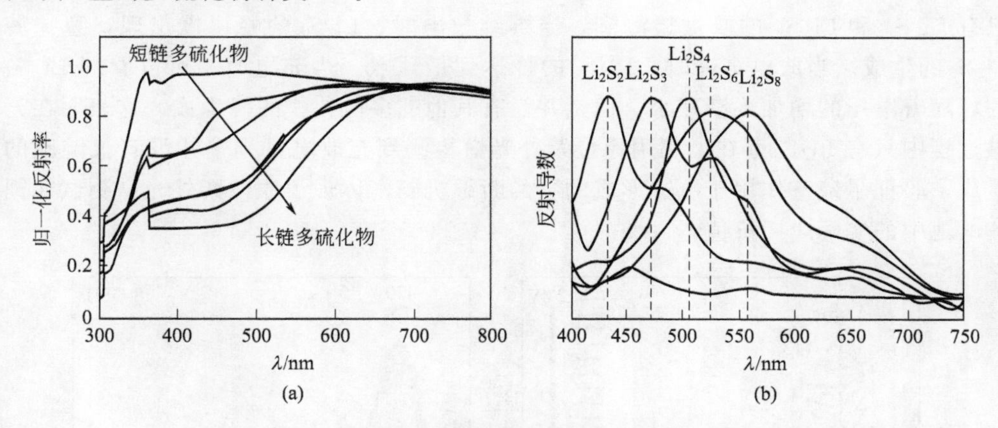

图 6-3　原位紫外表征各种多硫化物[95]

(a) 各种多硫化物所对应的紫外光谱；(b) 对应的一阶导数曲线

图 6-4 是普通锂硫电池的原位紫外光谱测试图，根据图 6-4(a) 峰位的变化可以看出随着放电反应的开始，Li_2S_8 最先生成，当电压降到 1.96V 时，Li_2S_6 的峰被检测到。然后 Li_2S_4、Li_2S_3 依次生成。当充电时［图 6-4(b)］，可以看到紫外的峰又随着充电过程不断向右偏移，这说明短链硫又逐渐转化为长链硫。这就是传统的锂硫电池放电过程中多硫化物的生成与转化。由于长链多硫化物的高溶解度以及其穿梭效应导致的容量衰减、库仑效率低下等一系列问题，如何抑制长链硫的生成在锂硫电池研究中受到广泛关注。原位紫外光谱可检测充放电过程中各种不同多硫化物的生成，因此在锂硫电池研究中是很重要的一种测试方法[95]。

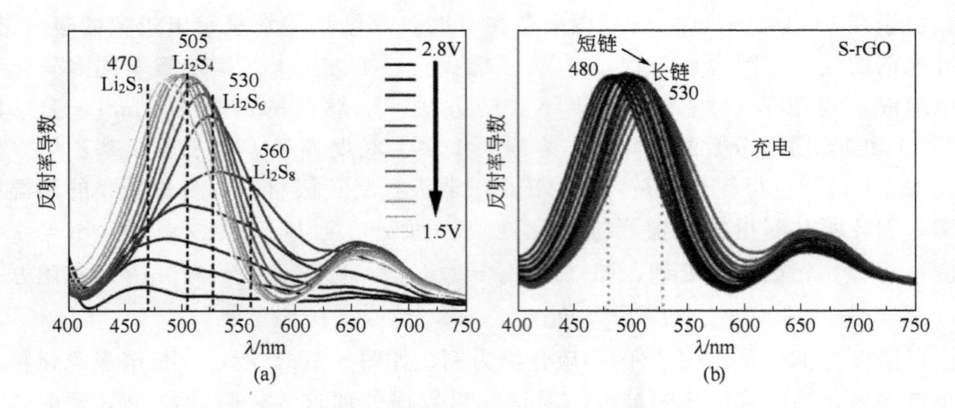

图 6-4　原位紫外表征硫-还原石墨烯复合材料紫外光谱测试图[95]

（a）在 $C/3$ 倍率下，硫-还原石墨烯复合材料的放电过程中紫外一阶导数曲线；

（b）硫-还原石墨烯复合材料的充电过程中紫外一阶导数曲线

晏成林教授课题组利用巯基连接开链 S_8，发现了一种新的断键机制，使锂硫电池在充放电过程中只生成短链硫。如图 6-5 所示，从 2.8V 放电放到 2.09V 时，只有 Li_2S_6 和 Li_2S_2 的峰被检测到，当继续放电时，Li_2S_3 的峰慢慢出现，意味着 Li_2S_3 的生成。当放电结束时，Li_2S_3 的峰达到最顶点。当充电时，可以看到 Li_2S_3 的峰随着电压的增加逐渐减小，但是并没有其他的多硫化物的峰生成。这表明在充电过程中只有 Li_2S_3 存在。利用原位紫外光谱检测到充放电过程中并没有长链硫的生成，验证了巯基作用于硫链形成的新的断键机制，体现了原位紫外光谱测试在锂硫电池中的实际应用价值[95]。

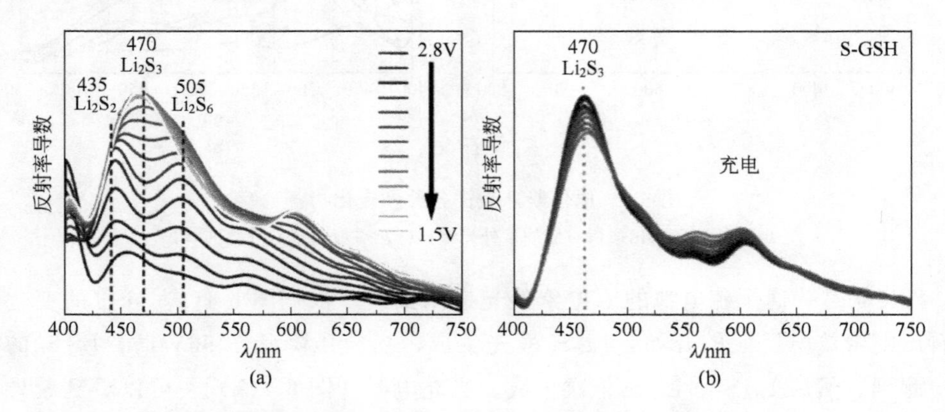

图 6-5　原位紫外表征硫/巯基石墨烯复合材料紫外光谱测试图[95]

（a）在 $C/3$ 倍率下，硫/巯基化石墨烯复合材料的放电过程中紫外一阶导数曲线；

（b）硫/巯基化石墨烯复合材料的充电过程中紫外一阶导数曲线

多硫化物可以在隔膜中通过紫外-可见光谱进行定量和定性测定，并且通过合适的标度，我们可以区分长链、中链和短链多硫化物，并确定它们的浓度。根据峰位的不同，原位紫外光谱可以分析出不同种类的多硫化物。多硫化物的反射率和浓度变化之间存在一定的关系，为了研究这一关系，晏成林教授课题组配比出不同浓度的多硫化物（Li_2S_8、Li_2S_6、Li_2S_4、Li_2S_2）进行了研究。1,3-二氧戊环和1,2-二甲氧基乙烷（体积比为1∶1）充当溶剂，1mol·L^{-1}的LiTFSI和1%质量分数的硝酸锂作为添加剂，如图6-6～图6-9所示，研究表明多硫化物浓度的对数和反射率之差存在线性关系。其计算的过程如下。以Li_2S_8为例，其紫外光谱一阶导的峰位在580nm。取x轴为580nm处各浓度的R%，其中$\Delta R_{1Mm}\%=R_{1Mm}\%-R_{0Mm}\%$，$\Delta R_{2Mm}\%=R_{2Mm}\%-R_{1Mm}\%$，以此类推。利用取到的6个$\Delta R\%$的值拟合出线性回归方程。该拟合出的线性回归方程表示了反射率变化与浓度对数的具体关系。如图6-6所示，在标准电解液中，Li_2S_8的反射率变化与浓度的线性回归方程式为$y=0.2581\ln[C]-0.1038$，这符合朗伯-比尔吸收定律。Li_2S_8、Li_2S_6、Li_2S_4、Li_2S_2的反射率变化与浓度的线性回归方程式分别列在图6-6～图6-9中[20]。

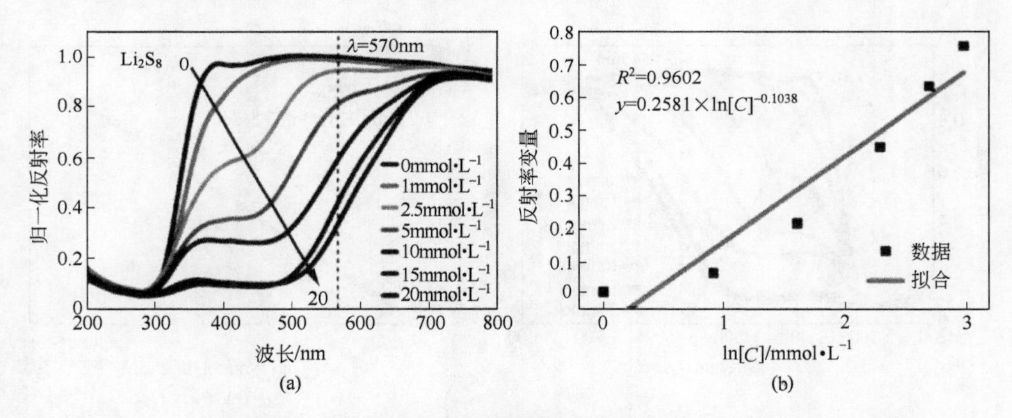

图6-6　Li_2S_8的反射率变化与浓度的线性回归方程式[20]

（a）含有标准浓度的Li_2S_8电解液测得的紫外光谱；（b）浓度的对数和反射率差值的线性关系

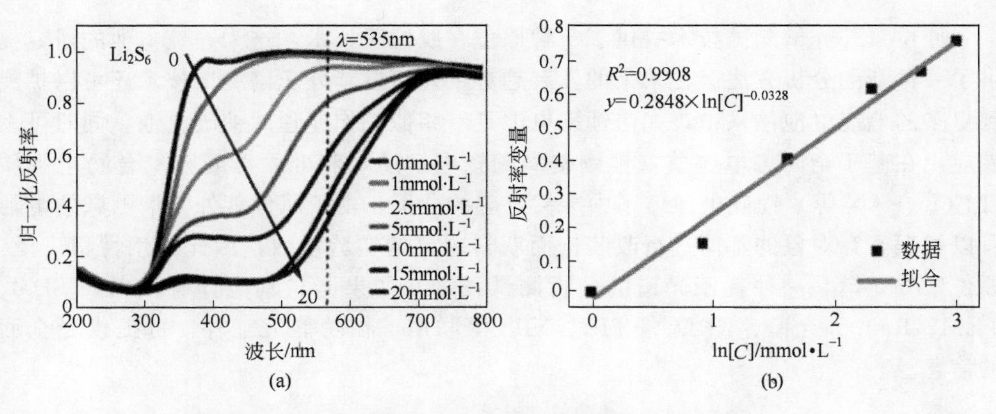

图6-7　Li_2S_6的反射率变化与浓度的线性回归方程式[20]

（a）含有标准浓度的Li_2S_6电解液测得的紫外光谱；（b）浓度的对数和反射率差值的线性关系

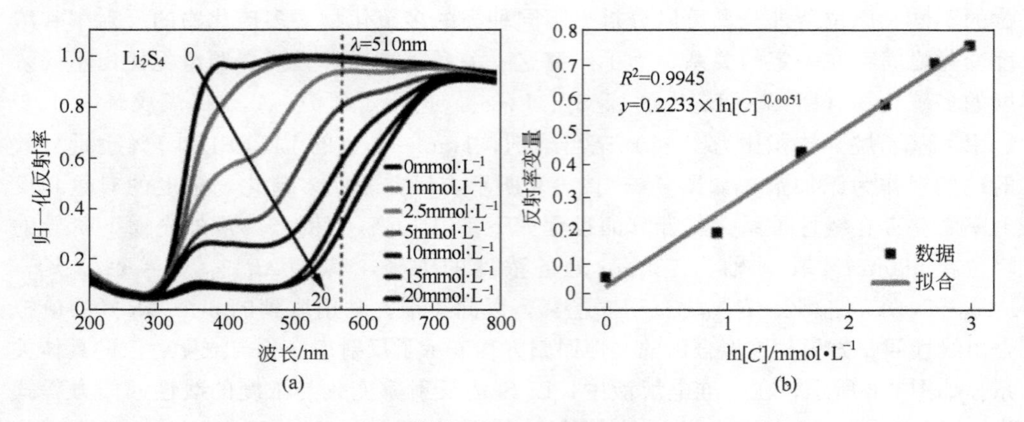

图 6-8 Li_2S_4 的反射率变化与浓度的线性回归方程式[20]

(a) 含有标准浓度的 Li_2S_4 电解液测得的紫外光谱；(b) 浓度的对数和反射率差值的线性关系

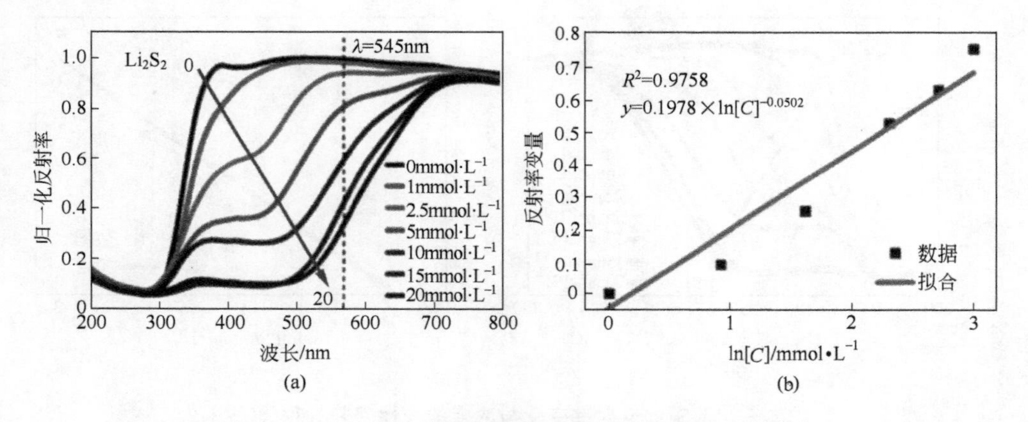

图 6-9 Li_2S_2 的反射率变化与浓度的线性回归方程式[20]

(a) 含有标准浓度的 Li_2S_4 电解液测得的紫外光谱；(b) 浓度的对数和反射率差值的线性关系

原位紫外光谱测试技术提供了一种原位在线检测技术，这为锂硫电池的研究提供了一种新的分析方法。在未来的发展趋势中，原位紫外光谱测试技术还可以扩展到更多的储能电池体系中，如与锂硫电池具有相似工作原理的钠硫电池。同时可发展应用在基于全固态电解质（锂镧锆氧陶瓷电解质）和准固态凝胶聚合物电解质（PEO、PAN 等）锂硫电池体系中穿梭效应的分析。由于原位紫外光谱测试的电池可以根据研究对象的不同进行改装进而获得想要的实验参数，因此适用性很广泛。原位紫外光谱是一种基于光谱的分析测试技术，如果能与其他分析技术如 SEM、TEM、Raman 光谱、XRD、FTIR、XPS 等联用，在功能上互补，可提供更全面的信息。

第7章

电化学原位扫描探针技术

7.1 原位原子力显微镜

7.1.1 原理与实验装置

原子力显微镜（AFM）的基本原理是：将一个对微弱力极敏感的微悬臂一端固定，另一端有一微小的针尖，针尖与样品表面轻轻接触，由于针尖尖端原子与样品表面原子间存在极微弱的排斥力，通过在扫描时控制这种力的恒定，带有针尖的微悬臂将对应于针尖与样品表面原子间作用力的等位面而在垂直于样品的表面方向起伏运动。利用光学检测法或隧道电流检测法，可测得微悬臂对应于扫描各点的位置变化，从而可以获得样品表面形貌的信息。原位原子力显微镜是研究锂离子电池电极表面和SEI层行为的一种非常有效的技术。原位AFM实验可以在开放的环境中进行，但必须充满惰性气体。需要从电池顶部打开通道，以允许AFM探针进入电池，进入工作电极。然而，这种开孔容易引起电解液蒸发。因此，需要尽快进行原位原子力显微镜实验，以尽量减少电解液蒸发对结果的负面影响。

Lacey等[96]设计了一个具有开放式电池结构的平面微型电池以实现原位AFM研究阳极MoS_2。用MoS_2作为阳极，Na金属作为参比电极。平面微型电池由机械剥离的二维（2D）MoS_2薄片和铜（Cu）连接组成，并在干燥的室内环境中进行组装和分析。利用AFM和液体电化学池对MoS_2电极表面进行了实时成像，观察了循环过程中钠离子的实时嵌入/脱出和SEI的形成，SEI厚度也可以通过定量力谱测量进行评估。在干燥的房间环境中，在电解液下平面配置的电池材料的AFM

分析可用于研究其他电极-电解液系统。装置示意图如图 7-1。

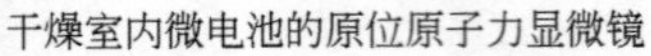

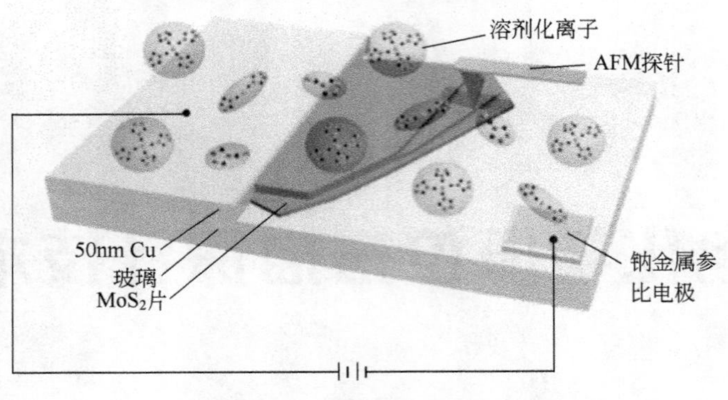

图 7-1　AFM 装置示意图

7.1.2　在锂离子电池负极材料研究中的应用

锂金属负极具有最负的电极电势和最高的理论比容量，是锂电池发展的终极目标。研究人员用原位 AFM 研究了不同 SEI 膜改性方案对于锂负极性能的影响。Kitta 等研究了锂负极表面的锂沉积过程，并用原位 AFM 观察了锂负极表面形成的锂金属凸起。该工作用原位 AFM 表征了锂负极 SEI 膜的力学性能，提出锂原子之间弱的结合力是形成凸起状锂金属沉积物的本质原因。该工作还发现均匀分布的 SEI 膜能诱导锂沉积反应在锂负极表面均匀进行。Mogi 等研究了不同的电解液添加剂对锂负极 SEI 膜的影响，发现 FEC 添加剂能促使均匀致密的 SEI 膜在锂负极表面生成，而 VC 或 ES 添加剂则没有类似的效果。这是因为 FEC 所含的氟原子增加了锂负极 SEI 膜的 LiF 含量，由此形成的 SEI 膜能抑制锂枝晶的形成。

7.1.3　在锂离子电池正极材料研究中的应用

(1) 层状金属氧化物正极

Clemencon 等用 AFM 研究了 $LiCoO_2$ 正极在首次脱锂过程中的形貌和结构变化。研究发现，在 $LiCoO_2$ 正极电位上升到 4.2V(vs. Li^+/Li) 的过程中，$LiCoO_2$ 正极表面始终没有产生裂纹。这表明 $LiCoO_2$ 正极在低于 4.2V(vs. Li^+/Li) 的电位范围内具有优异的结构稳定性。当充电至 4.5V 时，$LiCoO_2$ 正极的边缘开始形成 SEI 膜。而当放电至 3.0V 时，$LiCoO_2$ 正极表面的 SEI 膜全部溶解。进一步研究发现，层状 $LiCoO_2$ 边缘的钴离子对电解液氧化分解形成 SEI 膜的过程具有催化作用，而无论是在惰性的 $LiCoO_2$ 基面还是在沉积了 Al_2O_3 薄膜的 $LiCoO_2$ 边缘都不能形成 SEI 膜。

(2) 尖晶石型氧化物正极

尖晶石型 $LiMn_2O_4$ 正极具有较高的功率密度和能量密度，其成本低廉、热稳定性好、对环境友好，是一种极具竞争力的锂离子电池正极材料。然而，$LiMn_2O_4$ 在充放电循环中的容量衰减问题十分严重，Mn^{2+} 的溶解和电解液的催化分解反应也加快了 $LiMn_2O_4$ 正极的老化过程。用原位 AFM 研究 $LiMn_2O_4$ 正极的表面性质和表面反应，有助于深入理解 $LiMn_2O_4$ 正极的老化机制。

(3) 橄榄石型氧化物正极

橄榄石型 $LiFePO_4$ 正极具有优异的热稳定性和耐过充能力，但其比容量低，倍率性能差。这是因为 $LiFePO_4$ 晶体结构中共顶点连接的 FeO_6 八面体没有形成连续的网状结构。此外，Li^+ 只能沿扩散势垒较低的 c 轴方向扩散，即 $LiFePO_4$ 正极内仅存在一维的锂离子扩散通道。这严重制约了 $LiFePO_4$ 晶体对电子和锂离子的传输能力，制约了 $LiFePO_4$ 正极的倍率性能。

Nagpure 等分别用基于 AFM 的 SSRM 模式和 KPM 模式研究了 $LiFePO_4$ 正极在充放电过程中的表面电阻变化和表面电势变化，研究发现，随着循环次数增加，$LiFePO_4$ 正极的表面电阻增大，储存电荷的能力变差。Ramdon 等则发现，充放电循环后 $LiFePO_4$ 正极具有更高的硬度和更低的摩擦系数。这是充放电循环中 $LiFePO_4$ 正极的成分和结构变化、碳包覆层的结构破坏、正极活性材料粗化等因素共同造成的结果。

7.1.4 在固体电解质界面膜（SEI）中的应用

在锂离子电池中，形成稳定的 SEI 层是延长电池寿命、减少电极退化的关键。稳定的 SEI 可以防止电解质在随后的循环中进一步分解，起到电子绝缘膜的作用，但允许锂离子渗透并参与到电化学活动中[97]。电解液成分直接影响 SEI 的组成，最终影响电池的自放电、循环性和安全性。为了进一步了解 SEI 层和电极表面的演变，使用原位 AFM 对作为石墨电极替代品的高定向热解石墨电极（HOPG 电极）的 SEI 层的行为和由此产生的形态变化进行了检测，以进一步了解 SEI 和电极表面的演变。SEI 中存在两层，由分解的电解质材料的顶层和嵌入的溶剂化锂的底层组成。当锂离子嵌入时，底层的起伏变化导致 SEI 顶层剥离。溶剂化锂离子的相互作用往往发生在 HOPG 电极的边缘，因为石墨烯层间键比石墨烯层中的共价键更容易被抑制。这可以通过卷曲电极边缘来观察。在探针上施加 5V 的力后，用 AFM 划伤表面，得到 SEI 层的深度。通过在表面施加 10V 的力将顶层拔出，可以检测和揭示底层的变化，这是使用原位 AFM 技术的另一个优点。用原位 AFM 观察复合石墨阳极在 EC/DEC 电解液中表面膜的形成，与 HOPG 模型材料相比，由层状结构组成的石墨材料的顶层剥落似乎较少，这意味着层状结构为锂离子嵌入提供了更多的嵌入位置，从而对整个电极造成的损害更小。同时，利用力位移谱分析了电极/电解质界面的性质，发现了 SEI 层的关键信息。在这项特定的研究中，通过研究所得的 SEI 层的厚度来评估电解液中各种添加剂的效果，发现初始 SEI 层的厚度存在显著差异。这项研究的结论是，添加剂在电极上 SEI 层的形成和演化中起着至关重要的作用。Liu 等利用原位 AFM 研究了首次充放电循环中单晶硅片负极界面的形貌变化，其 SEI 膜的形成过程为：初始 SEI 膜从 1.5V 开始形成，在 1.25～1.0V 快速生长，0.6V 左右生长缓慢。初始 SEI 膜具有层状结构的特征，表层薄膜较软，下层呈颗粒状，机械稳定性较好。经过首个充放电循环后，硅负极表面被厚度不均一的 SEI 膜所覆盖，Steinhauer 等则同样利用原位 AFM 研究 T 晶体碳负极表面 SEI 膜的生长与变化过程，结果表明在负电位扫描过程中，生长完全的 SEI 膜在 1.5V 时表面开始出现小的形变，在 0.8V 以下形变加快，这种快速的形貌变化被认为是电解液还原形成的有机分解产物所致。

7.2 原位导电原子力显微镜

7.2.1 原理与实验装置

导电原子力显微镜（C-AFM）是利用锋利的导电探头以纳米级别的分辨率来绘制样品电导率的局部变化。这种导电原子力显微镜方法是扫描探针显微镜（SPM）系列成像模式中的一种电学模式，用来研究样品的电导率以及成像电学特性，比如纳米级的电荷传输和电荷分布。C-AFM 被广泛应用于纳米电子领域、太阳能电池和半导体行业的各种高分辨率测量，包括半导体掺杂剂分布图以及介电膜和氧化物层的质量控制。

导电原子力显微镜装置示意图如图 7-2 所示，在尖锐的导电探针与样品接触过程中，在两者之间施加偏压，并在探针光栅扫描整个表面时测量两者之间的电流，形成电导率图或电流图。这种模式类似于扫描隧道显微镜（STM），是一种原始的 SPM 技术。C-AFM 相较于 STM 的关键优势是其使用导电悬臂而不是锋利的金属线。另外，C-AFM 通过所有测量中使用的光束偏转检测器系统对形貌成像并用低噪声、高增益前置放大器测量电导率。通过这些手段，可以在 C-AFM 中独立地收集形貌和电流信息（不同于 STM，其形貌和电流图像相互依赖），这可以将两个信号相互的干扰和伪像最小化，并简化了获取的电导率图或电流图。当 C-AFM 以接

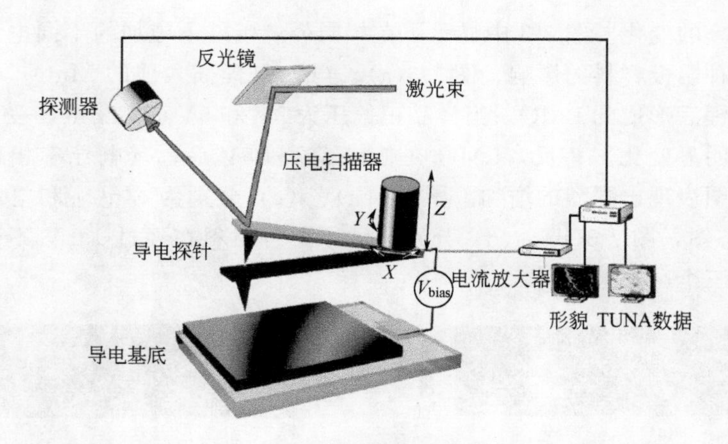

图 7-2 C-AFM 装置示意图

触模式运行时，尖端与样品保持不断地接触。尖端探针在样品上的载荷由用户设定，并通过悬臂的偏转进行监控。当探头沿表面光栅进行扫描时，反馈环路通过 Z 压电运动使悬臂偏转保持恒定。这种操作模式可能会导致针头与样品之间的互动非常激烈，从而导致针头快速磨损，因此 C-AFM 探针的磨损速度比用于常规 SPM 形貌测量所用的硅基探针要快。

Beeck 等人[98]使用 C-AFM 和二次离子质谱仪（SIMS）的组合方法来研究全固态材料（ASB）的纳米尺度特性。以 $LiMn_2O_4$（LMO）正极材料作为模型，分别研究了采用湿式电沉积（厚度 260nm）和射频溅射（厚度 100nm）相沉积的 LMO 的局部（小于 100nm）尺度特性。样品的总体结构如图 7-3 所示，样品沉积在硅片上的金属集流体（Ni 或 Pt）上。通过扫描偏置导 AFM 针尖的上表面，可以观察到空间分辨的电学性质，并且在 C-AFM 探针接地时，始终对样品（即金属 Ni/Pt 层）施加偏压。通过测量电流（探针作为纳米级电极）和探针偏转作为 AFM 探针位置的函数，可以形成局部电导率和形貌的二维图。

7.2.2 研究锂离子在正极材料中的扩散

与 $LiCoO_2$ 正极材料相比，$LiNi_{1-x-y}Co_yMn_xO_2$（NCM）正极材料具有低廉的成本、较高的比容量和安全性，是下一代锂离子电池的关键正极材料。Yang 等用 C-AFM 测得 NCM 的电流-电压曲线，证明了 NCM 晶界的锂离子扩散系数大于其晶内的锂离子扩散系数。进一步研究表明，在 ESM 模式下向 AFM 针尖与 NCM 样品之间施加偏压会使 NCM 内部的锂离子重新分布。这些锂离子富集在 NCM 的晶界和缺陷处，引起的内应力使 NCM 变形从而被 AFM 检测到。这些信息有助于了解 NCM 正极的容量衰减机制，为锂离子电池的老化机制提供线索和依据。

利用 C-AFM 尖端作为纳米电极，在不同的偏置值下，可以通过扫描表面后观察诱导电导率的变化。图 7-3 中显示了在相同环境条件下施加的不同电压应力分别对电沉积两种阴极材料的影响。图 7-3(a)、(b) 是锂插入前的 MnO_2，图 7-3(c)、(d) 是插入锂后形成的 LMO。当样品正偏压为 3V 和 5V 时，MnO_2 受应力作用后电导率没有明显变化。相反，LMO 在施加 3V 和 5V 后，其电导率相对于其原始状态的分布图表现出强烈的增加。图 7-3(a)、(c) 分别为 MnO_2 和电沉积形成的 LMO 的形态图，图 7-3(b)、(d) 分别显示了两种材料在经过 1.5V 不同直流偏压值处理后的三个区域电流图。

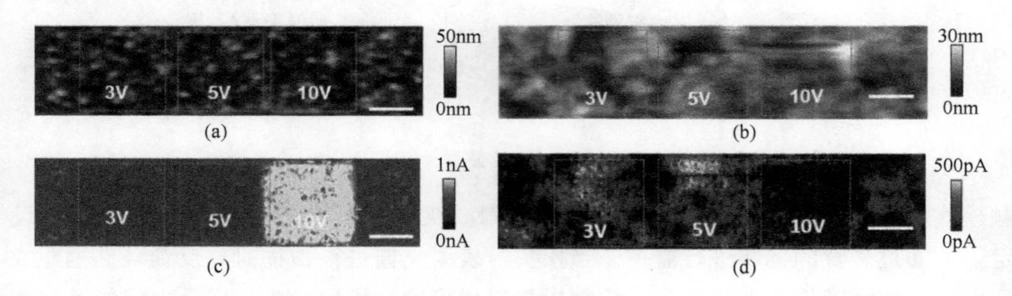

图 7-3　C-AFM 结构和外加电压应力对 MnO_2 和 LMO 影响的研究[98]（图中所有的标尺均为 1μm）

锂插入材料后，层中的电导率并不完全均匀，表明 LMO 并没有达到最大的利用率。这说明锂具有很强的局部化倾向，并且通常被困在晶界内。虽然 C-AFM 被证明对检测阴极材料的电学性质非常有用，包括高导电路径的面积分布和密度，但它没有提供关于这些区域的化学成分的任何信息。因此，需要将 C-AFM 与 SIMS 相结合。

图 7-4 为射频溅射 LMO 阴极在同一区域连续进行 TOF-SIMS（检测表面 Li 浓度）和 C-AFM（局部电导率）分析的实验示意图。静态 SIMS 仅探测最外层单层，因此扰动最小，保证了获得的信息只是表面化学成分。本质上，SIMS 的结果提供了 Li 浓度在电极表面的二维分布图，明确区分了富锂区和缺锂区。此外，偏置应力后的（部分）弛豫会导致表面偏离原始 C-AFM 图像的修改。不完全正极利用率，这通常被认为是 ASB 阴极的主要瓶颈之一。实验表明该材料尚未完全优化以达到最大正极利用率，就像在局部尺度上一样，C-AFM 无法区分离子和电子电流，而是显示了两者的总和。当针尖被扫描时，我们可以诱导层电导率的局部变化，这与 LMO 膜中流动锂离子的存在有关。这种效应可以使用在其他混合离子-电子导体上，从样品中获得局部电化学信息。事实上，偏置尖端在材料内部产生一个强电场（局域在尖端下），从而触发锂离子的场诱导离子迁移。如果是移动的，则开始在尖端样品界面积累，这种局部积累在尖端下引起电阻的非挥发性变化。虽然这种效应在区域是可见的，但是由于施加偏置而引起的局部尖端-样品电阻的降低是滞后可见的。

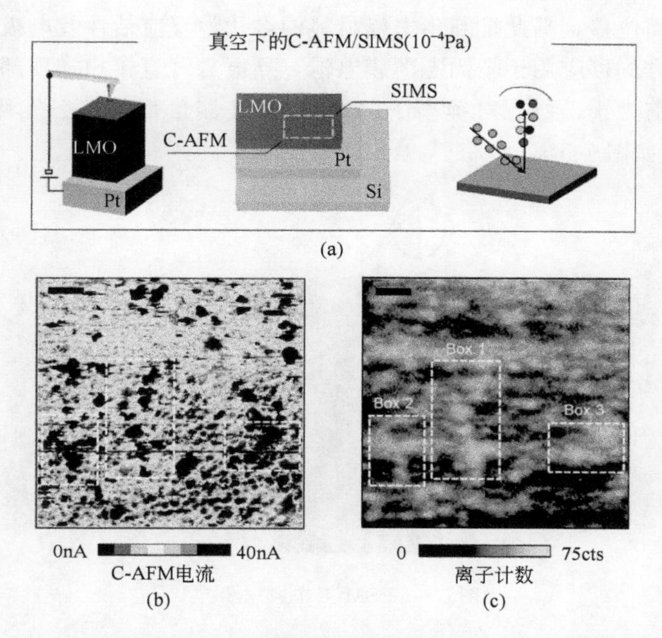

图 7-4 射频溅射的 C-AFM 和 SIMS 组合分析 LMO 极片[98]

总之，MnO_2 正极材料作为 ASB 的模型系统，已经证明了联合扫描探针和光束分析技术能在纳米尺度上研究电结构和电化学性能。通过对两种材料的局部电导率进行比较，可以看出锂嵌入对层间电阻的影响。通过在同一区域上 C-AFM 和 SIMS 交替使用，可以建立纳米导电路径与 Li 浓度之间的直接相关性。此外，还可以利用偏置 AFM 探针在表面局部积累和耗尽 Li 离子的能力，应用于基于 C-AFM 的混合离子-电子导体电化学性能分析。这些概念可以扩展到锂离子电池的其他成分，如阳极和固体电解质，它们的纳米物理表征具有相同的开放问题。全固态锂电池被认为是满足低碳社会要求的有前途的储能设备，因此开发专用材料计量平台是挖掘 ASB 潜力的关键。

7.3 原位电化学应变显微镜

7.3.1 原理与实验装置

电化学应变显微术（ESM）是基于 AFM 的一种扫描探针显微技术（SPM），基于周期性高频电压偏置在阴极和阳极之间的应用。在外加偏压下，电极材料中的离子浓度及化合价发生变化，导致材料体积改变。ESM 能测出电化学过程引起的应力变化和表面位移，据此推断出电极材料的电化学反应活性及电极内部的锂离子扩散状况。该方法可应用于全固态薄膜电池，导电悬臂直接扫描顶部电极并充当电流收集器。目前为止，所有对锂离子电池的 ESM 测量都是在空气环境中进行的。ESM 工作原理如图 7-5。

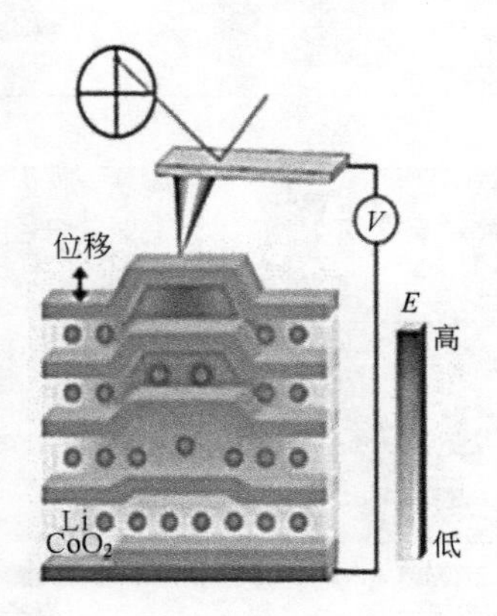

图 7-5　ESM 工作原理图[99]

7.3.2　表征锂离子嵌入和脱出的局部电迁移

锂离子电池是指以两种不同的能够可逆嵌入和脱出锂离子的化合物分别作为正极和负极的二次电池体系。在充电过程中 Li^+ 从正极化合物中脱出并嵌入负极的晶格之中，正极处于高电位的贫锂状态，负极则处于低电位的富锂状态；碳性电池放电时，Li^+ 从负极脱出并插入正极。为保持电荷的平衡，在碳性电池充、放电过程中有相同数量的电子经外电路传递，与锂离子一起在正负极间迁移，使正负极处于电池在理想状况下（可逆电池反应）所能输出的最大有用功等于电池反应的 Gibbs 自由能变，因此，碳性电池的最大输出功取决于电池正负极材料的选择，电池反应的自由能变为 Li 在正负极间的化学电位之差。

层状 $LiCoO_2$ 正极是目前商业锂离子电池最常用的正极。利用 ESM 研究 $LiCoO_2$ 正极在不同荷电状态下的力学性质、电学性质及形貌演化规律，有助于深入理解 $LiCoO_2$ 正极内部的锂离子扩散及电极老化机制。Balke[100] 等人用 ESM 研究了 $LiCoO_2$ 正极内部的锂离子扩散性质。研究发现，向 ESM 针尖与 $LiCoO_2$ 样品之间施加电压时，样品表面在垂直方向上发生了位移。这意味着 $LiCoO_2$ 正极内部的锂离子浓度随着偏压的改变而发生变化。进一步研究表明，$LiCoO_2$ 晶界附近的 Li^+ 迁移率比晶内的 Li^+ 迁移率更大，Li^+ 在一些晶向及晶面上也有更高的迁移率。研究还发现，向 $LiCoO_2$ 表面施加压力能使该区域的导电性增强，输出电流增大；当压力卸去时，输出电流相应减小。这表明电极表面的压力对锂离子扩散有明显的影响。

7.4 原位扫描离子电导显微镜

7.4.1 原理与实验装置

扫描离子电导显微镜（SICM）是一种扫描探针显微技术工具，通过测定超微玻璃管探针的离子电流，通过非接触地扫描样品表面的模式来研究样品的形貌及性质。SICM 具有成像分辨率高、探针易于制备和不损伤成像物体等优点，是一种与扫描电化学显微镜及原子力显微镜互补的扫描探针显微镜技术。SICM 能够通过非接触地扫描样品表面的模式来进行高分辨率成像，并能控制沉积特定分子，实现纳米尺度的显微操作与加工，还能够与其他技术联用。

常规的 SICM 实验装置如图 7-6 所示，它主要由对离子电流敏感的超微玻璃管探针（内径通常在纳米至亚微米级）、扫描压电平移台、反馈发生器和计算机组成。其中超微玻璃管中充有电解质溶液并置有一根 Ag/AgCl 电极，另一根 Ag/AgCl 电极置于含有样品的电解液存储池底部。玻璃管和样品池中的溶液通常是相同的，以避免产生浓差电势和液接电势。在两根电极上施加一定的电压，就会有离子电流通过超微玻璃管探针，该电流可以为反馈发生器提供信号，以控制压电平移台，带动探针上下移动，在扫描过程中保持探针与样品间距离的恒定。可用计算机控制操作仪器、获取和分析数据。

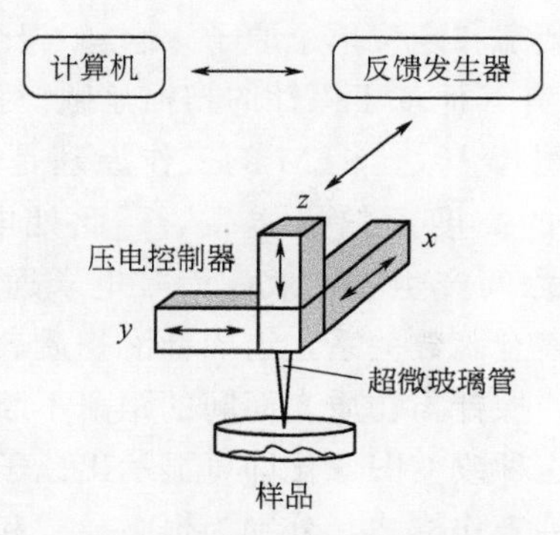

图 7-6　SCIM 仪器装置图

7.4.2 测量锡和硅电极表面结构的空间不均匀性

锂电池正极材料通常为含锂的过渡金属氧化物，能够可逆地嵌锂和脱锂。由 Li-Si 相图得知，Li 与 Si 可以形成 Li：Si，原子配比达 4：4，其对应的最大理论比容量达 $4200mA \cdot h \cdot g^{-1}$。但与 Li-Sn 的多个电压平台合金化/去合金化反应不同，常温下晶体 Si 与 Li 发生的合金化/去合金化反应仅在 0.2V/0.4V 左右出现一个嵌锂/脱锂电压平台。Li 的嵌入破坏 Si 的晶体结构，生成亚稳态的非晶 Li-Si 合金相；Li 脱出后又获得具有有序结构的物质。之后，Limthongkul 等[101,102]发现 Li-M 金属合金化过程中的“电化学驱动的固态非晶化”现象，进一步证实了 Si 的晶态结构在首次储锂过程中被破坏以及亚稳态 Li-Si 非晶相的形成。Obrovac 等[103]首次提出在常温下 Si 嵌锂后变为非晶的 Li_xSi 合金相，x 最大值为 3.75（即 $Li_{15}Si_4$），当放电电压低于 50mV 时，非晶态的 $Li_{15}Si_4$ 瞬间晶化，且伴随着体积变化产生巨大的内应力；在充电过程中，晶态的 $Li_{15}Si_4$ 继而转化成非晶态。概括而言，在常温下，一个 Si 原子最多与 3.75 个锂相结合，其对应的最大实际理论容量为 $3579mA \cdot h \cdot g^{-1}$，约为石墨理论比容量 $372mA \cdot h \cdot g^{-1}$ 的十倍。$Li_{15}Si_4$ 的瞬间晶化会导致内应力较高，电极中的颗粒破裂，活性物质易失去电接触而导致电池容量衰减。

7.5 原位扫描隧道显微镜

7.5.1 原理与实验装置

扫描隧道显微镜（scanning tunneling microscope，STM）是一种扫描探针显微术工具，可以让科学家观察和定位单个原子，它具有比它的同类原子力显微镜更加高的分辨率。STM 是所有其他基于探针的扫描显微镜技术的来源。STM 能够产生表面的原子晶格分辨率图像[104]。STM 的工作原理是量子隧道效应，当原子尺度的针尖在不到一个纳米的高度上扫描样品时，此处电子云重叠，外加一电压(2mV～2V)，针尖与样品之间产生隧道效应而有电子逸出，形成隧道电流。电流强度和针尖与样品间的距离有函数关系，当探针沿物质表面按给定高度扫描时，因样品表面原子凹凸不平，使探针与物质表面间的距离不断发生改变，从而引起电流不断发生改变。将电流的这种改变图像化即可显示出原子水平的凹凸形态。

扫描隧道显微镜有两种工作模式，分别为恒高模式和恒电流模式。恒电流模式利用一套电子反馈线路控制隧道电流 I，使其保持恒定。再通过计算机系统控制针尖在样品表面扫描，即使针尖沿 x、y 两个方向做二维运动。由于要控制隧道电流 I 不变，针尖与样品表面之间的局域高度也会保持不变，因而针尖就会随着样品表面的高低起伏而做相同的起伏运动，高度的信息也就由此反映出来。这就是说，STM 得到了样品表面的三维立体信息。这种工作方式获取图像信息全面，显微图像质量高，应用广泛。

恒高模式则是在对样品进行扫描过程中保持针尖的绝对高度不变；于是针尖与

样品表面的局域距离将发生变化，隧道电流 I 的大小也随着发生变化；通过计算机记录隧道电流的变化，并转换成图像信号显示出来，即得到了 STM 显微图像。这种工作方式仅适用于样品表面较平坦且组成成分单一（如由同一种原子组成）的情形。从 STM 的工作原理可以看到：STM 工作的特点是利用针尖扫描样品表面，通过隧道电流获取显微图像，而不需要光源和透镜。这正是得名“扫描隧道显微镜”的原因。

如图 7-7(a) 所示，STM 使用非常精细的导电金属尖端作为探针，以 3D 压电扫描仪控制的光栅方式扫描表面。扫描时，样品相对于 STM 显微镜的金属尖端有正偏压或负偏压，以便在尖端和样品表面之间的空间［约 10Å(1Å$=10^{-10}$ m)］形成一个小电流隧道。样品尖端距离的微小变化会导致隧道电流的巨大变化。这种现象很难用经典物理学来描述，但量子力学给出了一个可以接受的解释。这项技术的主要要求与样品表面有关，样品表面应为导体或半导体。STM 的初步研究是在超高压下进行的，但后来发现它也适合作为空气和液体的分析工具。在 STM 的电化学应用中，针尖需要浸入电解液中，导电针尖可以充当电化学系统的电极。因此，在固液界面的原位 STM 分析中，隧道电流往往由法拉第电荷转移电流控制，这就给成像带来了困难。Heben 等人[105]通过使用玻璃和聚合物涂层的针尖（针尖的暴露面积$<$100Å）解决了这个问题。Gewirth 等人[106]将经修饰的 STM 导电针尖用于原位电化学应用，为了分析 HOPG 石墨表面在 H_2SO_4 溶液中的电化学氧化。该尖端涂有石蜡，末端用硅脂密封。近几十年来，STM 在电化学研究过程中的应用受到了广泛的关注。

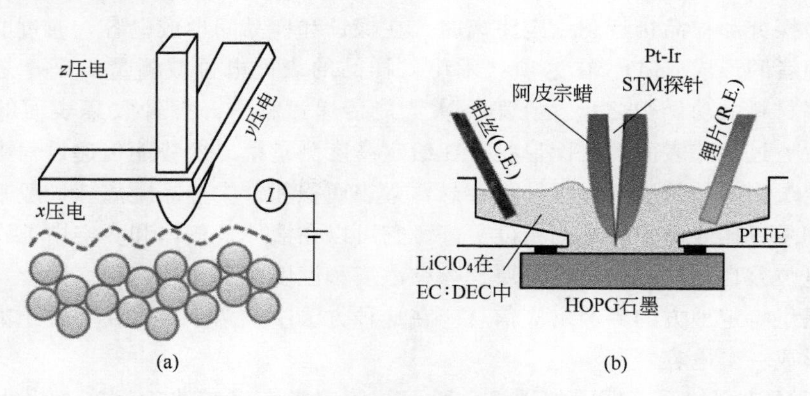

图 7-7　扫描探针技术

(a) 压电扫描器处的 STM 探针[107]；(b) 原位扫描隧道显微镜探针的排列[108]

7.5.2　研究电极电导率的变化

1996 年，Inaba 等人[108]为了研究 HOPG 碳在 $LiClO_4$/(EC∶DEC) 电解液中

的锂化反应，如图 7-7(b) 所示，将原位扫描隧道显微镜应用于电池电极-电解液系统中。原位 STM 有助于发现石墨表面的界面生长和溶剂化锂插层引起的体积膨胀。同年，Peled 等人[109]通过在石墨边缘化学合成人工 SEI 并使用非原位 STM 监测石墨中生成的纳米通道。Semenov 等人[110]在全固态电池的 STM 分析中，展示了各种金属尖端（V、Pt-Ir 和 W）的相容性。原位超高真空 STM/AFM 显示了阴极（V_2O_5）、电解液（Li_3PO_4）和阳极（石墨）沉积后的电导率和电阻率的变化。STM 模式也有助于发现沉积电极材料的取向，因为在每种材料沉积后，电阻率都会发生变化。然而，STM 在研究 SEI 这一项仍具有挑战性，因为 SEI 是电子绝缘的。因此，基于分子吸引和排斥的原子力显微镜应运而生。

7.6 原位探针力显微镜

7.6.1 原理与实验装置

开尔文探针力显微镜（KPFM）是一种能够对众多材料表面电势纳米级成像的独特工具。KPFM 是在 AFM 的基础上，与宏观的开尔文方法相结合开发而成的。AFM 悬臂为高灵敏度的力传感器，可以用于接触电势差（CPD）的高精度测量，即使是探针和样品间的电容非常微小也可以被检测。KPFM 大多工作在非接触模式下，当探针和样品接近到一定距离时，在探针和样品间形成电容，通过电学导通方法使两者间形成 CPD。在这项技术中，样品的表面电位被测量出来，是样品表面和尖端材料的功函数之差。在第一次势能传递过程中，探针收集表面的拓扑信息，然后通过跟踪表面的表面形貌，在给定高度测量第二次势能传递过程中的表面势能。定量测量的精度取决于针尖、悬臂梁表面积和针尖样品距离。一般来说，尖端较长和悬臂比表面积较小则精度更好。它可以在液体、气体和真空中工作。测量的接触电位差也随功函数、吸附层、掺杂浓度和温度的变化而变化。因此，这项技术可以提供特定地方的界面反应信息。在这种方法中，两个导体在一定距离处平行排列，形成一个电容器。

KPFM 典型的系统框图如图 7-8 所示，使用光束偏转法检测在静电力作用下 AFM 探针的振动状态，这些信号由光电探测器接收。该信号进入频率检测器，频率检测器控制悬臂以固有频率振动，频率发生器产生规定的交流电压进入加法器，同时为锁相放大器提供参考频率。根据所使用的锁相放大器也可以直接使用参考输出电压作为样品的交流偏置。对于 KPFM 的频率制模式，频率检测器的信号直接反馈到锁相放大器，由锁相放大器检测针尖与样品间静电力引起的交流电压频率偏移量。锁相器的输出作为 Kelvin 控制器的输入，它调节直流电压，使输入信号

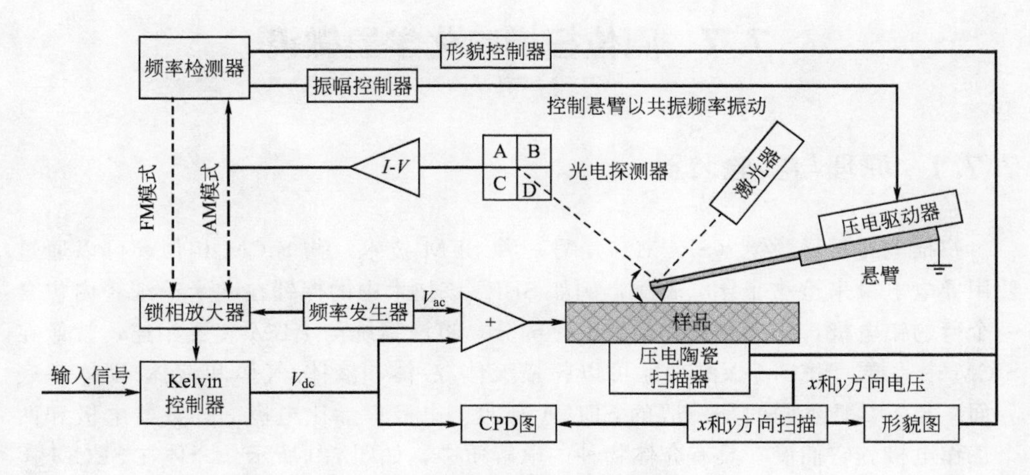

图 7-8　KPFM 典型的系统框图[111]

(S) 趋于零。这个直流电压是加法器的第二个输入，它为样品提供了由交流和直流偏置组成的完整电压。由于直流电压与 CPD 相对应，因此，用扫描记录直流偏置，以提供空间分辨的 CPD 图像。对于 KPFM 的振幅调制模式，光电探测器的输出信号一路输入频率调制解调器，另外一路输入锁相放大器，如图 7-8 中虚线所示。设置的其余部分与频率调制模式设置相同，因此在振幅调制模式下，可以直接测得悬臂的振动振幅。

7.6.2　研究锂离子在石墨负极的分布

Zhu 等人[112]使用电压偏置扫描探针显微镜（直流模式）和开尔文探针力显微镜（交流模式）测量电池结构为 $TiO_2/LiPON/LiNi_{1/3}Mn_{1/3}Co_{1/3}O_2$ 的全固态锂离子电池正负极的锂扩散。为了研究 TiO_2 的表面形貌、相位和体积变化，在接触模式下通过 AFM 尖端施加一系列偏压，然后在敲击模式下扫描偏压区域。KPFM 和 SPM 的相继应用提供了有关阳极和阴极表面电学性质与偏压诱导锂动力学之间关系的信息。

Luchkin 等人[113]报道了 KPFM 在锂在负极中分布研究中的应用。他们提出了锂在石墨负极中分布的两种模型，即基于锂的可逆和不可逆质量的镶嵌模型和径向模型。根据他们的建议，最初的电化学循环遵循镶嵌模型，但在长时间循环后，锂的分布遵循径向模型。该结论是基于石墨颗粒上的电位分布类型。总的来说，这个模型看起来像是一个核-壳结构，核心表示被困住的锂，该研究可推广到其他正负极结构中锂分布的原位分析。然而，由于该技术对水分敏感，仅限于导电样品。

7.7 原位扫描电化学显微镜

7.7.1 原理与实验装置

扫描电化学显微镜（SECM）是另一种 SEM 技术，与 SICM 相似，可以通过使用导电电极来检测非导电表面，例如 SEI。该技术中的探针在纳米毛细管内包含一个薄的铂电极，作为电化学系统的一部分，将该系统与 AFM 装置相连，就像在 SICM 中一样。SECM 探测功能可以扫描液体/液体、液体/气体和液体/固体基底界面。与 SICM 不同的是一般的 SECM 有四个电极：参比电极、计数器电极和两个工作电极。它们浸在具有介体物种的电解质中，如图 7-9 所示。介体在 SECM 探针（工作电极 1）和基底（工作电极 2）之间起氧化还原作用并分析离子电流。用于 SECM 的氧化还原介质分子必须具有以下特性：

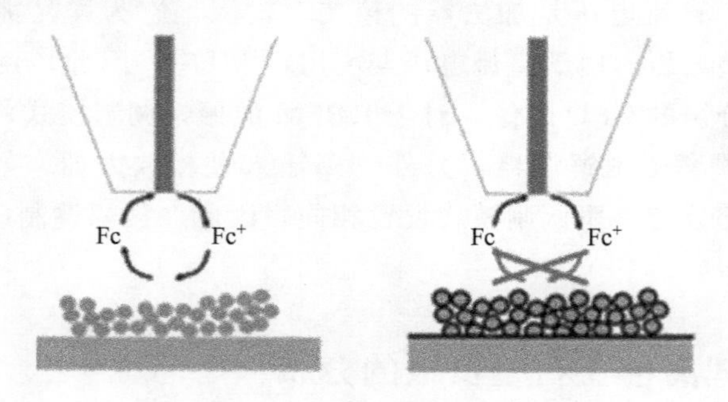

图 7-9　SECM 的工作原理[114]

① 能够通过氧化还原介质从所需样品中吸收电子；

② 氧化物种和还原物种必须在电解液化学环境中稳定；

③ 氧化还原介质必须与微电极的活性材料相容。

SECM 探针中的电流是由待分析的针尖和基底之间的氧化还原过程产生的。这些电流由界面的电子转移动力学和溶液中的传质过程控制。由氧化还原过程产生的法拉第电流在 SECM 探针处受到基底表面电化学行为的干扰，在 SECM 中用作成像信号，换句话说，SECM 测量特定电解质环境中特定表面上的局部电子转移速率常数。

对于锂离子电池分析，SECM 主要使用反馈模式，正反馈显示由于电有源表面而增加的探针电流，负反馈显示由于电无源表面而减少的探针电流。由于在该分析工具扫描中，表面与基底电极有固定距离，因此表面机械损失的可能性最小。在原位分析过程中，整个装置通常保存在手套箱中的受控环境中，类似于 SICM。这项技术的唯一限制是薄的微型/纳米吸管易碎，在扫描过程中可能会断裂。

SECM 装置由电化学部分（电解池、探针、基底、各种电极和双恒电位仪）、高分辨率三维（3D）定位系统（使用带有步进电机和压电电机的 x、y、z 工作台精确移动探针和基板，分别用于粗移动和精细移动）以及数据采集系统（用来控制操作、获取和分析数据）组成，实验装置如图 7-10。

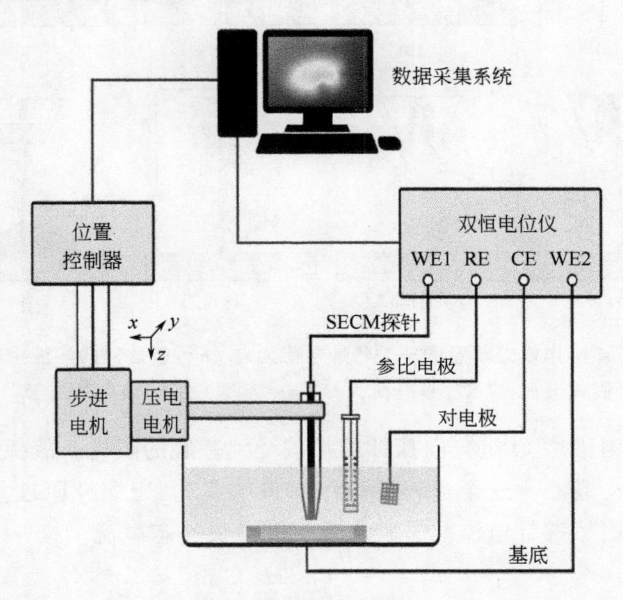

图 7-10 扫描探针装置图[115]

SECM 是以电化学原理为基础的一种扫描探针新技术，有多种不同的操作模式，见图 7-11：

(a) 为整体溶液中的稳态行为（扩散受限）；

(b) 为惰性基底上的反馈模式(负反馈)；

(c) 为导电基底上的反馈模式(正反馈)；

(d) 为基底生成/探针收集（SG/TC）模式；

(e) 为探针生成/基底收集（TG/SC）模式；

(f) 为氧化还原竞争（RC）模式；

(g) 为直接模式；

(h) 为电位滴定模式。

SECM 的工作原理一般是：当探针（常为超微圆盘电极，UMDE）与基底同时浸入含有电活性中心介体的溶液中（如，氧化型，O），在探针上施加电位（E_T）使 O 发生还原反应，

$$\mathrm{O} + ne^- \longrightarrow \mathrm{R} \tag{7-1}$$

当探针靠近导电基底时，其电位控制在 R 氧化电位，则基底产物 O 可扩散回探针表面使探针电流 i_T 就越大。这个过程则被称为“正反馈”。当探针靠近绝缘基

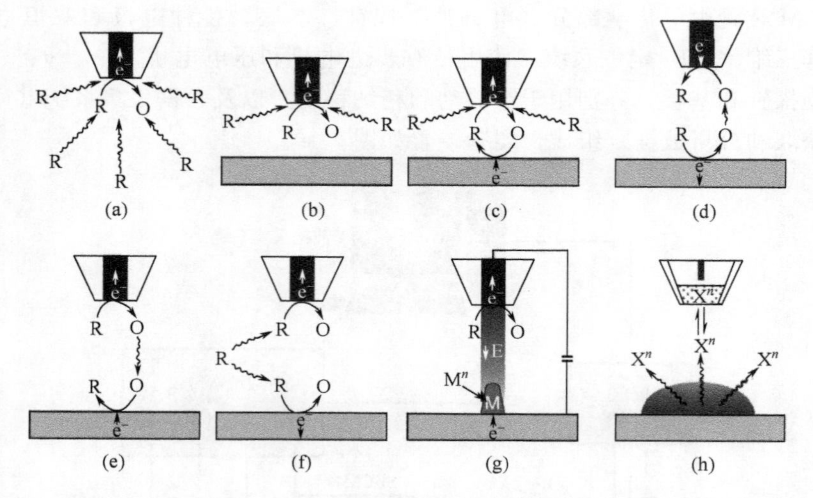

图 7-11　SECM 操作模式示意图 ［"M"是电荷为 n（n＝整数）的溶液中的金属前体，M 是固体金属，"X" 是电荷为 n（n＝整数）的溶液中的离子］[115]

底表面时，本体溶液中 O 组分向探针的扩散受到基底的阻碍，故探针电流 i_T减小；且越接近样品，i_T越小。这个过程被称作"负反馈"。当探针原理基底时，正负反馈均可忽略，此时微探针电流（i_T）为常规微电极稳态电流

$$i_{T,\infty}=-4nfD_OC_Oa \tag{7-2}$$

式中，f 为法拉第常数；C_O为 O 的本体浓度；D_O为 O 的扩散系数；a 为探针电极半径，为电极反应转移的电子数。通常 SECM 工作时采用电流法。SECM 也可工作于"恒电流"状态，即恒定探针电流，检测探针 z 向位置变化以实现成像。也可采用离子选择性电极进行电位法实验。

7.7.2　研究锂离子电池中硅电极的表面反应性

采用原位 SECM 来监测（脱）锂化过程中 Si 电极表面电绝缘特性的演变。显示在 Si 电极上形成的 SEI 本质上是电绝缘的。然而，(脱）锂化时的体积变化导致失去最初形成的 SEI 的保护特性。

先进的锂离子电池（LIB）的能量密度仍然无法满足诸如纯电动汽车等应用的要求。因此，研究人员致力于开发高电压和高能量密度的电池材料。Si 因其高能量密度、较低的工作电位以及环境丰度，成为最有前途的候选材料之一。但是，在锂离子脱嵌过程中，Si 的体积会有巨大变化（Si—$Li_{4.4}$Si：400%），以容纳大量的存储电荷。显然，这种体积变化对 Si 电极的长期电化学循环稳定性能有害。想要对锂离子脱嵌所涉及的机制进行全面理解就需要使用原位技术。原位显微镜，例如 TEM 或 AFM，均可为 LIB 的 Si 电极提供有价值的信息。反馈模式 SECM 提供有

关电极表面电化学反应性的横向解析信息，该信息与 SEI 的电性能直接相关。在此，采用反馈模式的 SECM 进行锂离子在 Si 电极中的脱嵌原位研究。

使用非晶薄膜 Si（500nm）作为模型 Si 电极，可避免黏合剂或颗粒相互作用带来的不良影响。已知大于 150nm 的 Si 粒子会由于锂离子脱嵌过程中的机械应力而破裂。相反，对于几百纳米的 Si 薄膜来说，体积变化会导致“裂纹”的形成。

SECM 可以阐明局部电化学活性是否发生中断，如果发生，则在何时何地发生。为了收集关于锂离子脱嵌期间表面反应性变化的“实时”信息，进行了局部 SECM 测量。用作 SECM 尖端的微电极（ME）不会扫描表面，但会保留在 Si 表面上方几微米的给定位置。图 7-12 显示了在 Si 电极上记录的电流（深色线），以及在第一次循环伏安扫描［图 7-12(a)］和第二次循环伏安扫描［图 7-12(c)］期间，在 $1mol \cdot L^{-1}$ $LiClO_4$（溶解在碳酸乙烯和碳酸丙烯的混合溶剂中）中以 $0.2mV \cdot s^{-1}$的扫描速率同时记录的 SECM 尖端（浅色线）的反馈电流。在实验过程中，SECM 尖端在 3.6V（相对于 Li^+/Li）的恒定电位下极化，并放置于 Si 表面上方 12μm 处。从硅电极获得的循环伏安图（深色线）显示了锂离子脱嵌过程中硅电极的典型特征。来自正极峰的比电荷分别为 $2100mA \cdot h \cdot g^{-1}$和 $2600mA \cdot h \cdot g^{-1}$相应的尖端电流提供有关 Si 电极表面电荷转移速率的信息。在简单的视图中，$I_T/I_{bulk}>1$ 表明在 Si 电极表面［导电表面，图 7-12(ⅰ)］发生快速电荷转移，而值小于 1 表示受阻电荷转移［电绝缘表面，图 7-12(ⅱ)］。最初，I_T/I_{bulk}的值约为 0.8［图 7-12(a) 中的浅色点］，这是因为 Si 电极表面的原生 SiO_x 具有电绝缘特性。因此，该 SiO_x 层预计是超薄的。由于用于自由扩散氧化还原物质的再生的 Si 电极上驱动力的增加，负扫描中的 I_T/I_{bulk} 增加。相对于 Li^+/Li，在 2.0V 时，尖端的 I_T/I_{bulk}值达到 1.25～1.30 的值并保持稳定。这些 I_T/I_{bulk}值高于 1，证实了 SiO_x 层非常薄，因为正反馈将不可能完全钝化较厚的 SiO_x 层。如果电极表面的电特性不发生变化，I_T/I_{bulk}值预计会保持不变，但当对 Si 电极施加比 0.5V（相对于 Li/Li^+）高的电位时，I_T/I_{bulk} 值急剧下降。I_T/I_{bulk} 持续减小，直到负向扫描在 0.01V（相对于 Li^+/Li）结束。在正向扫描期间，I_T/I_{bulk} 的值持续下降，直到施加的电势为 0.6V（相对于 Li^+/Li）为止。在正向扫描过程中观察到的 SECM 尖端电流的进一步下降是仍然足够高的阴极电势来使 Si 锂化并形成 SEI 导致的。请注意，在正向扫描期间，在 0.01～0.2V 的电位范围内观察到了通过 Si 电极的阴极电流。此外，样品中 Li^+ 的释放引入了迁移效应，以前曾提出过降低信号的可能性。在正向扫描期间，最有趣的特征发生在 0.7V（相对于 Li^+/Li）的电压下，观察到尖端电流急剧增加。I_T/I_{bulk}从负反馈变为正反馈，这表明 SEI 覆盖 Si 电极的电绝缘特性有所损失。实际上，在第一个循环结束时 I_T/I_{bulk}值（约 1）高于在伏安图之前的相同电势（3.0V）下记录的 I_T/I_{bulk}体积值（约为 0.75）。考虑到 Si 电

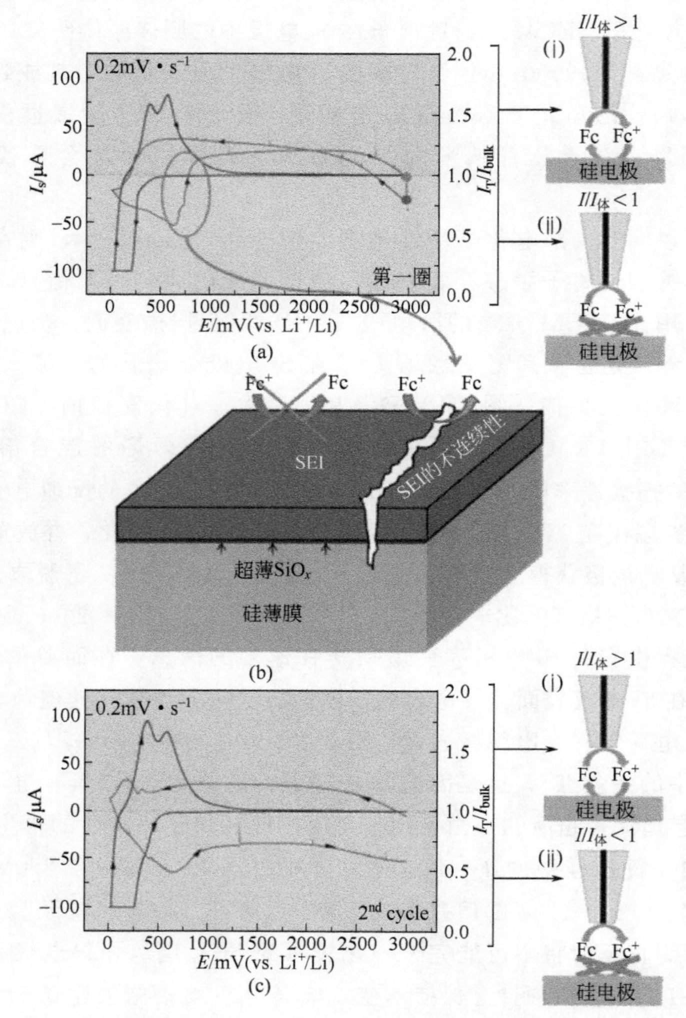

图 7-12 在（a）第一个循环和（c）第二个循环的 SECM 操作中的循环伏安图（深色线）和归一化的反馈电流（浅色线），插图（ⅰ）和（ⅱ）分别是正反馈和负反馈的示意图；（b）SEI 和 SiO_x 中不连续的形成及其对在 SECM 尖端记录的反馈电流的影响的示意图[68]

极的表面不仅被超薄 SiO_x 覆盖，而且被 SEI 覆盖，第一个循环后较高的 I_T/I_{bulk} 表明 SEI 和超薄 SiO_x 膜不连续，这使得氧化还原物质的再生更快。由于超薄 SiO_x 的断裂是在第一次锂化过程中发生的不可逆过程，因此超薄 SiO_x 薄膜在第一个循环结束时的不连续性就不足为奇了。然而，假设裂纹是正极形成的，则在第一个循环结束时不会预期 SEI 的不连续性。如果在锂化期间的体积膨胀（阴极）期间发生断裂，则由于电位仍然非常低（<0.3V），因此会立即变回原状。SECM 揭示的

在第一个循环结束时 SEI 中的不连续性表明，在第二次锂化过程中，电解质会继续分解并形成 SEI，无论是否形成新的裂缝。在第二个周期中，在硅电极（深色线）和尖端（浅色线）记录的电流遵循相似的趋势［图 7-12(c)］。电极表面在负极电势下变得电绝缘，尖端信号中 Li^+ 的摄取和释放对 Si 电极的迁移效应（凸起）不允许精确地确定发生电绝缘特性变化的电位。重要的是，I_T/I_{bulk}值在整个正向扫描过程中保持在小于 0.75，这表明 SEI 中新的不连续性在第二个阳极循环期间没有发生。

总之，利用薄膜 Si 电极作为模型样品，通过在操作中的 SECM 首次研究了 Si 电极表面电绝缘特性的演变。在原位光学显微镜和原子力显微镜的帮助下，SECM 测试表明，两种类型的裂纹是在第一周期形成的，即部分被 SEI 覆盖的裂纹和无 SEI 的裂纹。很明显，后者在电极表面的电绝缘特性中引入了不连续性，这导致了第二周期中电解质溶液的分解。令人惊讶的是，大多数电极表面缺乏电绝缘性能，SEI 应该在第一周期后提供。原位 SECM 测量证实，在 Si 电极上形成的 SEI 具有所需的电绝缘特性。在锂离子脱嵌过程中发生的体积变化是导致电极表面的 SEI “保护”特性丧失的原因。

7.8 扫描电化学电池显微镜

7.8.1 原理与实验装置

扫描电化学电池显微镜（SECCM）技术是由 P. R. Unwin 于 2010 年开发的，用于高分辨率的地形、电导测量，导电和半导体表面和界面的安培/伏安成像。SECCM 由于改进了探针，扫描速度比其他基于探针的技术快 1000 倍。SECCM 是 SECM 的改进版本，它使用了双管吸管，还使用$\theta(y)$ 纳米吸管，作为探针。$\theta(y)$ 移液管（图 7-13）的两个桶都充满了电解质，每个桶都有一个准参考对电极（QRCE，由 AgCl 涂层的 Ag 丝组成）。在高分辨率的电化学成像过程中，从移液管探针顶端伸出的一层薄的电解质层使弯月面与待分析的表面接触平缓。表面上的液体弯月面接触的区域被认为是工作电极的区域。在两个 QRCE 之间施加一个恒定的电势，通过尖端的电解质弯月面在这两个 QRCE 之间流动一个恒定的离子电导电流（I_{dc}）。离子电导电流对离子从表面的吸收和释放非常敏感。探针保持垂直于工作电极并以小幅度正弦振荡。SECCM 测量导体电流响应和表面形貌。一旦探针（液体电解质弯月面）接触到基底，电导离子电流会因电阻的变化而变化。在与电解液弯月面接触时，弯月面的周期性变形会调节表面电阻，从而产生

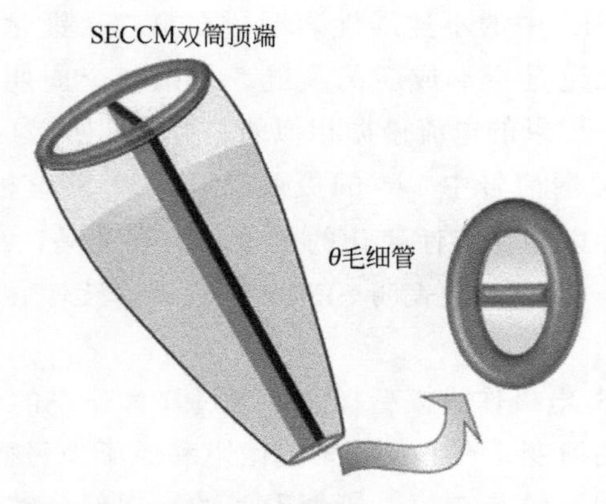

图 7-13　SECCM 双管纳米移液管探针，也称为 $\theta(y)$ 毛细管[47]

与 QRCEs 探头直流电流相同的交流电流（I_{ac}）。换言之，当探针远离表面时，只会观察到 I_{dc}，并且这会随着探针尖端液体厚度的增加而增加，而 I_{ac} 则是通过与表面接触的溶液的周期振荡来观察的。SECCM 中的成像是在固定的 I_{ac} 值下进行的，即 I_{ac} 作为反馈信号来控制探针尖端-表面距离。这种方法的好处是电极表面不需要像 SICM 和 SECM 那样浸入电解质溶液中，它可以在空气和不混溶液体中工作。

7.8.2　研究复合电极电化学特性

Takahashi 等人[116]用 SECCM 研究了复合电极（$LiFePO_4$、PVDF、导电剂）中单个 $LiFePO_4$ 粒子的局部电化学行为。探针由 50nm 硼硅酸盐吸管、3mL LiCl 电解质和 Ag/AgCl 电极组成。他们在原位条件下同时测量了几组参数，以确定与电解质接触的复合电极的单个粒子，而不受相邻粒子的影响。利用 SECCM 探针可以对单个粒子进行 CV 和充放电测试。他们通过对电极颗粒进行局部充电，成功地观察到 $LiFePO_4$ 颗粒与导电碳的电流差异。利用复合电极中不同类型的材料对这种电极进行局部电位图和地形图分析是非常有用的。使用 SECCM，还可以研究单个粒子的电化学。例如研究银纳米粒子在 HOPG 表面上的成核、生长和分离方面的应用为该技术在研究锂离子电池电极中的枝晶生长和成核以及从阴极表面溶解金属方面的未来应用提供了希望。

尽管如此，由于工作电极面积小，这种技术仅能快速扫描表面，提高扩散率和传质，因此 SECCM 只能应用于导电或半导电表面。扫描探针技术已经发展为用于理解电极-电解质界面上的几种界面现象。扫描探针技术的主要优点是能够在纳米水平上原位分析和量化电子输运、锂扩散速率、活化能、SEI 形成、SEI 力学性能、体积膨胀、黏结剂膨胀和锂分布路径。然而，这项技术也存在一些缺点，例如缺乏关于表面上的松弛结构和运动分子的信息（因为离子的热运动更快）；使用硬探针而导致的软界面的机械损伤；一些扫描探针技术需要光滑的表面以获得更好的精度，而电极表面在非均匀SEI形成后会变得相当粗糙；扫描过程中使用的金属探针通常对电解液盐和酸（如HF）的二次反应产物敏感，这可能腐蚀尖端。

第8章

电化学原位电子分析技术

8.1 原位扫描电子显微镜

扫描电子显微镜简称为扫描电镜（scanning electron microscope，SEM），是一种资源丰富的技术，其结构与电子探针（EPMA）相似，可以提供与锂离子电池中各种电极结构的表面形貌有关的重要信息。工作时电子束射向待检测样品，样品发射的二次或背散射电子被收集形成表面形貌的图像，可以对样品表面或断口形貌进行观察和分析。除此以外，将SEM与能谱共同使用可以进行定性和定量分析。扫描电镜的空间分辨率可以达到观察电极临界变形机制的地步，如体积膨胀、裂纹的形成和扩展、电极的脱层等，这些都需要加以控制或消除，以使电极设计更加具有工业化的可能性。然而，由于设备在运行过程中需要高真空和开放的结构单元，所以原位扫描电镜具有一定的局限性，会限制原位电池的电解液类型。但是SEM分析方法也具有一些显著的特点，比如可以观察到大尺寸试样的原始表面，能真实反映试样本身物质成分不同的衬度。此外扫描电子显微镜的景深比透射电子显微镜的景深大10倍，比光学显微镜大几百倍，电子成像富有立体感，很容易获得一对同样清晰聚焦的立体对照片，并进行立体观察和立体分析。扫描电子显微镜所获得的扫描电子像并不是立体观察到的，但是具有不错的立体感，其特点是具有大的景深，可容许被观察试样在不同倾斜角度下仍能保证获得清楚聚焦的图像，因此，就有可能把立体照相术应用到扫描电子显微镜中，从而获得一对构成立体对的照片进行真正的复合立体观察。在立体照片中对相关点的几何参数进行测量和分析，可以获得有关立体形貌的一些几何参数，如立体高度、二面角、真实表面积和空间方位等。

8.1.1 原理与实验装置

在 SEM 分析过程中主要依靠电子与固体试样的交互作用，仪器产生的聚焦电子束沿固定方向入射到样品内时，待测样品自身的晶格位场和库仑场会使入射电子的能量和方向发生某种情况的变化。而这些电子往往会反映试样形貌、结构和组成的各种信息，如二次电子、背散射电子、阴极发光电子、特征 X 射线电子、俄歇过程和俄歇电子、吸收电子、透射电子等。

当入射电子在散射过程中总动能不变而方向改变时，为弹性散射，弹性散射的电子符合布拉格定律，携带有晶体结构、称性、取向和样品厚度等信息，是材料结构分析中的关键。而当入射电子在散射过程中总动能及方向均改变的情况下产生的非弹性散射可用于电子能量损失谱，提供成分和化学信息，也能用于特殊成像或衍射模式。

这里介绍两种较重要的散射电子，即二次电子和背散射电子。入射电子与样品相互作用后，使样品原子的价带或导带电子电离产生的电子称为二次电子。二次电子能量比较低，习惯上把能量小于 50eV 的电子统称为二次电子，仅样品表面 5～10nm 的深度内的电子才能逸出表面，这是二次电子分辨率高的重要原因之一。由于二次电子信号主要来自样品表层 5～10nm 的深度范围，它的强度与原子序数的相关性较小，但微区表面对电子束的反应更明显并且电子像分辨率比较高，所以常用二次电子能谱显示形貌衬度。

为了实现原位 SEM 对锂离子电池的研究，这里介绍几种经典的电池中研究的实验方法，首先，Orsini 等人[117]创造了一个特殊的样品传输室，如图 8-1(a) 所示，在对一个电池的横截面研究中，他们观察到 $LiMn_2O_4$ 为阴极、$LiPF_6$/(EC∶DMC) 为电解液和不同的阳极（如纯铜、锂或石墨）组成的电池在不同电化学循环过程中的界面变化。在低电流充放电条件下，在 Cu 和 Li 基底上形成了苔藓状的锂，而在高电流速率下则会形成树枝状的锂。而石墨基体没有显示出任何特殊的形貌。Strelcov 等人[118]使用了离子液体作为电解质，V_2O_5 纳米线作为阳极和 $LiCoO_2$ 作为阴极，如图 8-1(b) 所示。这种结合有助于研究实际电池组合中 SEI 的生长，并且通过去除金属锂，系统不易发生氧化反应。对充放电期间 SEI 的对比变化分析是评价电极表面 SEI 形成的根本，如图 8-2 所示。这种对比是由电极材料、电解质和形成的 SEI 之间的电导率存在差异而产生的。

8.1.2 观察在使用固态电解质的电池中锂的沉积/溶解机制

电极材料、电解液和形成的 SEI 导电性不同，沉积及溶解机制不同。Tsuda 等

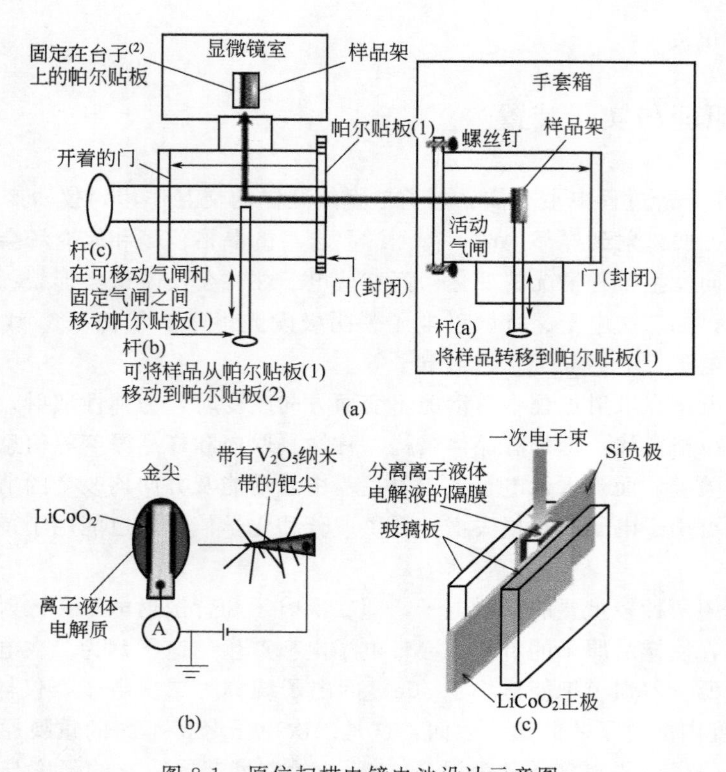

图 8-1　原位扫描电镜电池设计示意图

(a) Orsini 等人[117]的扫描电镜样品转移室；(b) Strelcov 等人[118]的扫描电镜样品转移室；(c) Tsuda 等人[119]的扫描电镜样品转移室

人[119]采用不同的电池设计，如图 8-1(c) 所示，观察了 Si 阳极上 SEI 的形成，其中离子液体为电解质，$LiCoO_2$ 为阴极。Si 负极在充电过程中表现出明显的形态变化，没有形成任何 SEI 层，而在放电过程中，形态略有变化，说明在充放电过程中形态变化是不可逆的。原位扫描电镜观察表明，与离子液体电解质相比，SEI 沉积的颜色较暗，这表明 SEI 层部分的原子序数较低。通过观察电化学反应过程中的变化，他们得出结论：1-乙基-3-甲基咪唑双（氟磺酰）酰胺能够抑制 SEI 的形成。

要证明固态电解质电池中锂的沉积/溶解机制十分困难，如 Sagane 等人[49]研究三电极系统中的 LiPON-Cu 界面，固体电解质电池中锂枝晶的生长方向与传统液体电解质电池中锂枝晶向电解质侧生长相反，在固体电解质基电池中锂枝晶的生长朝向铜侧，并且在纳米厚的铜表面上呈现出一个个凸起，这些凸起在反应过程中会进一步穿透铜表面。在电镀的初始状态下有无光滑的锂镀层决定了随后锂的生长形态。锂枝晶通常在预镀区域生长，随着电流密度的增加，镀锂的尺寸减小。他们从与电解液相反的纳米铜集流体侧观察到锂枝晶生长。使用固体电解质可将高真空

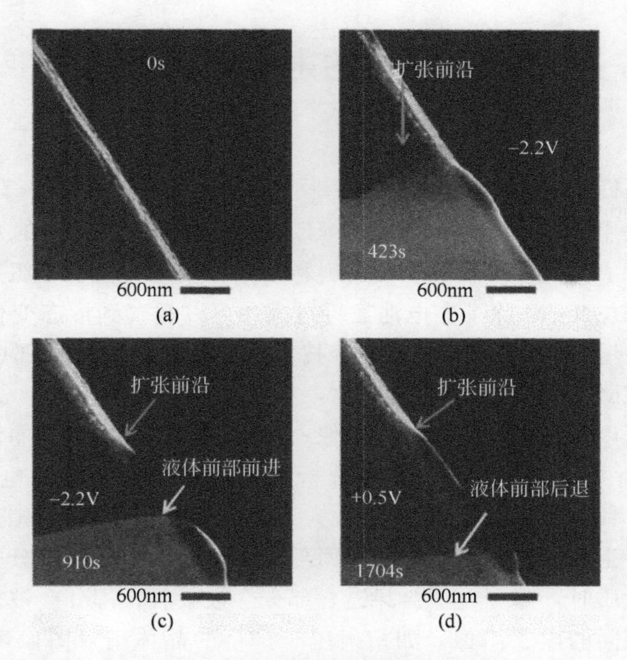

图 8-2 SEI 生长的原位扫描电镜图像[118]

(a) 晶须边缘的初始视图；(b) 施加负偏压 423s 后；(c) 施加负偏压 910s 后；(d) 施加正偏压 1704s 后

操作分析的风险降至最低，并有助于通过 SEM 研究锂枝晶的生长动力学。从集流体的反面研究枝晶是观察其生长的一种方法，但枝晶生长的头对铜表面施加的压力会改变锂枝晶的生长模式。这可能是这些研究中缺少分枝枝晶的原因。

Iriyama 研究小组[49]同样采用了固体电解质电池，但观察锂枝晶生长的方式有所区别，锂晶枝不是朝阴极方向，而是朝相反的方向生长，枝晶通过自动穿透一个薄的集流体生长。使用无晶界的固体电解质可防止枝晶向阴极生长，成核后会对纳米级的薄集流体产生压力。在操作条件下可以看到，在这种压力下，集流体破裂，锂棒从孔中突出。在 Cu/LiPON 界面间的锂电镀和剥离反应过程，应用法拉第定律估算了局部锂的生长速率，锂先在 Cu/LiPON 界面稀疏地的生长，然后在预锂化的位置进一步生长，这就导致了针状树枝结构的生长。这一过程中的锂成核与液体电解质体系中的锂成核仍然不同。锂的成核速率随过电位的增大而增大，这个反应是该过程的速率决定步骤。

因此，将原位扫描电镜技术应用于离子液体电解质和固体电解质是可行的，但对有机碳酸盐基液体电解质的界面反应进行监测还有待继续研究。Lee 等人[120]应用低电压加速电子，使区分 SEI 的形貌和石墨表面成为可能，也可以测量 SEI 的厚度。该技术可潜在地应用于各种电极材料上 SEI 生长动力学的原位监测。扫描电子显微镜被证明适用于一些锂离子电池中的结构特征和成分分析研究，但是，更加精准的观察复杂的各项反应机理仍然是这项技术面临的挑战。

8.2 原位透射电子显微镜

透射电子显微镜（transmission electron microscope，TEM）与传统显微镜有些许区别，它是用电子束代替光束使得TEM的分辨率提高到埃的水平，用电磁场代替透镜使电子成像的一种仪器，是材料科学工作者进行微观组织与结构研究的有力工具之一。原位TEM除了在电池运行过程中可以观察到形态变化外，电子衍射和电子能量损失谱（EELS）等其他综合技术还可以提供有关局部成分和结构的信息。TEM与SEM和X射线衍射仪相比，具有一些显著的优势：①可以实现微区物相分析；②可以得到更高分辨率的图像；③可以获得立体丰富的信息。在锂离子电池的原位分析技术中，用于TEM分析的高能电子源的加速电压一般在80～300kV，其分辨率为0.05nm，放大倍数为200～1500000。这些电子与待测样品的相互作用可以产生有助于我们观察的表面形貌、相态、元素及成分分析的信息。入射的电子照射物质时，部分电子会穿透，部分会被吸收，部分会被衍射。不同的电子变化将产生不同的电子图像，如衍射电子产生的晶体衍射图像可以鉴定晶体生长、估计缺陷和生长图像；弹性散射电子可以产生点衍射图像，非弹性散射电子可以产生物质不同平面的锯齿线衍射图像。

TEM也可进行定量分析，可以测定元素组成和氧化状态。待测样品电子波的相互作用会使X射线从元素的核心层发射出来，这种分析X射线的方法称为能量色散X射线分析（EDX），它可以检测元素分布和浓度。TEM的另一种分析技术是电子能量损失谱（EELS），通过分析物质吸收的电子能量来检测元素的氧化状态。因此，在使用液体电解液锂离子电池的研究中，TEM可研究原子级的现象和液体环境中的双分子运动[47]。

8.2.1 原理

TEM电子束中的电子与常规显微镜中可见光的光子不同，电子不可以通过透镜成像，但在轴对称的非均匀电场、磁场的作用下会发生变化然后有利于成像。在TEM中，使得电子束发生变化的装置是电子透镜，根据其作用分为静电透镜和磁透镜。当电子作用于材料后会携带材料的各种信息，此时将不同点同方向、同相位的弹性散射电子束会聚于物镜的后焦面上，可以构成含有试样结构信息的散射花样或衍射花样像，而将同一点不同方向的弹性散射电子束会聚于其像平面上，可以构成与试样组织相对应的显微像[121]。

在透射电子显微镜中共有3种主要光栅，它们是聚光镜光栅、物镜光栅和选区光栅。物镜光栅又称为衬度光栅，他的作用是将较大的电子拦截，使电子束不能继续进入镜筒成像，而是在像平面上形成一定的衬度。物镜光栅的另一个主要作用是在后焦面上套取衍射束的斑点成暗场像，并且利用其进行对照分析，进行物相鉴定及缺陷分析。

选区光栅的目的是将分析对象缩小到样品上的一个微小区域，即使电子束只能通过光栅孔打到限定的微区。选区光栅有时并不能遮挡掉其余的所有衍射线，使得成像具有误差。

8.2.2 观察金属锂的电化学沉积动力学

过去锂枝晶生长是通过原位光学显微镜和原位扫描电镜来分析的，而第一次对锂枝晶的原位透射电镜观察是由 Epelboin 等人[122]在铝集流体和 $LiClO_4$/PC 电解液中进行的。与金属铅和金属银类似，金属锂在电池电解液中也有形成树枝状结构的趋势，这是实用锂负极电池面临的一个重大挑战。在原位分析锂金属电池中锂元素状态的主要问题是其密度很小，所以往往在 TEM 成像中很难获得合适的对比度。Zeng 等人[123]用电解液为 $LiPF_6$/(EC∶DEC) 的电池研究了镀锂和剥锂过程中金电极表面上枝晶的生长，在反应开始时，可以观察到锂和金的合金化，并伴随着一定的体积膨胀，枝晶在合金电极上呈一维树枝状生长。在剥离反应过程中，这些树突从尖端和扭结处溶解，如图 8-3 (a) 所示。总的来说，在这种锂离子电池装置中，电化学反应开始时在金电极表面会形成 SEI，当锂与金合金化达到一定厚度后，SEI 厚度随金电极表面锂化体积的增加而增加。当表面锂化厚度达到一定程度时，金电极表面将形成气泡，锂枝晶从 Au 表面剥离。因为金与锂离子电池电解液的合金化反应和催化反应，所以金不适合作为锂离子电池的集电极。

Sacci 等人[124]还观察了 $LiPF_6$/(EC∶DMC) 电解液中锂在金电极表面电沉积时 SEI 的生长状态，锂沉积前在金电极上形成树突状的固体电解质膜，即使在锂溶解后仍然保持稳定，SEI 的前期形成表明，电解质的组成是影响 SEI 性能的关键点。因为 SEI 基体中可能会有束缚的锂粒子，所以锂的电化学沉积也发生在 SEI 中，在 SEI 中形成小的锂纳米粒子。同样，Leenheer 等人[125]对 SEI 剥落机理与 Zeng 等人得出的结论不同，他们使用相同的电解质和液体 TEM 电池，观察了锂电沉积过程中钛电极表面 SEI 的形成。发现电沉积锂的形状和 SEI 的质量也取决于电流率和操作分析过程中的电子束剂量。在低电流率 ($1mA \cdot cm^{-2}$) 下，形成相对较大的锂晶粒并且电子束对锂离子电池的破坏小，而在高电流率 ($25mA \cdot cm^{-2}$) 下，形成若干小针状的晶体。没有电子束的情况下，初始的锂沉积是枝晶状的，但在更低剂量的电子束存在下，其形状变为球形，产生这种现象可能原因是在原位操作条件下电子束与电解液发生了相互作用，并且在锂的电化学沉积过程中产生了一些活性物质，然后在锂的表面形成 SEI。在剥离过程中，大部分锂消失，但仍然存在一些无法发生化学变化的锂（称为“死锂”），部分 SEI 仍不可逆，如图 8-3

(b) 所示。因此，通常认为 TEM 电子束会干扰锂离子电池中正在进行的电化学反应，并影响锂的生长动力学和 SEI 沉积。因此，在 TEM 原位分析沉积实验时，必须仔细考虑电子束的剂量。

Mehdi 等人[126]通过电化学透射电子显微镜研究了 $LiPF_6$/PC 电解液在铂工作电极上电化学沉积锂的过程，并得出结论：在第一个循环中锂的沉积是平滑的，随后在连续的充放电循环中锂的沉积是不均匀的。因为每一个循环过程结束时都会造成“死锂”的生成，随着循环的进行，“死锂”的数量不断增加。在第 5 个循环之后，他们在 Pt 表面观察到 SEI 的形成，如图 8-3(c) 所示。同时，Pt 电极的边缘开始以树枝状的形式从 SEI 下方凸出累积的死锂，并且随着循环次数的增加，这些树枝状的长度逐渐增加。

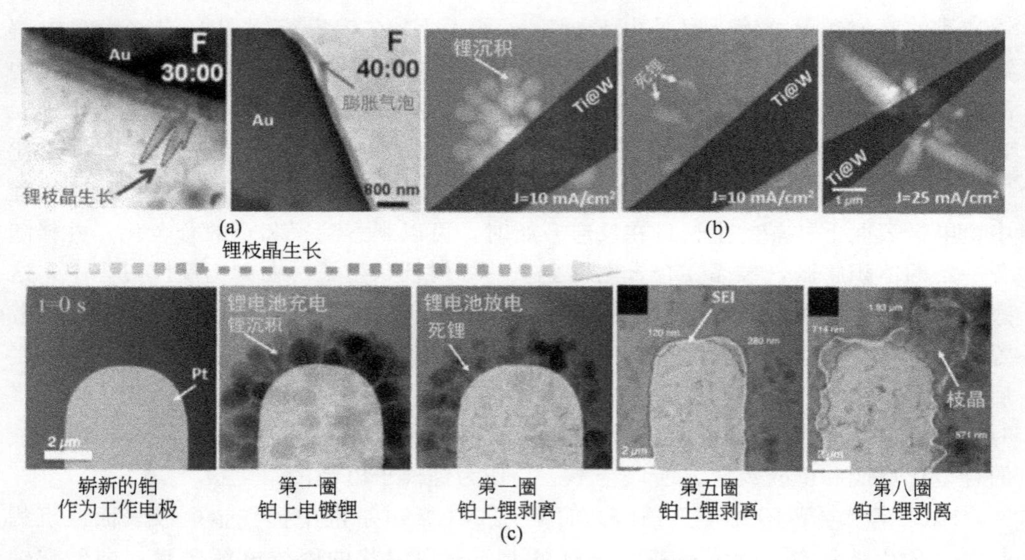

图 8-3 锂枝晶和 SEI 的原位液体透射电镜扣式电池研究

(a) Au 电极上的 SEI 形成[123]；(b) Ti 电极上的 SEI 和死锂形成[125]；(c) Pt 上的锂枝晶生长[126]

第9章

电化学原位中子技术

9.1 原位中子衍射

9.1.1 原理与实验装置

中子与其他微观粒子一样，具有波粒二象性。中子衍射通常指德布罗意波长为约 1Å(1Å=10^{-10}m) 的中子（热中子）通过晶态物质发生的布拉格衍射。当中子波以掠射角 θ 入射到晶面时，与在相邻两晶面上反射的中子波的程差等于中子波长的整数倍时，这两支反射波相干而加强，有许多层的相干作用，出现明显的衍射峰。中子衍射的布拉格公式为

$$2d\sin\theta = n\lambda (n=1,2,3,\cdots) \tag{9-1}$$

式中，d 为晶面间距；θ 为入射角与晶面的夹角；λ 为散射中子波长；n 为衍射级次。

在反射中子束中，对应 $n=1$，称为一级衍射；其他 n，称为次级衍射。通常一级衍射最强，强度随 n 的增加，迅速下降。在实际应用中，只有前面很少几级起作用。

(1) 原位中子衍射定制电池

用于原位中子测试技术的定制电池是通过平行堆叠负极/隔膜/正极层的方法来制备的，叠层之间用 Kapton 胶带固定，并将制备好的叠层放置在充满氩气的手套箱中至少 24h，然后用聚丙烯涂层的铝塑膜包裹住叠层电芯进行热密封，并将铝塑

袋留有一侧开口用来注入之后的电解液。所制备的电池厚度（包括隔膜、电极和铝塑袋外壳）约为0.6～0.8cm，其中铝袋壳是约为0.16mm厚的铝箔，外表层涂有薄聚酰胺，内表面涂有薄聚酯。聚酰胺/铝/聚酯中含有氢，这些组分对中子衍射数据的贡献是不可忽略的。内表面的聚酯涂层用于热封时封口的黏合以及保护电极组，避免内部短路，所以无法去除。外层的聚酰胺层可以通过轻砂打磨除去，从而进一步降低电池器件的氢含量。

在原位中子衍射测试实验之前，从热密封时所留的开口处注入氘化电解质溶液。锂离子电池通常使用1mol·L^{-1}六氟磷酸锂（$LiPF_6$）电解液，氘化碳酸二甲酯（简称DMC）与氘化碳酸乙烯酯（简称EC）的体积比为1∶1。注入电解液并密封袋后，将电池存放在充满氩气的手套箱中至少24h，之后即可使用。

（2）原位中子粉末衍射

本小节以组装的全电池为例讲述将原位中子粉末衍射技术（NPD）用于分析锂离子电池。使用合成的Li_2MnO_3·$LiMO_2$正极和$Li_4Ti_5O_{12}$（LTO）负极材料粉末，并在电池中填充氘化EC∶DMC（体积比为1∶1）电解液，根据Pang和Peterson的方法[127]制备用于NPD分析的定制袋式电池。由于锂对中子的吸收能力很强，所以电池中如果使用相对大量的锂金属负极会对样品的几何形状产生不利影响，并可能导致锂在表面沉积。因此，NPD电池的负极材料选择了完善可靠的零应变LTO电极，可以避免LTO表面固态电解质界面层的形成和锂金属的沉积而导致的锂离子电池的性能衰减。在原位NPD分析实验中，袋式电池用恒电位仪/恒流器（Autolab PG302N）进行恒电流循环，电流值设为11.6mA，第一圈恒电压设为3.4V(vs. LTO)，第二圈设为3.5V。利用WOMBAT[128]，即ANSTO高强度中子粉末衍射仪收集原位NPD数据，所使用的中子束波长为2.95405Å。采用在2θ为16.0°～136.9°的范围内每10min一次衍射图谱扫描模式连续不断地采集NPD图谱数据。在WinPLOTR[129]中使用了带可视化功能的FullProf，可以在2θ为60°～130°范围内来执行连续全谱图拟合细化。另外大数组操作程序(LAMP)[130]被用来执行$LiMO_2$(012)和LTO(222)晶面反射的单峰分析。

9.1.2 研究Li_2MnO_3·$LiMO_2$（M=Ni、Co、Mn）复合正极的容量衰减机理

由Li_2MnO_3（$C2/m$空间群）和$LiMO_2$（$R\bar{3}m$空间群）组成的xLi_2MnO_3·$(1-x)LiMO_2$（$Li_{1+z}MO_2$，M＝Ni、Co、Mn）体系是一种很有前途的正极材料，容量为250～300mA·h·g^{-1}，接近其理论插层容量。但是，这种材料依然存在一些缺点，包括较差的倍率性能和循环性能，在充放电曲线上有很大的过电势，尤其是在最初的几个循环中。因此，如何降低Li_2MnO_3·$LiMO_2$的容量损失（50～

100mA·h·g^{-1}）是锂离子电池研究的重点。

$Li_{1.2}Mn_{0.567}Ni_{0.166}Co_{0.067}O_2$ 主要以块状 $LiMO_2$ 结构存在，并与类 Li_2MnO_3 相共生，这些相在颗粒中是异质界面。Li_2MnO_3 相显示了没有索引的 $C2/m$ 空间群反射，这些归因于沿 c 轴的有序锂/锰层的堆叠断层。了解电池性能的原子尺度和分子尺度起源是提高电极材料容量和循环性能的关键。大多数层状氧化正电极材料，如 $LiCoO_2$ 和 $Li(Ni_{1/3}Mn_{1/3}Co_{1/3})O_2$，在它们的工作电压窗口内主要进行固溶反应，但在高电压下过锂化时也可能出现两相反应。为了提高电池的能量密度和容量而让电池超出正常工作电压窗口过充会出现两相反应，例如，对 $LiCoO_2$ 材料在 4.5V 或 4.8V(vs. Li^+/Li) 的电压下进行充电，类似于在 $LiMn_2O_4$ 等尖晶石型材料中发生的反应。在大范围含锂材料中多相共存导致了相边界和界面在材料颗粒中移动，而在锂化过程中保持稳定的结构可以避免这种相边界的移动，从而获得较好的循环寿命。对于 Li_2MnO_3·$LiMO_2$ 复合电极，工作电压窗口为 2.0～4.8V (vs. Li^+/Li)。在 3.5V 以上的电压范围内，$Li_{1.2}Mn_{0.54}Ni_{0.13}Co_{0.13}O_2$ 材料表现出明显的容量衰减，这是由于层状 Li_2MnO_3 向纳米尖晶石状 $LiMn_2O_4$ 相转化而导致的。据报道，在电压 4.4V (vs. Li^+/Li) 以下充放电时，xLi_2MnO_3·$(1-x)$ $LiMO_2$ 复合电极的相变主要是 $LiMO_2$ 成分的变化，在充电至 4.4V(vs. Li^+/Li) 期间，锂离子脱出，$LiMO_2$ 氧化为 $Li_xMO_2(x\approx0)$。在放电过程中，随着 Li^+ 的重新嵌入，MO_2 可逆还原为 $LiMO_2$。在此过程中，由于 Mn^{4+} 不能进一步氧化，Li_2MnO_3 相处于无活性状态。相反，$LiMO_2$ 相起到了缓冲作用，阻止脱锂过程中 $LiMO_2$ 的结构分解。当电压超过 4.4V(vs. Li^+/Li) 时，Li_2MnO_3 会发生不可逆的析氧反应，导致 2 个 Li^+ 和 1 个 O^{2-} 脱去（Li_2O 的全部损失），并形成类 MnO_2 电化学活性相。在放电过程中，仅部分 Li^+ 能重新嵌入类 MnO_2 相中，因此在第一个充放电循环中就会造成不可逆的容量损失。

利用原位 NPD 测试技术分析在含有 LTO 负极的全电池中，高容量（302mA·h·g^{-1}）Li_2MnO_3·$LiMO_2$ 正极的结构演变。从 NPD 中获取的数据信息可以与其他原位技术相结合，比如与原位透射 X 射线显微镜获得的 Li_2MnO_3·$LiMO_2$ 正极的形貌测量相结合，使原子尺度的晶体学和形态学细节相关联，从而深入理解电极的工作机理。这一组合能够详细揭示因电极材料引发和加剧的颗粒破裂所导致的电极粉碎和容量衰减的潜在相变和变化机制。

如图 9-1 所示，首先用两组 NPD 和一组 X 射线衍射分析（XRD）数据对合成的 Li_2MnO_3·$LiMO_2$ 进行联合结构细化表征，证明分别包含质量分数为 27%（摩尔分数为 21%）和 73%（摩尔分数为 79%）的 Li_2MnO_3 和 $LiMO_2$ 组分。Li_2MnO_3 组分是明显的 $C2/m$ 空间群单斜结构，$LiMO_2$ 是带有 $R\bar{3}m$ 空间基的 α-$NaFeO_2$ 结构。电感耦合等离子体质谱法（ICP-MS）测定的 Li、Mn、Ni、Co 的比值为 1.0∶0.407∶0.138∶0.0828。电极的两相间表现为块体 $LiMO_2$ 与 Li_2MnO_3 相间生长的

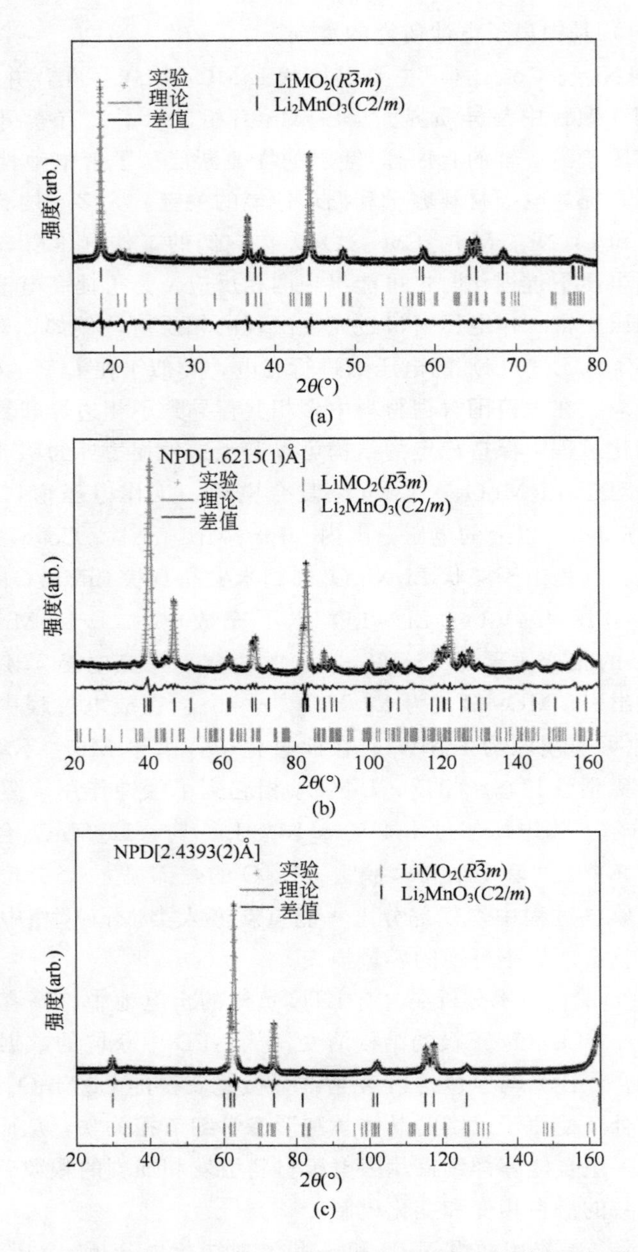

图 9-1 $Li_2MnO_3 \cdot LiMO_2$ 材料的全谱图拟合细化表征[131]

(a) λ=1.54178Å 处的 XRD 数据；(b) λ=1.6215Å 处的 NPD 数据；(c) λ=2.4393Å 处的 NPD 数据，相应的加权剖面 R 系数（R_{wp}）分别为 2.73%、4.43%和 3.86%

颗粒。对 LTO 材料进行 XRD 检测确认为纯相，具有 $Fd\bar{3}m$ 空间群对称。

如图 9-2 所示，用原位 NPD 分析技术研究以 LTO 为负极，$Li_2MnO_3 \cdot LiMO_2$ 为正极的全电池在 0.5～3.5V（vs. LTO）电压范围内充放电循环期间的

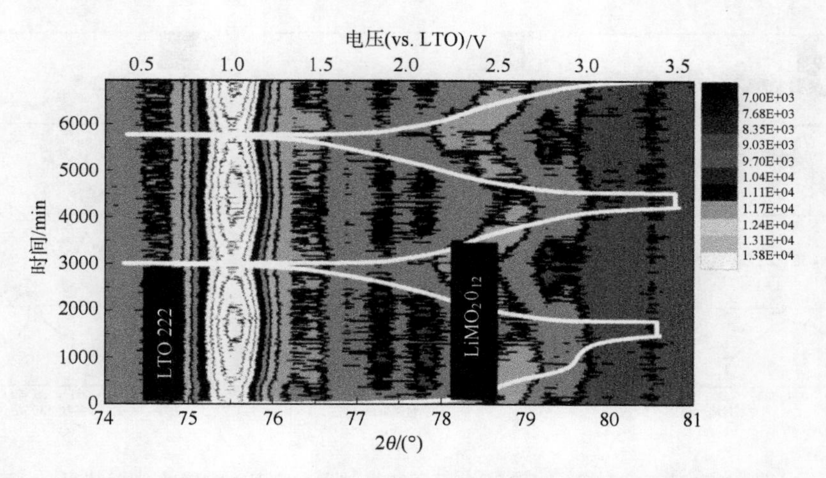

图 9-2 $Li_2MnO_3 \cdot LiMO_2$ ‖ LTO 电池的原位 NPD 数据的等高线图，强度（arb.）以不同颜色显示，刻度在右侧；电压以白色显示[131]

$Li_2MnO_3 \cdot LiMO_2$ 相变和结构演变。$Li_2MnO_3 \cdot LiMO_2$ ‖ LTO 全电池的原位 NPD 等高线图谱（相对于时间和所选定的 2θ 范围）揭示了电池在电化学循环过程中电极材料的相变。该全电池的充放电曲线与以锂为对电极的扣式电池的充放电曲线基本相同。原位 NPD 系列数据内的每圈 NPD 图谱都是在 10min 收集时间内的结构平均值。正极的 Li_2MnO_3 组分，以及 Li_2CO_3、Li_2O 和 $LiOH \cdot H_2O$ 相理论上会在特定的电势下生成，但在实际测试中没有观察到这些数据，原因可能是这些组分的对称性相对较低和生成量较少，再结合由含氢的电池组分对测试数据的影响，会进一步干扰 NPD 对微量组分生成时的检测。在顺序 Rietveld 精修过程中，这些相的比例几乎保持不变，随后在顺序精修过程中固定了相比例因子。Rietveld 分析结果是由在 2θ 约为 75.5°～78.5°范围内，原位 NPD 数据中 LTO 和 $LiMO_2$ 相的最强衍射峰的单峰拟合分析所支撑，分别对应于 LTO(222) 和 $LiMO_2$(012) 的晶面反射［如图 9-3(a)、(b) 所示］。

在电池充电到 3.0V(vs. LTO)［相当于 4.55V(vs. Li^+/Li)］时，$LiMO_2$ 晶格参数 c 增大，而晶格参数 a 减小［图 9-3(c)］。这是由于锂离子的脱出，导致氧层之间静电排斥力增强，以及沿 c 轴产生相应的体积膨胀，揭示了脱锂是通过固溶反应实现的。晶格参数 a 的收缩则归因于电荷补偿需要金属 M 离子发生氧化。直至电压达到 3.0V(vs. LTO)，$LiMO_2$ 的晶格演变行为都与之前 Mohanty 等人[132]和 Liu 等人[133]的原位研究报道类似。值得注意的是，c 参数和 a 参数的单调增减在具有 $R\bar{3}m$ 空间群对称的锂离子电池正极材料中并不常见，但与作为第二相的 Li_2MnO_3 复合阴极的预期情况相似。定量上，$LiMO_2$ 晶格参数 a 减小 1.3%，晶格参数 c 增大 2.0%，这在实验误差范围内，$LiMO_2$ 晶格参数 a 和 c 在大于 3.0V (vs. LTO) 或 4.55V(vs. Li^+/Li) 时保持不变，这与之前的原位测试结果保持一

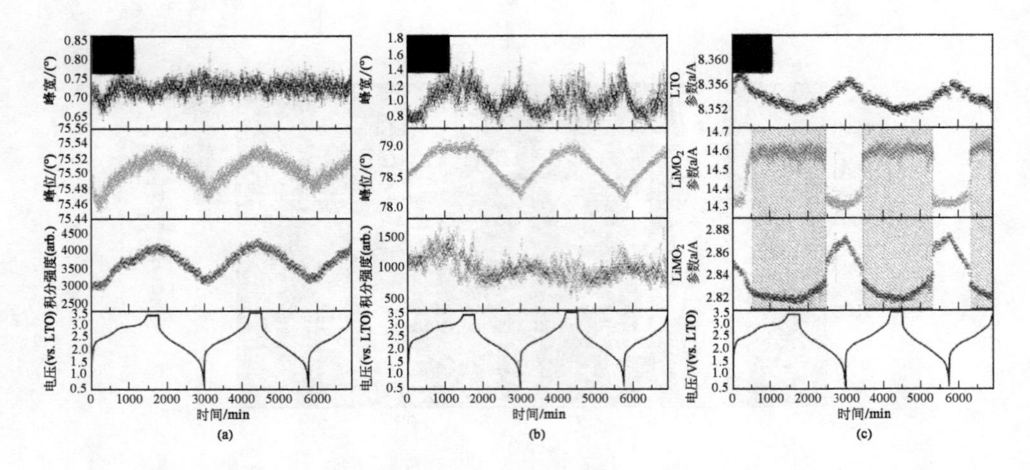

图 9-3　对 $Li_2MnO_3 \cdot LiMO_2$ ‖ LTO 电池原位 NPD 数据的分析结果，

仅观察到 $R\bar{3}m$ 和 $Fd\bar{3}m$ 空间群对称电极的 $LiMO_2$ 和 LTO 相[131]

(a)、(b) LTO(222) 和 $LiMO_2$(012) 晶面反射的单峰拟合结果，包括峰值宽度、位置和（积分）强度；

(c) 由序列全谱图拟合分析得到的 LTO 和 $LiMO_2$ 晶格参数

致，证明了两相反应的存在。在放电过程中变化现象则相反，晶格参数 a 膨胀 2.1%，晶格参数 c 减小 2.0%。

为了进一步探究 $LiMO_2$ 相行为，对 $LiMO_2$(012) 晶面反射进行了单峰拟合[图 9-3(b)]，所提取到的峰移与顺序 Rietveld 分析观察到的晶格参数行为一致。在电压 3.0V 以上时，$LiMO_2$(012) 晶面反射峰的峰值积分强度在可允许的积分强度误差范围内保持不变，但在此过程中，积分强度和峰宽的误差均显著增加，这与发生在电压>3.1V(vs. LTO) [相当于 4.65V(vs. Li^+/Li)] 的平台附近的 $LiMO_2$ 两相反应相一致，这归因于 Li_2MnO_3 的电化学活化包括析氧反应，在 Liu 等的工作中 Li_2MnO_3 相则没有被考虑在内。在两相反应中，$LiMO_2$ 很可能演化为贫锂的 Li_zMO_2 ($z \approx 0$) 相，类似于 $LiCoO_2$ 材料经过过充脱锂后向 CoO_2 演变。值得注意的是，在电池的正极材料中无论是发生两相反应还是固溶反应，这些反应都是高度可逆的，与 $LiCoO_2$ 和 CoO_2 之间发生的不可逆两相反应恰好相反，这正解释了 $xLi_2MnO_3 \cdot (1-x)LiMO_2$ 正极材料体系为什么具备优秀的循环稳定性。如图 9-3(c) 所示，在嵌锂过程中，LTO 晶格行为表现为先膨胀后收缩：经过前 200min 的充电过程后，LTO 晶格间距增长到 8.358Å，随后充电时间达 1500min，电压达到 3.4V(vs. LTO) 时，晶格间距减小为 8.352Å。在接下来的放电过程中，脱锂时间达到 3000min 时，LTO 晶格间距线性增长到 8.356Å。总体上，0.07%的 LTO 晶格体积变化表明了 LTO 材料在脱嵌锂时的零应变行为与高度可逆性。在特定的晶格位点处发生锂离子浓度变化会影响峰位和强度。由单峰拟合得到的充放电循环过程中的 LTO(222) 晶面反射的峰宽、位置和积分强度如图 9-3(a) 所示。在第一圈电池从开路电压充到 2.5V(vs. LTO) 的过程中，LTO(222) 的晶面反射强度几乎保持不变，但峰位移动到较低的 2θ 位置，证明了其晶格的膨胀；随后紧接着反射强度开始单调增强，同时峰位转移到较高的 2θ 处，表明晶格收缩一直持续到嵌锂过程结束［图 9-3(a)］。

本节利用原位中子衍射分析技术表征了 $Li_2MnO_3 \cdot LiMO_2$（M＝Mn、Ni、Co）复合电极的结构和形貌演变，并通过原位方法使中子衍射信息与电化学功能直接相关。这些原位方法的独特组合揭示了在电极工作时引发和加剧材料粒子裂解，进而导致电极的粉碎和容量衰减这类潜在的相转变和工作机制。总的来说，导致 $Li_2MnO_3 \cdot LiMO_2$ 复合电极容量衰减的是相点阵变化和相分离的大小，本研究表明，最小化相分离是降低该电极容量衰减的关键。

9.2 原位中子反射

9.2.1 原理与实验装置

中子反射是一种测量薄膜结构的中子衍射技术，为定量研究纳米尺度上的分层体系中硅和锂之间的合金形成提供了一种无损分析方法。中子反射对散射长度密度(SLD) 随深度的微小变化很敏感，它非常适合用于监测硅电极和硅板中进入的锂的精确晶体取向。

在原位中子反射（NR）测量中，波长为 λ 的准直中子束以一定角度入射到硅电极和液体电解质的平面界面上。对于应用的镜面反射条件，入射角 θ 等于出射角。动量转移：

$$Q_z = 4\pi\sin\theta/\lambda \tag{9-2}$$

动量转移在入射（主）和出射（反射）光束之间，垂直于界面。反射光和主光束强度的比值 $R = I_r/I_0$ 定义了界面的反射率，并记录为 Q_z 的函数。对于足够大的角度，它与穿过界面的散射长度密度分布相联系：

$$R(Q_z) = R_F(Q_z) \left| \frac{1}{SLD_\infty} \int \frac{dSLD(z)}{dz} \exp(i Q_z) dz \right| \tag{9-3}$$

式中，R_F 是理想界面的菲涅耳反射率，它按 Q_z^{-4} 缩放；SLD_∞ 是整体电解质溶液的 SLD。$SLD = \sum ib_i/V$ 由材料的原子组成定义，其中 b_i 是组分 i 的中子散射长度，V 是分子体积。对于不同 SLD 的分层系统，相应的反射率曲线偏离简单的 Q_z^{-4} 衰变，并显示出明显的条纹（Kiessig 振荡）。这些振荡的振幅是各个层的 SLD 差的函数，振荡的间隔 ΔQ_z 是厚度 d 的直接测量值，其中

$$d = 2\pi/\Delta Q_z \tag{9-4}$$

在 Motofit 软件包中使用 Parratt 的递归公式对所有降低的反射率数据进行分析，得到 $R(Q_z)$ 和 SLD 的关系。

锂化电极由 Si 和 Li 组成，锂的相对分数 x 为

$$SLD=\frac{b_{Si}+xb_{Li}}{x\Delta V+V_{Si}} \tag{9-5}$$

当硅和锂的束缚相干中子散射长度为 $b_{Si}=4.51fm$ 和 $b_{Li}=-1.90fm$ 时，晶态硅（c-Si）中的硅原子体积 $V_{c\text{-}Si}=20.04Å^3$，非晶态硅（a-Si）中的硅原子体积 $V_{a\text{-}Si}=21.3Å^3$，并通过引入一个锂原子（$\Delta V=14.7Å^3$）增加硅晶格体积。对于非晶态 Li_xSi(a-Li_xSi) 中 x 的计算，重新排列公式后得到以下方程：

$$x=\frac{b_{Si}-SLD\times V_{Si}}{SLD\times\Delta V-b_{Li}} \tag{9-6}$$

需要指出的是，该公式仅适用于 Li_xSi 中 $x>0.5$ 时；对于 $x<0.5$，它只能用作近似值。通过对 SLD 数据应用多盒模型实现中子反射率数据 $R(Q_z)$ 的最佳拟合，可使连续的 SLD 数据易于分析。

实验采用的单晶硅［Sil'tronix ST，法国，n-掺杂(磷)］各项参数为：电阻率<0.005Ω·cm，取向为〈100〉，尺寸=50mm×50mm×10mm。单晶硅基底作为工作电极，因为高掺杂的晶体硅具有足够的导电性，所以在整个实验装置中不需要额外使用集流体。金属锂（Alfa-Aesar，99.9%）用作对电极和参比电极，电解液为 $1mol\cdot L^{-1}$ $LiClO_4$（Sigma-Aldrich，99.99%，电池级，干）溶液，溶剂为碳酸丙烯酯（Sigma-Aldrich，99.7%，无水）。在加入锂盐之前，用分子筛（Carl Roth，0.3nm）在氩气气氛下干燥溶剂 1 周。此外，在两个电极之间放置一个厚度为 20μm 的微孔聚乙烯隔膜（Bruckner-Maschinenbau，德国）。电池在充氩手套箱中组装（含水量 $<0.1\mu L\cdot L^{-1}$，氧含量 $<0.1\mu L\cdot L^{-1}$）并密封。

中子反射测量在 D17 反射计（Institute Laue-Langevin，法国）上使用飞行时间模式和 $\theta/2\theta$ 几何结构的多色光束条件下进行。原位静态测量在 $0.07\sim2.50nm^{-1}$ 的 Q_z 范围内进行，使用两角度设置，每次测量运行的总时间约为 2h。原位动态测量在 $0.07\sim0.63nm^{-1}$ 的 Q_z 范围内，使用单角度设置，每次测量的运行时间为 5min。中子的输入介质是硅电极，因此中子从硅/电解质界面反射。通过使用仪器的位置敏感区探测器填充氦气体进行中子计数，样品采用恒定照明，严格避免过度照明。原始数据用 Institut Laue-Langevin 提供的 COSMOS 软件作为 LAMP 软件包的一部分进行简化。

9.2.2 分析晶体硅的锂化

在这里提出了一个定量、时间分辨和准静态的研究方法，在相应的纳米尺度上，用原位中子反射法研究了晶体硅与锂的电化学合金化过程，因为需要对锂化和

脱锂的所有中间阶段进行精确的原位分析，所以需要选择一个非常低的电流密度，设为 $2\mu A \cdot cm^{-2}$。中子反射率曲线是与之相对应的被测样品的散射长度密度剖面的傅里叶图像，所以，循环过程中 c-Si 电极原位 NR 测量的实验结果可以得到在纳米尺度下工作电极内部锂的传输、分布和浓度的时间分辨信息。原位测试的主要目的是研究第一次嵌锂过程中，晶态硅转变为无定形 Li_xSi，以及在第一次脱锂过程中，无定形 Li_xSi 转变为无定形硅的精确动力学过程，并与第二次嵌锂过程相比较。反应开始时无定形硅与锂形成合金，一直到未反应的硅参与反应并进一步嵌锂。重点研究了锂化相和界面层的时空演化及其对合金形成动力学的影响。

在原始状态下，测量的 c-Si 电极的开路电位为 2.9V（vs. Li^+/Li），分别在 $+25\mu A$ 电流下放电 720min 和 $-25\mu A$ 电流下充电 85min（第一个周期）、$+25\mu A$ 电流下放电 720min 和 $-25\mu A$ 电流下充电 167min（第二个周期）进行嵌锂和脱锂。在嵌锂过程中，施加的电流导致电极电位从开路电位迅速下降到 0.13V，在测量结束之前，电极电位一直保持在 0.13V。随后外部施加电流反转完成脱锂过程。在实时进行的嵌锂和脱锂过程中，每 5min 记录一次 NR 图谱，其 Q_z 范围为 0.07～$0.63nm^{-1}$。图 9-4 显示了测量的反射率曲线的代表性图谱。由于中子束从具有较高 SLD 的晶体硅衬底撞击到电极/电解质界面上，因此在低 Q_z 值时观察到不完全外反射。经过嵌锂和脱锂后，停止施加电流以平衡系统。以不随时间变化的恒定电位来表示平衡，并将其作为记录中子反射率图的先决条件，Q_z 范围为 0.07～$2.50nm^{-1}$，每次运行总时间约为 2h。

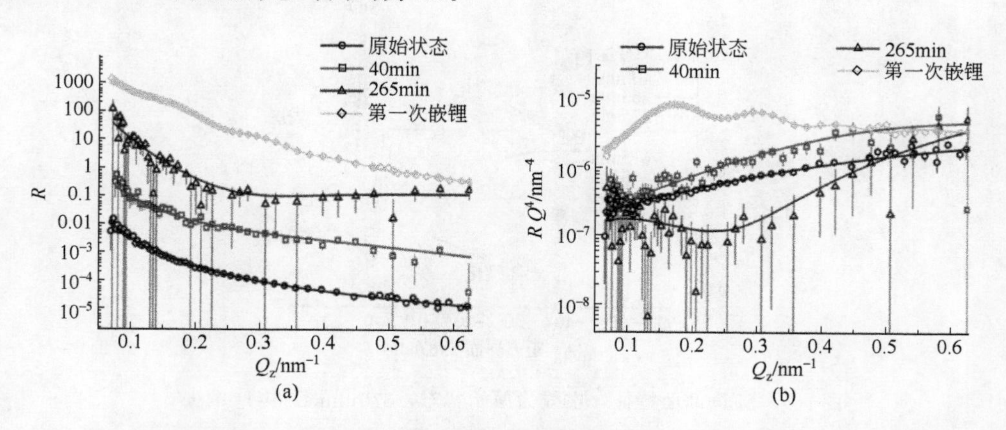

图 9-4　在原始状态、40min、265min 和第一次嵌锂后测量的中子反射率图[134]。为了获得更好的可视化效果，将曲线绘制为反射率 R（为了获得更好的视图，曲线被移动）随时间的变化曲线（a）和 RQ^4 随时间的变化曲线（b）

外部施加电流 $+25\mu A$ 和 $-25\mu A$ 将分别导致原始状态和嵌锂/脱锂后 NR 曲线的形状和强度发生变化。如图 9-4(a) 所示，第一次嵌锂过程末尾阶段的曲线显示出 Kiessig 振荡，频率 $\Delta Q_z = 0.121nm^{-1}$，相应地 d 约为 52nm。如图 9-4(b) 所示，原始状态和锂化 40min 后的曲线显示 RQ_z^4 随 Q_z 单调增加。265min 后，记录曲线显示 RQ_z^4 在 $Q_z=0.25\text{nm}^{-1}$ 之前呈下降趋势，之后呈上升趋势。根据 $Q_{z,n}=2\pi n/d$，以 n 为反射阶，分析了第一次和第二次嵌锂结束时 Kiessig 条纹的干涉图谱。线性回归的斜率得出了总厚度 d_{total1} 为 52.0nm±1.0nm，d_{total2} 为 87.0nm±1.2nm。

通过将拟合的盒子模型与实验得到的反射率曲线结合来分析数据得到 c-Si 电极的散射长度密度，$\text{SLD}_{\text{c-Si}}=2.07\times10^{-4}\text{nm}^{-2}$；原生 SiO_2 层，$\text{SLD}_{SiO_2}=3.47\times10^{-4}\text{nm}^{-2}$；电解液（El）即 1mol·L^{-1} $LiClO_4$ 的碳酸丙烯酯溶液，$\text{SLD}_{\text{El}}=1.66\times10^{-4}\text{nm}^{-2}$。因为基于工作电极、原生 SiO_2 层之间的界面和电解液所计算得到的理论反射率曲线与实验记录所得到的原始状态的图谱不一致，所以有必要在 SiO_2/电解质界面增加一个 2.0nm 厚、$\text{SLD}_{\text{SL}}=1.87\times10^{-4}\text{nm}^{-2}$ 的附加表面层（SL）来描述测量的反射率曲线（图 9-4 和图 9-5，深色虚线）。

（1）首圈嵌锂早期阶段

图 9-5 显示了选定的 SLD 剖面，图 9-6 显示了 SLD 剖面图与第一次嵌锂时的锂化时间和界面的距离的比较。在嵌锂开始时，可以看到四个区域（图 9-5，虚线），如图 9-6 所示：c-Si、与暴露在空气中的硅表面具有共同特征的 SiO_2、SL 和 El。表面层可能由硅氧化物和液体电解质之间的分解反应的产物组成。

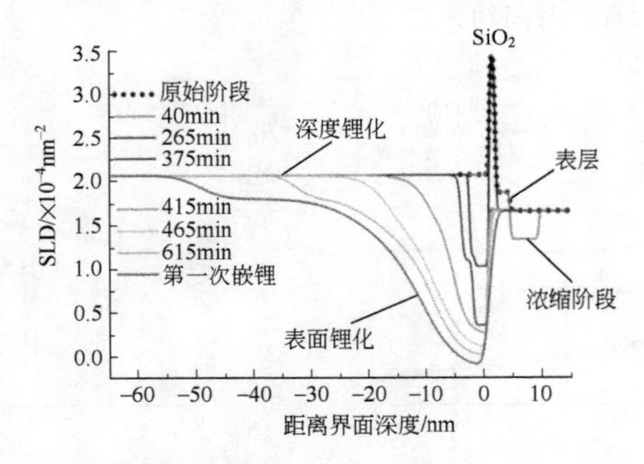

图 9-5 SLD 剖面特征，虚线为原始状态，375min 后 SiO_2 消失，SLD 进一步随时间下降[134]

在嵌锂的早期阶段，即硅电极发生深入嵌锂前（$t<390$min），在 c-Si/SiO_2/SL/El 界面发生了一些变化，如图 9-5 和图 9-6 所示。在嵌锂开始时，在电极的前表面 4.5～10.0nm 处形成了一个 SLD 为 $1.34\times10^{-4}\text{nm}^{-2}$ 的区域，该相的 SLD 低于 $\text{SLD}_{\text{c-Si}}$，也低于 SLD_{El}。显然，锂离子聚集在这个区域。相对于电解质，锂的最大富集量达到 13%。大约在 100min 后，这种富集相消失，而且这种现象只会在第一次锂化期间出现。在这之后不久，富集区减小，c-Si 电极的 $\text{SLD}_{\text{c-Si}}$ 在 0～

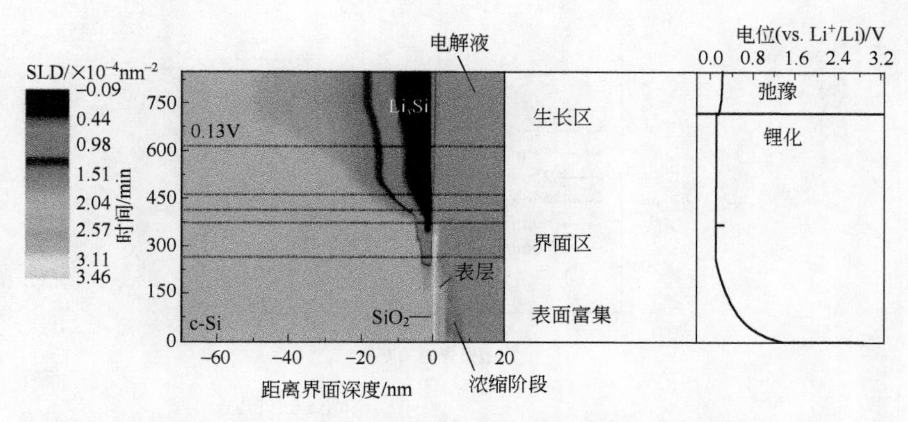

图 9-6　第一次嵌锂的 SLD 剖面，与时间和与界面的距离相关[134]

－3.0nm的范围内开始下降。235min 后 SLD_{SL} 下降，直到 SLD_{SL} 值降到与 SLD_{El} 的值相当（$1.6\times10^{-4}nm^{-2}$）；130min 后（$t=365min$），SiO_2 层消失。与此同时，c-Si 电极的深度嵌锂开始了。在嵌锂过程中原生二氧化硅层会溶解并转化为富锂层（Li_2O 或 Li_xSiO_y 的可能性最大）。新的富锂化合物（如 $SLD_{Li_2O}=0.8\times10^{-4}nm^{-2}$）的 SLD 可能接近 Li_xSi 发现的值，由于对比度匹配较低，用 NR 很难区分两个不同的层。

（2）首次嵌锂的最后阶段

在这个阶段主要形成两个不同 SLD 的区域，即 Si 电极内部一个较薄的表面区域，从 $z\sim0nm$（$-z$ 方向）最低 SLD 为$-0.08\times10^{-4}nm^{-2}$，和一个较大的生长区，在 26.0～58.0nm 之间的 $SLD_g=1.80\times10^{-4}nm^{-2}$。第一次嵌锂结束时，生长区厚度为 32nm，表面区厚度为 18nm。所以很明显，嵌锂过程必须细分为两个不同的部分：①电极表面区域的强锂化；②靠近 c-Si 生长区域的弱锂化。表面区域的最大锂浓度在距离电极/电解液界面 0～3.0nm 处，在最低 SLD 处，$x_{s,max}$ 大约为 2.5［式(9-4) 和式(9-5)］。在 a-Li_xSi 中，深锂化区锂含量 x 约为 0.1。在 $Li_{15}Si_4$ 生长之前，进一步的嵌锂作用并没有向颗粒内部进行，而是导致已形成锂区的锂含量升高。在锂化末期和电压＜0.07V 时，锂化相转化为晶态 $Li_{15}Si_4$，但实际上从来没有达到＜0.7V 的电压；NR 也没有发现形成晶态 $Li_{15}Si_4$ 的证据。

（3）首次脱锂

图 9-7(b) 显示了与图 9-6 类似的第一次脱锂的 SLD 剖面等高图，图 9-7(a) 显示了该过程的 SLD 特征剖面，其主要特征是 Li_xSi 相的厚度和锂浓度下降。在脱锂完成后，电极的表面区域仍有一定数量的锂。此外，在电极/电解液界面上形成了一层薄薄的但具有较高 SLD 的区域。如图 9-7(a)、(b) 所示，厚度和 SLD 一

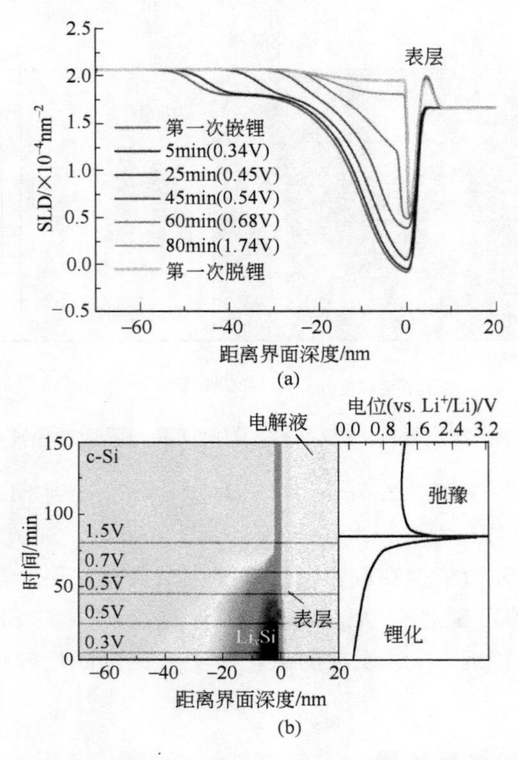

图 9-7　第一次脱锂过程中对应 NR 数据的 SLD 剖面[134]

直在变化，生长区的最终值为 19.0nm、$1.95\times10^{-4}\,nm^{-2}$，表面区的最终值为 3.0nm 和 $0.56\times10^{-4}\,nm^{-2}$。$Li_xSi$ 中锂的残留量 x 约为 1.1。原嵌锂区厚度为 d_{delith}，总厚度比嵌锂区厚度（d_{lith}，总厚度为 50nm）小 20nm，其 SLD 等于非晶硅的 SLD[$SLD_{g,delith}=SLD_{a\text{-}Si}=1.95\times10^{-4}\,nm^{-2}$，或者是 $Li_xSi(x\approx0.05)$]。这一发现与其他可参考文献中关于在首次嵌锂/脱锂循环后 c-Si 不可逆转化为 a-Si 的表述相一致。45min 后电极/电解液界面形成单薄层，SLD_{SL} 为 $1.99\times10^{-4}\,nm^{-2}$，厚度为 3.6nm。可以认为电极和电解液之间的分解反应导致了这种新的表面层的形成。

（4）第二次循环

图 9-8 显示了第二次嵌锂和脱锂的结果。在第二次嵌锂过程中，在电解质/电极界面处看不到上文提到的锂富集带，第一次脱锂过程中形成的表面层在经过约 400min 的嵌锂后分解。一般而言，第二次嵌锂和脱锂作用遵循第一次循环的路径。同样，生长区域和面区域在锂化过程中形成（$d_{g,2}$，约 76.0nm，$SLD_{g,2}=1.80\times10^{-4}\,nm^{-2}$；$d_{s,2}$，约为 18.0nm，$SLD_{s,min,2}=0.08\times10^{-4}\,nm^{-2}$）。在 Li_xSi 中，表面区域 x 约为 2.4，与第一次锂化的值（x 约为 2.5）以及生长区域的锂含量

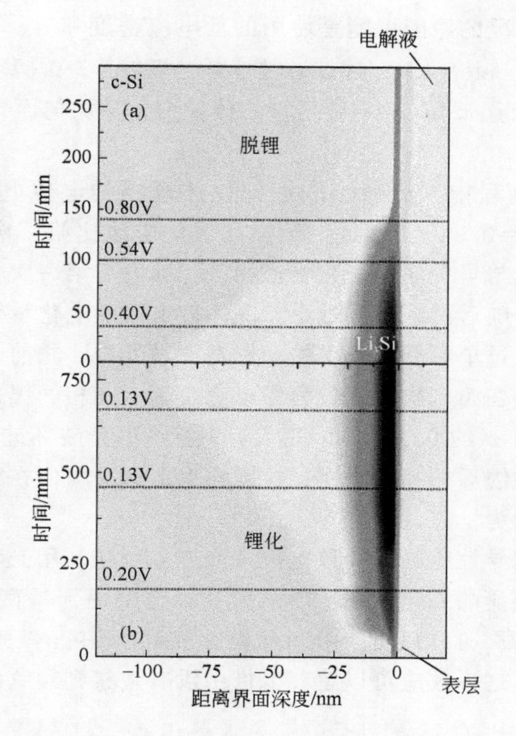

图 9-8　第二次循环的 SLD 剖面图[134]

(Li_xSi 中 x 约为 0.1) 相似。脱锂后 Li_xSi 中 Li 的残留量 x 约为 1.1，表面层厚度为 5.4nm，SLD_{SL} 为 $1.99\times10^{-4}nm^{-2}$。

实验证明锂浓度随穿透深度和时间的变化而变化。所有循环过程中的表面区域宽度和 SLD 都是基本相同的，因此与循环数无关。从第一次嵌锂到第二次嵌锂，生长区域的宽度从 32.0nm 增加到 76.0nm，而 SLD 保持不变。这些结果表明，在硅电极中，强嵌锂作用仅局限于表面区域，而高纯度 Li_xSi 相 (x 约为 2.5) 的进一步生长则会受到阻碍。当深度超过 18.0nm 时，少量锂以低浓度 Li_xSi 相 (x 约为 0.1) 的形式进一步渗透进电极深处。此外，c-Si 和 a-Li_xSi (x 约为 0.1) 界面的内部粗糙度在 z 方向上传播超过 10nm (图 9-5 和图 9-7)，而通过透射电子显微镜 (TEM) 可以证明 c-Si/a-Li_xSi 相边界厚度为 1nm。随着 Li_xSi 相 (x 约为 2.5) 的形成而产生的巨大体积变化所引起的内应力，可能是在嵌锂过程中产生两个不同锂浓度区域以及 c-Si/a-Li_xSi 界面过渡区增大的主要原因。此外，在实验中用于检测嵌锂和脱锂的所有中间阶段的电流密度非常低，只有 $2\mu A\cdot cm^{-2}$，与电流密度高得多的相关 TEM 测量结果 (例如 $54\mu A\cdot cm^{-2}$) 相比，反应条件和动力学有所不同。这些发现证实了早先研究所得到的结论，即源自嵌锂过程的内应力能够降低嵌锂的驱动力，甚至能达到将其减缓到结束的程度。与之前的研究报道相比，在 $<0.5V$ 的电势下，没有检测到 c-$Li_{15}Si_4$ 结晶相的成分，因为这样低的电势比较

难达到。造成这种情况的原因可能是使用的低电流密度和 $d_{electrode}=1cm$ 处厚度过高。Li 等人[135] 和 Iaboni 等人[136] 建议通过控制电极电势>0.5V，从而避免 $c\text{-}Li_{15}Si_4$ 的形成，防止 $c\text{-}Li_{15}Si_4/a\text{-}Li_xSi$ 共存区域的体积变化不均匀而导致容量衰减和电极损伤。

在第二次锂化过程中，从表层嵌锂到块体嵌锂的电位电势高于第一次锂化（$\varphi_{bt1}=0.13V$，$\varphi_{bt2}=0.3V$）。因此，第二次锂化应该比第一次发生得更快、更容易。这一观察结果也与早先前的研究报道相符，即由于第一次脱锂后晶体硅转变为非晶态硅，在首次和随后的循环过程中，晶体硅电极的电化学行为会有所不同。因此，第二次嵌锂是通过单相反应发生的。但在此过程中，之前未形成锂的物质也能被锂渗透，所以才会在第二次嵌锂过程中也观察到了两相的锂化行为。在嵌锂后的生长区域发现少量的 x 约 0.1 的 Li_xSi，有可能并不会破坏硅的晶体结构。因此，生长区域可能是由脱锂后的晶硅组成，这同样也能解释为何在第二次嵌锂过程中也发生了两相的锂化行为。

体积膨胀和各向异性膨胀会导致电极表面产生裂纹。用光学显微镜对电极进行非原位检查，未见明显的恶化。在早前的研究报道中提到垂直于（100）面的体积膨胀小于（110）面或（111）面。由于低锂化相和 $12.9cm^2$ 的大电极面积导致电极内部的应力松弛，这一效应可以解释电极中没有观察到裂纹的原因。

9.2.3 观察 SEI 顶部的锂枝晶层及其粗糙度

硅电极表面层的形成也是值得研究的重点。在第二次脱锂过程中，约 35min 后该层开始形成，并持续增长，最终厚度约为 5.4nm，SLD_{SL} 为 $1.99\times10^{-4}nm^{-2}$。在充放电循环中，当嵌锂到电池电压小于 0.30V 时表层会完全消失，在脱锂到电压大于 0.39V 时，表面层会重新出现。两次脱锂步骤完成后表面层的 SLD 值相同，第二次脱锂后表面层的厚度为 3.6nm，第三次脱锂后为 5.4nm。初步确定这一层为固态电解质界面膜（SEI），此层的厚度在嵌锂过程中增加，在脱锂过程中变薄。

另外，如图 9-9(a) 所示，有关定量评估脱嵌锂的动力学，在嵌锂和脱锂过程中，整个 Li_xSi 层厚度 d_{s+g} 随时间呈线性增长，表明这是一个反应控制的生长过程，其中逆反应的特点是具有较高的速率常数。锂原子穿过表面，迅速扩散并穿过已经嵌锂的区域，首先与 c-Si 反应形成 $a\text{-}Li_xSi$。由于后一个过程较慢，该反应控制过程是限速步骤，嵌锂和脱锂过程 d_{s+g} 的增长率几乎相同，首次嵌锂为 $2.1\times10^{-12}m\cdot s^{-1}$，第二嵌锂为 $1.8\times10^{-12}m\cdot s^{-1}$，以及首次脱锂为 $-7.1\times10^{-12}m\cdot s^{-1}$，第二脱锂为 $-7.1\times10^{-12}m\cdot s^{-1}$，如图 9-9 所示。在第一个和第二个周期中，使用的电流密度为 $2\mu A\cdot cm^{-2}$。此外，块体 c-Si 和硅纳米颗粒的锂化动力学可能会有所不同。如上所述，嵌锂过程中体积膨胀引起的内应力会阻碍或减缓块体 c-Si 电极的锂化。110nm 大小的纳米线比平面板更容易适应应力。图 9-9(b) 显示了循环过程中表面区域的锂含量变化。经过一段时间的诱导，$t_{\text{first lith}}$ 和 $t_{\text{second lith}}$ 分别为 110min 和 20min，锂含量变换呈非线性增长。在弛豫时间可以看到平台。在 80min 后，观察到第二次嵌锂过程出现了另一个平台，此时锂含量似乎处于停滞状态，但 Li_xSi 层的厚度仍在增加 [图 9-9(a)]。在 195min 之后（t 约为 275min）出现第二次上升，锂含量在 t 约为 450min 出现第二次平台，在嵌锂和弛豫结束时达到最终值的 x 约为 2.4。锂含量停滞不前的一种可能原因是锂克服了能垒进入了不能嵌锂电极材料中。在脱锂过程中，锂含量呈线性下降，直到 Li_xSi 的 x 值为 1.1。

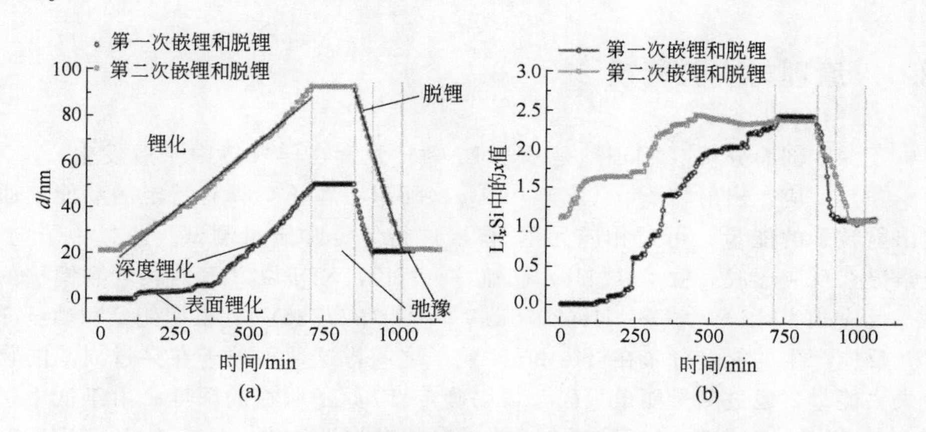

图 9-9 脱嵌锂过程中动力学表征[134]

(a) 第一次嵌锂和脱锂与第二次嵌锂和脱锂过程中锂硅全层厚度 d_{s+g} 随时间的变化，通过不同的锂电极斜率动力学，可以显示出表面和深层的嵌锂；(b) 锂硅中锂含量 x 在第一次嵌锂和第二次嵌锂表面区的变化。从 10 个 SLD 值的平均值计算出 5%的理论误差

用原位中子反射法定量研究晶体硅的锂化作用，对测量数据的分析得到了 c-Si 电极中锂离子浓度随时间变化的精确曲线。可以总结为以下结论：

① 首次嵌锂经历了两个阶段：在电极表面发生不同反应的早期阶段和块体c-Si 电极深度锂化的最终阶段。

② 在电极/电解液界面上发生如下反应：a. 在不施加任何电流的情况下，氧化硅和液体电解液之间的分解产物形成了表面层；b. 锂富集区的形成和耗尽；c. 首次锂化早期阶段，原生二氧化硅和表面层会分解；d. 在脱锂过程中固体电解质界面的形成。

③ 嵌锂带可细分为两个不同的部分：a. 电极表皮区域的强锂化，Li_xSi 中 x 为 2.5；b. 靠近 c-Si 生长区域的弱锂化，Li_xSi 中 x 为 0.1。

④ 在完全脱锂后，在电极表面区域仍然存在明确数量的锂，Li_xSi 中 x 为 1.1。

⑤ 当电流密度为 $2\mu A \cdot cm^{-2}$ 时，硅的第一次嵌锂和第二次嵌锂速度为

$2\times10^{-12}m\cdot s^{-1}$，第一次脱锂和第二次脱锂速度为 $7\times10^{-12}m\cdot s^{-1}$。

⑥ 高度锂化的表层厚度以及组成与循环次数无关。尽管其组成与循环数无关，但是生长区域的厚度从第一次嵌锂到第二次嵌锂会逐渐增大。

因此，原位中子反射测试技术研究表明，如果嵌锂区域限制在约 20nm，那么取向为＜100＞的结晶硅板完全可以很好地用作电池的负极材料。

9.3 原位中子深度剖面

9.3.1 原理与实验装置

中子深度剖面分析（NDP）是基于 Li 等轻元素在俘获热中子后发生（n，p）或（n，α）反应，出射粒子 p（质子）或 α（阿尔法粒子）具有特定的动能，通过测定出射粒子的能量，可对相应元素/核素进行鉴定和定量测试。通过中子与 ^{6}Li 同位素俘获反应形成 α 粒子（^{4}He）和氚核（^{3}H），NDP 提供了直接看到锂核的可能性，反应式为 $^{6}Li+n\longrightarrow{}^{4}He(2055keV)+{}^{3}H(2727keV)$。根据能量和动量守恒定律，反应产生的能量分布在 ^{4}He 和 ^{3}H 粒子之间，这两种粒子在穿过周围的物质时会失去能量，通过测量能量损失，可以确定 ^{6}Li 原子所在的深度。由于低中子通量不会显著影响锂浓度，使得 NDP 成为一种无破坏性技术，重建 Li 原子密度剖面作为深度的函数成了可能。

原位 NDP 实验中，所设计的 NDP 电池放置在真空室内，暴露于磷酸铁锂（$LiFePO_4$）电极侧的热中子束中，入射热中子与 ^{6}Li 离子的俘获反应分别形成了 2055keV 的 α 粒子（^{4}He）和 2727keV 的氚核（^{3}H）。由于电极和集流体中的 ^{4}He 阻止功率较大、初始动能较低，^{4}He 粒子无法穿透集流体并无法被检测到。因此，NDP 实验结果是基于 ^{3}H 光谱的。

9.3.2 观测非平衡条件下锂离子在电极中的分布状况

原位 NDP 实验中的深度校准光谱表明，铝集流体的厚度约为 10μm，实验中特定的 $LiFePO_4$ 电极厚度约为 12μm，对于锂离子电池的电极来说是比较薄的，但对于 NDP 实验来说，它有优势，可探测完整的电极。^{3}H 粒子的动能限制了通过电池几何结构的逃逸深度（约为 40μm），因而，来自锂金属负极和大部分电解质/隔膜的 ^{3}H 无法到达探测器。

用 NDP 测量的校准 Li 密度表明电极是均匀的，其密度（$2g\cdot cm^{-3}$）与通过电极负载和厚度测量的密度一致。$LiFePO_4$ 活性材料中的锂浓度（$22.8mol\cdot L^{-1}$）

比正极孔上电解液中的锂浓度（1.0mol·L^{-1}）要大得多。对于目前的电极涂层（密度为2.0g·cm^{-3}，34%多孔），几乎98%的信号都是由活性材料 $LiFePO_4$ 中的锂引起的，因而，NDP 实验中的锂离子深度分布仅与活性物质中的锂离子有关，所测得的锂浓度可以用活性材料中平均局部锂成分来表示。

在整个 C/50 充放电循环期间，锂离子浓度随深度和时间会在 $LiFePO_4$ 电极中实时发生相应的变化。从所有光谱中减去完全（C/50）荷电状态谱（$Li_{x=0}FePO_4$）以消除背景，并对完全放电状态（$Li_{x=1}FePO_4$）进行校正，可将 ^3H 计数转换为锂离子浓度，这有助于比较不同深度处的浓度。

在 C/50 充放电循环中，$LiFePO_4$ 电极中锂离子分布也会发生相应的变化。在充电过程中，整个电极的锂离子浓度降低，而在放电过程中，锂离子浓度再次升高，说明 $LiFePO_4$ 中所有锂离子的反应是可逆反应。充放电过程中锂离子浓度曲线之间没有明显的差异，证明了在缓慢充放电过程中锂离子的耗尽和插入是均匀的。利用相场模型结合多孔扩散理论，Ferguson 等人[137]在假设没有粒径分布的情况下，预测了低速率（C/30）下，锂离子在电极材料中的分布有一个明显的梯度，而当引入粒径分布时，锂离子浓度显示出均匀分布。

为了详细研究粒径对电极中锂离子分布的影响，Zhang 等人[138]制备了两种双层电极结构，一种是在集流体侧，由约 5mm 厚的 $LiFePO_4$ 颗粒（粒径为 70nm±11nm）层组成的结构；另一种是在电解液侧，约 5μm 厚的颗粒（粒径为 140nm±56nm）层。已知粒径会影响晶体的平衡电位，$LiFePO_4$ 晶体越小，平衡电位越大。此外，据预测，由于表面润湿，在较小的 $LiFePO_4$ 晶体中成核势垒会降低。因此，根据充（放）电实验的时间尺度，可能会出现两种不同的情况：①在足够长的时间内，锂离子的嵌入和脱出可能遵循热力学定律，在这种情况下，较大的粒子（140nm）在充电过程中锂离子脱出（其较低的平衡锂离子储存电位导致 $FePO_4$ 相优先成核），并在放电过程中锂离子插入；②相反，如果成核动力学相对于其他动力学过程（电荷转移、离子和电子传导）来说占主导地位，那么 $FePO_4$ 相将基于其较低的预测成核能量在较小的粒子（70nm）中优先成核。

原位 NDP 表明，在 C/10 充电过程中，较小的颗粒（70nm）先发生脱锂，与其几何结构无关，且在充电过程中遵循非平衡路径，表明较小的 $LiFePO_4$ 粒子的相变成核能量比较大粒子的低；而在放电过程中，较小的颗粒也首先发生反应，在这种情况下，热力学（基于锂离子电位的差异）和动力学（基于成核能量的差异）是一致的，考虑到在充电时成核能量较低的较小粒子占主导地位，其放电过程很可能也是如此。事实表明，颗粒大小决定了电极中锂离子的分布状况，因而，通过电极的电子和离子传导对锂离子的分布不起主导作用（主要与观察到的锂离子梯度无关）。

为了研究 C/10 及以上电荷传输机制，Zhang 等[138]在均匀电极上使用平均粒径为 140nm±56nm 的 $LiFePO_4$ 进行了实验，与在 C/50 下观察到的相反，C/10 下的浓度分布显示出一个很小但分辨率很好的锂离子梯度。比较充放电状态可以看出，位于集流体附近的部分电极似乎更具反应活性。在充电过程中，锂离子首先在集电极侧附近耗尽，在放电过程中，锂离子首先在集电极侧附近插入，电极的锂离子梯度表明电极中电荷传输过程受到充放电倍率的限制。如果电解液活性材料界面（位于电极孔中）的电荷转移或活性材料中的相成核/转变动力学是受倍率限制的，那么在观察到的电极深度下，较低倍率不应出现锂离子梯度。

由于集流体附近的部分电极更具反应活性，因此在C/10处观察到的锂离子梯度必须来自整个电极的电子电导率。显然，含有10%炭黑和$LiFePO_4$颗粒的碳涂层提供的电子线路控制着电池的内阻。为了研究这一发现，在含有50%炭黑的$LiFePO_4$电极上重复了相同的C/10充放电实验，目的是改善整个电极的电子线路，其中由于活性材料的减少降低了锂的存在量，从而降低了检测到的^3H强度，充放电之间的微小差异以及没有明显的梯度表明，炭黑含量的增加改善了电极的电子导电性，提高了原位NDP中观察到的锂离子梯度。一般来说，通过电极/电解液基质的锂离子扩散限制将成为限制整体电荷传输的关键环节，并且不考虑电子电阻。研究结果表明，即使在碳包覆$LiFePO_4$和10%炭黑混合的情况下，电子传导也可以控制多孔电极的电荷传输，这是电极动力学建模中需要考虑的一个重要因素。

原位NDP装置的时间分辨率受到中子通量的限制，在目前的装置中，中子通量大约为5min，因此将原位NDP限制在大约1C的循环速率，在非原位条件下测量了较高速率下的浓度梯度。为了减少电极内粒子间离子和电子交换引起的弛豫效应，在充电至所需状态后2min内拆卸电池并用DMC（碳酸二甲酯）清洗电极。

以1C速率充电30min后，标准化锂离子浓度可由原位NDP图谱分析得到，集流体侧的锂离子优先耗尽，导致浓度与电解液侧相比约有30%的差异，结果表明即使在1C下，贯穿多孔电极基体的电子传导也限制了整体电荷转移。然而，将充电倍率增加到5C和20C时，情况完全发生改变，在5C时，没有观察到锂离子梯度，而在20C时，梯度则相反，表明锂离子消耗主要发生在电解液侧，在高速倍率（20C）条件下充电，梯度是由锂离子在整个电极基体中的传输限制所引起的，锂离子在电极孔中通过电解液的传输，控制着电池的内阻。尽管目前还不能直接观察到锂离子梯度，但人们早就认识到，在许多情况下，通过电解质和多孔电极结构的离子传输是限速的。

电荷传输机制受倍率限制而发生转变，使其发生转变的倍率取决于电极形态（即厚度、孔隙率和弯曲度）、占比（即活性材料质量分数、导电添加剂质量分数等）、电解液（浓度和电导率）和电极材料的性质。通常，离子和电子导电性会极大地受到电极基质的孔隙率的影响，通常用于电极制备的最佳孔隙率为35%。

在恒电流实验中，其中过电位是在电压平台开始时选择的。利用NDP可以区分三个不同的电荷率区，它们与锂离子浓度分布中直接观察到的不同的限速电荷输运机制有关。在低倍率下（C/50～C/10），由颗粒大小决定的两相成核控制电荷输运，相比较大的 $LiFePO_4$ 颗粒，较小的颗粒具有较低的成核势垒。这表明成核势垒控制了充放电的电阻，这与零电流密度下的超电势非零值外推是一致的，这与观察到的电荷集流体附近的损耗一致，表明在循环倍率为 C/10 和 1C 时电子传导受限。最后，将充电速率增加到高于 5C 时，会导致过电位反射扩散限制条件的较大增加。

利用新的原位 NDP 测量，结果表明锂离子电池电极中的限速电荷输运现象不仅与电极形貌和构型有关，而且还与充（放）电倍率有关。这意味着，根据所使用的电荷，应选择不同的路径来降低内阻，从而提高锂离子电池的倍率容量和整体效率。因此，在实际操作条件下，对锂离子电池电极的电荷输运机理进行现场中子深度测量，是提高锂离子电池性能的前提。

9.4 原位中子散射

9.4.1 原理与实验

中子散射源于入射辐射与样品内部结构（例如分子组装体或纳米颗粒）之间的相互作用。通常情况下，散射强度 $I(Q)$ 是散射矢量 Q 的函数，该矢量与入射辐射的波长 λ 和散射角 θ 有关，$Q=4\pi\sin\theta/\lambda$，因此，Q 的单位为长度倒数，通常以 nm^{-1} 或 $Å^{-1}$ 表示。测量的 $I(Q)$ 包括相干弹性散射和非相干弹性散射，相干散射提供了散射结构的有用信息，非相干散射强度与 Q 无关，表现为平坦背景噪声。$I(Q)$ 可以用如下公式表达：

$$I(Q)=K\Delta\rho^2 P(Q)\times S(Q) \tag{9-7}$$

式中，K 为比例系数；$\Delta\rho^2$ 为对比系数；$P(Q)$ 为颗粒的形状因子；$S(Q)$ 为结构因子。形状因子 $P(Q)$ 可以看作是散射粒子形状的函数，结构因子 $S(Q)$ 描述了粒子在空间中的分布和粒子间的相互作用，对比系数 $\Delta\rho^2$ 是散射长度密度为 ρ 的模拟粒子与平均散射长度密度 $\overline{p}$ 的周围环境之间的散射对比度，实验过程中粒子体积基本上是恒定的，常数 K 可以确定。

散射强度的大小是散射长度密度（SLD）的函数，对比系数 $\Delta\rho^2$ 源于散射溶质和溶剂介质之间的散射长度密度的差异，$\Delta\rho^2$ 可以用如下公式表达：

$$\Delta\rho^2=(SLD_A-SLD_B)^2 \tag{9-8}$$

散射长度密度值是原子成分散射长度除以所占体积的总和。如果密度已知，则可以根据材料的经验公式计算对比系数 $\Delta\rho^2$。

在典型的散射实验中，这种对比通常是在介质（SLD_A）和分散在这种介质中的粒子（SLD_B）之间，也可以看作是来自粒子表面或两个系统之间界面的散射。SLD是原子组成的函数，可以根据表中相应原子核的中子散射比长度和粒子的原子序数密度来计算。对于给定分子 A_iB_j，则SLD为：

$$SLD=(ib_AN_A+jb_BN_A)/(M_{A_iB_j}\rho) \tag{9-9}$$

式中，b_A、b_B是原子核A、B的散射长度（通常以 fermi$=10^{-13}$cm 为单位）；M 是分子 A_iB_j 的摩尔质量，$g \cdot mol^{-1}$；N_A是阿伏伽德罗常数；ρ 是密度，$g \cdot cm^{-3}$。

在原位中子散射实验中，首先需要制备样品电池。使用粒径仪（LA950，Retsch-Horiba）用激光散射法表征活性物质粉末粒径分布。对于电池正极，将商用NMC、$LiNi_{0.33}Mn_{0.33}Co_{0.33}O_2$ 正极材料、PVDF黏合剂（聚偏二氟乙烯）和炭黑（C65）导电添加剂，按固体质量比为96∶2∶2，制备NMP基（N-甲基-2-吡咯烷酮）浆料，用刮刀在薄铝箔（18μm）上涂上浆料。负极浆料由标准人造石墨（SGL Carbon GmbH）和聚偏氟乙烯（PVDF）组成，固体质量比为95∶5，涂在一层薄的铜集流体箔（约12μm）上。在充氩手套箱中（含水量$<2\mu L \cdot L^{-1}$）组装电池之前，先将电极在真空下干燥箱中烘干，然后将电池组装成一个袋式电池，单层正极和负极电极由两层Celgard C2325隔膜隔开，电池（由尼龙、铝和聚丙烯多层膜组成）封袋前，添加300μL $1mol \cdot L^{-1}$ $LiPF_6$在EC∶EMC(3∶7）中，作为电解液，真空室密封装置的密封压力为5×10^{-3}MPa。

将SANS-1仪器设置为中等分辨率配置［CL(光束准直长度)＝8m，SDD(样品检测器距离)＝8m，$\lambda=6$Å］。此设置允许的 Q 矢量范围可以分辨10～50nm的粒子散射，然后在充电过程中以10min的时间间隔不断收集散射数据。在充放电过程中，一个标准的Biologic VSP型恒电位仪连接到电池上。

在第一次原位测量过程中，电池电压充至4.2V后按恒流（C/3）放电，直到切断电流（C/25）。在保持电池开路150min后，电池以恒定电流放电至3V(C/3)。在第二次原位实验中，电池首先充电，然后以与C/3相同的方式放电，散射数据仅在放电期间收集，用于与我们的第一次散射测量进行比较。

9.4.2 研究电极材料电化学反应过程中相和体积的变化

在对单电池组分进行表征后，Seidlmayer 等人[139]进行了动态操作充放电实验。Seidlmayer 等人[139]使用SANS仪器的所有三种分辨率设置，在充电前（称为SOC0)、充满电的状态下（称为SOC100）对电池进行了静态测量。为了更清楚地分析这些变化，我们将横截面 $d\Sigma/d\Omega$ 转换为积分强度 $A(Q)$（独立于粒子的结构和形状），$A(Q)$ 可用如下公式表达：

$$A(Q)=\int_{q_{min}}^{q_{max}} d\Sigma/d\Omega(Q) \tag{9-10}$$

在探究积分强度 $A(Q)$ 与容量的关系时，充电过程可以观察到中子散射强度持续下降，直到放电至约 5mA·h 后达到第一个平台，与充电曲线中电压平台的起点约 3.7V 相吻合。积分强度从最初的 $6.48\times10^{10}nm^{-2}$ 下降到了 $6.23\times10^{10}nm^{-2}$，对应于初始值下降了约 4%。3.85V 的电压平台对应于电池充电的第二个步骤，积分强度从 $6.23\times10^{10}nm^{-2}$ 进一步降低到 $5.91\times10^{10}nm^{-2}$，直至充电过程结束，对应于初始值下降了约 5%。电池充电中的两个初始步骤，即锂嵌入石墨的两个初始锂化阶段，主要是由石墨负极的电位依赖性所引起的，Li_xC_6 在 $x\approx0.1$ 和 $x\approx0.2\sim0.5$ 附近有两个不同的电压平台。在石墨和 NMC 电极的半电池中，测量所得差分图（dV/dQ）中的峰值表示两相平台区域之间的阶梯式转变，代表着锂化过程中各相的结束和开始。对于石墨及对应的整个电池，dV/dQ 峰与 Li_xC_6 相的形成有一定的联系，dV/dQ 的三个峰分别是 LiC_{24}、LiC_{18} 和 LiC_{12} 形成的开始；而 dV/dQ 中的单峰意味着 LiC_6 的形成。中子散射虽不能区分前三个阶段，但其与积分强度的第一步有关，而 LiC_6 的出现明显与积分强度的第二步有关。充电后，电池在开路电压下保持 150min，然后开始放电时，初始积分强度比充电结束时的值高出约 2%（$6.03\times10^{10}nm^{-2}$），再过 10min（散射信号采集时间）后又上升 2%，达到 $6.16\times10^{10}nm^{-2}$，此后，逐渐增加，直到在约 5mA·h（或 $x\approx0.2$）时达到 $6.31\times10^{10}nm^{-2}$，在放电过程最后，积分强度上升得更快，最终达到 $6.41\times10^{10}nm^{-2}$，比充放电开始时的初始值低 1%。

在充电过程中，锂离子逐渐插入纯石墨颗粒中，开始发生插层反应，通过观察从放电的原始石墨 C 到半充电相 Li_xC_{12}（$x=0.5$）时对比系数的变化，可以发现负极的对比系数 $\Delta\rho^2$ 相对于初始值有所下降。相反，从 Li_1NMC（放电）到 $Li_{0.75}NMC$（部分充电）时，正极散射对比度相对于初始值增大。由于测量的散射是样品中所有散射系统的叠加，因而整个电池系统的振幅与所有成分的相对散射对比系数和系统中粒子数量的乘积成正比。从完全放电状态到半充电状态的负极（$\Delta\rho^2=-19\%$）和正极（$\Delta\rho^2=+11\%$）时，只要形状和结构因子保持大致不变（即系统中粒子的形状、大小和数量不变），散射强度的净减少量为 −8%，形状和结构因子几乎不变的假设似乎是有效的，否则将直接看到散射的离散变化。从半充电状态（LiC_{12}）到充电状态（LiC_6）时，进一步计算出净减少为 10%（阳极 $\Delta\rho^2=-34\%$，阴极 $\Delta\rho^2=+24\%$），而数据显示净减少为 5%，这可能是由于在放电过程中发生的锂化过程。由于中子散射数据代表了正极和负极散射数据的叠加，所以必须考虑石墨对比度因子的变化。对于石墨来说，情况更为复杂，因为有多个相，如 LiC_{12} 和 LiC_6。

实验的散射数据表明，锂离子从石墨颗粒外部周界的第一个表面层逐渐扩散到粒子中心，动态电池模型显示了锂离子在充放电过程中沿石墨颗粒径向的变化。在这种情况下，LiC_{12}/C 相边界和 LiC_6/LiC_{12} 相边界将从石墨颗粒的表面移动到中心，同样，由于散射实验仅对厚度约为 500nm 的表面层或相边界敏感，因而相关的散射将仅来自于电解质与表面层以及粒子内部的相边界。

可以将整个粒子的活性质量与厚度等于相干长度表面层中的活性质量进行比较。一个 500nm 厚的表面层约占总活性物质质量的 7%。而相对于总负极容量(27.6mA·h，与正极面积相反的)，直到第一个平台（约 5mA·h)约为 18%。与观察到的接近 18%的值相比，计算出的壳层中的活性质量值较低，可能是由于部分锂在粒子核中的扩散与存在，因而锂化相 LiC_{18} 或 LiC_{24} 已经存在于壳层之外，这决定了散射对比度。已经深入到粒子内部的锂几乎无法提供对比度，因此几乎看不见。当所有粒子都被锂化为 LiC_{12} 时，由于粒子表面的 LiC_{12} 开始转变为 LiC_{16}，所以散射强度预期会出现另一个线性下降。一旦粒子表面完全转变，散射强度应再次保持恒定，直至粒子完全转化为 LiC_{16}，因为 LiC_6 壳层和 LiC_{12} 核心之间的散射也只给出了很小的对比系数。

这是我们在原位实验中观察到的。综合强度与容量的放电曲线评估揭示了另一个特征。积分强度恢复到中间平台的速度更快，这比充电过程中持续的时间长得多。仅在放电结束前不久，观察到积分强度进一步增加。我们的解释是，正如 S. R. Sivakkumar 等人[140]之前所报道的那样，Li 从颗粒释放到电解液中的速度似乎比嵌入时 Li 扩散到颗粒中的速度快。这导致中间 LiC_{12} 表面的快速生成，产生中间散射贡献，反映在积分强度平台的扩展中间值中。内核中收缩的 LiC_6 与 LiC_{12} 外壳之间的对比度再次非常低。最后观察到原始石墨外壳与周围电解液的对比度。

9.5 原位中子照相/层析成像

9.5.1 原理与实验装置

中子成像的原理是基于穿过物质的中子束的衰减。衰减量主要取决于所研究材料的成分和密度。对于厚度均匀的样品，衰减遵循朗伯-比耳定律：

$$I=I_0 e^{-\mu\delta} \tag{9-11}$$

式中，I_0 和 I 分别为入射中子束和透射中子束的强度；μ 为衰减系数；δ 为沿中子束方向的样品厚度。衰减系数 μ 由下式得出：

$$\mu=\sigma\rho N_A/M \tag{9-12}$$

式中，σ 为材料的中子总截面系数；ρ 为材料的密度；N_A 为阿伏伽德罗常数；M 为材料的摩尔质量。中子总截面系数 σ 的值与具体元素有关。

对于多组分组成的样品，总中子衰减系数是由每个组分的物质的量浓度加权而引起的衰变的总和。在实验中，一个像素点的总测量强度 $I(t)$ 可以用指数形式表示为两个分量的总和，一个是常数，另一个为时间的函数：

$$I(t)=I_0\exp[-\sigma_{\mathrm{Li}}c_{\mathrm{Li}}(t)N_{\mathrm{A}}\delta]-\sum_{i,i\neq \mathrm{Li}}\sigma_i c_i(t)N_{\mathrm{A}}\delta \tag{9-13}$$

式中，$I(t)$ 是中子束在 t 时刻衰减后的强度；c 是物质的量浓度；σ 是材料的中子截面系数。

通常为了校正背景噪声、光束不均匀性、探测器波动，并消除来自电池其他组件的信号，需将所采集的电池原始图像由 $t=0$ 时刻的图像和暗场图像进行归一化。标准化表达式为：

$$I=f_{\mathrm{r}}\frac{I(\text{Sample image})-I(\text{Dark Field})}{I(t=t_0)-I(\text{Dark Field})} \tag{9-14}$$

式中，f_{r}是校正光束起伏的比例因子，基于样本图像中选定的有光束区域与$t=0$图像中相同区域的平均强度值之间的差异。归一化后，除了锂离子的衰减外，所有信号都被从射线照片中去除，此时该位置经过的时间 t 内的 Li^+ 浓度遵循式(9-15)：

$$I(t)/I(t_0)=I_0\exp\{\sigma_{\mathrm{Li}}N_{\mathrm{A}}\delta[c_{\mathrm{Li}}(t)-c_{\mathrm{Li}}(t_0)]\} \tag{9-15}$$

实验一般采用袋式电池作为测试器件，平面袋式结构在中子照相中具有独特的优势。由于光轴平行于隔膜的平面，因此在第一次放电前通过测量每个电极的透射比，即可识别阳极和阴极。碳电极相对于中子束是透明的，而锂金属对中子束有很强的衰减作用。此外，还可以观察到锂离子在充放电过程中在正负极间的迁移。

中子成像实验中准直入射中子束进入尽可能靠近中子敏感探测器的袋式电池以记录中子传输数据的变化。中子束穿过电池，到达探测器时衰减，在探测器平面上产生电池的二维投影。可以通过调整沿束流路径电极的宽度 δ 来优化光束传输。测试中电极宽度 δ 约为 2.5cm。对于射线照相测量，可将袋式电池夹在两个硅盘之间，并用钢夹使其固定在探测器前面样品台上，以便中子束路径沿着平行于电极和隔膜平面穿过电池。

在袋式电池组装过程中，电池的阴极（石墨）和阳极（锂金属）由隔膜隔开，随后用袋膜封装。电解液一般使用氘化电解液以减少电解液中氢原子的强非相干散射。分别用铜（Cu）片和镍（Ni）片作为阴极和阳极的极耳并连接到外部电路，在 0.001～2.0V 之间进行充放电测试。外部电路以及仪器平台搭建好后，同时开始充放电测试和中子射线照片的获取，以建立充放电状态与图像之间的精确关系。

9.5.2 原位中子照相/层析成像技术的应用

Zhou 等人[141]利用中子成像在空间上对比观察了石墨电极在充放电过程中不同阶段的锂化状态。图 9-10(a) 为电池第一次放电电压与时间的关系曲线，并显示了相应的容量。图 9-10(b) 为 8 张在不同放电程度下所拍摄的等间隔时间的归一化透射线光片。从数据图中可以发现，伴随着放电过程的进行，嵌入石墨负极中的

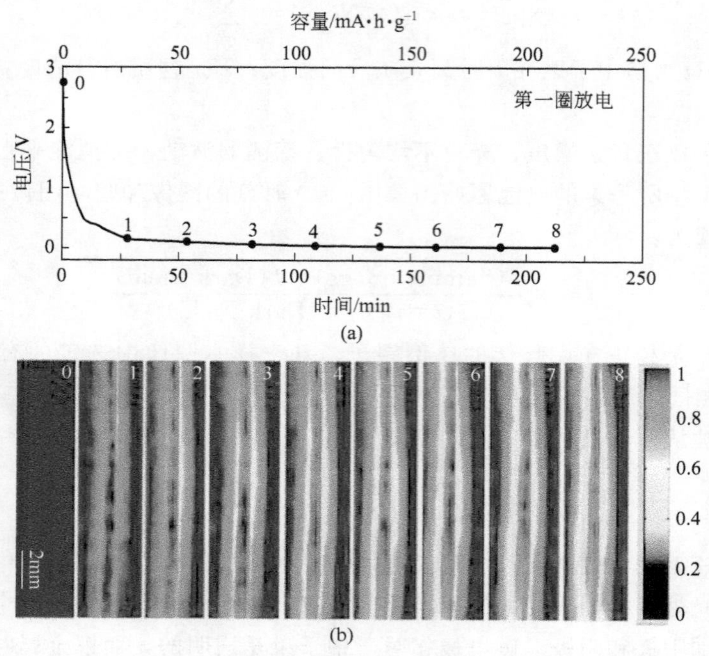

图 9-10 利用中子成像对比在空间上观察石墨电极不同程度的锂化状态[141]

(a) 石墨负极第一圈循环放电曲线；(b) 放电过程中不同阶段对应的归一化透射射线照片

锂离子逐渐增多，中子束衰减程度逐渐增大，在放电结束时呈现出最大的中子束强度衰减。比较放电过程中锂在不同时间点的分布，可以发现沿电极方向的影像分布并不均匀，该情况成因较多，比如实验伪影和电池制造过程中厚度不均匀。

通过图 9-10(b) 可初步观察不同放电时间石墨电极中的锂化过程。更进一步地，通过对光片进行线剖面分析，就可以对 Li^+ 在放电过程中随时间变化而在石墨电极中分布情况作定量分析。在图 9-11 中，通过对电池的 X 方向上进行线廓分析，可以得到每个像素上中子束的衰减情况。

在第四阶段的放电状态下取两个不同的电池高度进行数据分析[图 9-11(a)]：顶部（♯1）和中部（♯2）。在图 9-11(d) 中可以发现两个明显的峰，其对应于电池中的两个石墨电极。伴随着放电过程的进行，可以发现，由于锂离子浓度的逐渐增加，中子束的衰减程度逐渐增大，它们的强度随着放电过程的变化而变化。单个传输剖面表明在某一时刻石墨电极中锂的空间分布性质。透射剖面的峰值随着锂化的形成而逐渐减小，这意味着中子透射率随着 Li_xC_y 的形成而降低，在放电结束时达到最大值。此外通过比较电池两个特定高度位置的中子束强度，可以发现其透射强度是不同的，这表明在电极层中锂化并不是均匀的。此外，即使在相同放电状态下，两个石墨电极的每个剖面在放电过程中锂离子传输的变化情况也是不同的，这表明锂的嵌入/扩散速率并不均匀。造成这一情况的原因主要是外部因素，如电池

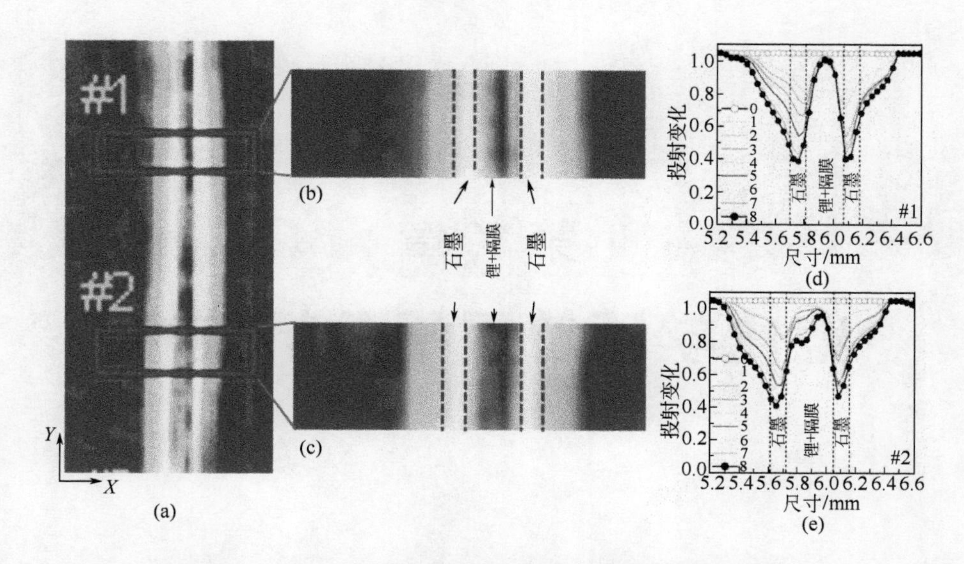

图 9-11　图 9-10(b) 中第四阶段图像在 Y 方向选定两个不同单元高度处的线轮廓分析[141]

(a) 进行线廓分析的位置；(b) 该阶段放电状态下＃1 位置中子像；(c) 该阶段放电状态下＃2 位置中子像；(d) ＃1 区域线剖面透射图；(e) ＃2 区域线剖面透射图

制造过程中电极层的不均匀弯曲等。

尽管目前这种原位测试方法的空间分辨率有限，但我们能够清楚地将中子成像对比度的变化与实际的袋状电池结构中的原位锂化状态关联起来。随着石墨层内嵌锂量的增加，中子吸收将明显增加，导致中子束衰减增大。中子衰减剖面在不同放电时间与锂浓度剖面在定性上是一致的。再结合原位摄影与相应的器件设计，即能够对电池充放电过程中的相变化进行原位观察。该技术可以成为研究电化学设备（如锂离子电池）的强大、有效、便捷的工具。

第 10 章

电化学原位重量分析技术

10.1 原位电化学石英晶体微天平

10.1.1 测试原理

电化学石英晶体微天平（EQCM）可用于检测电极在电化学过程中的表面质量变化。其根本原理为 Sauerbrey 方程给出的晶体振荡频率的变化（Δf）与质量吸附（Δm）之间的线性关系。

$$\Delta f=-\left(\frac{2f_{\mathrm{q}}^{2}}{A\sqrt{\rho_{\mathrm{q}}\mu_{\mathrm{q}}}}\right)\Delta m \tag{10-1}$$

式中，Δf 为测得的频率变化，Hz；f_{q} 为石英晶体的基频，Hz；A 为石英晶体的压电活性表面积，2.648g·cm^{-3}；ρ_{q}为石英密度（25℃时为 2.65×10^{3} kg·m^{-3}）；μ_{q}是石英的剪切模量（2.947×1011g·cm^{-1}·s^{-2}）；Δm 是质量变化，mg·cm^{-2}。

在循环伏安法或电化学阻抗法等电化学测试过程中，EQCM 能够通过测量电极上的质量变化，来估计电极中可逆和不可逆沉积的质量。其精度很高，目前可达到纳克/平方厘米（ng·cm^{-2}）。该技术目前已应用于研究 LIB 在循环过程中总质量的损失。

在液体介质中应用 EQCM 时，液体应力和黏度等因素会影响测试结果准确度。此外，电极的黏弹性以及微观下的粗糙度对沉积膜表面形貌产生影响，能够引起频移，违反了 Sauerbrey 关系的假设（积层必须是薄的、刚性的吸附层）。因此，仅依靠基本频率测量来确定传统 EQCM 的质量变化是不够的，尤其是在锂电池中存在黏性电解质时。因此，目前一般采用 EQCM-D 的测试方法对电极的 SEI 形成、质量变化、力学性能和锂的脱嵌进行表征。EQCM-D 方法的关键在于它能够测量电极的损耗程度（D），该参数与导致测量频率迁移的电极界面层的黏弹性有关。EQCM-D 的另一个优点是将测量扩展到更高的谐波，从而有效地探测电极沉积层的不同深度。

10.1.2 EQCM-D 用于研究电极表面的界面反应

Trahey 等人首次利用原位 EQCM-D 技术揭示了电解液组分之一的氟代碳酸乙烯酯（FEC）对锡（Sn）负极上 SEI 的形成过程所产生的影响，并详细推演了电极上 SEI 的演变过程。实验在 0.5μm 厚的锡膜上进行，电解液为 3∶7 的 EC+DMC（含 1.2mol·L^{-1} $LiPF_6$），向其中加入适量的添加剂 FEC。随后在对电池进行充放电的同时，实时记录 EQCM-D 相关数据。他们以不含 FEC 的电解液的结果为例，详细研究了如何从EQCM-D数据中提取有关 SEI 膜质量、厚度和黏弹性特性等关键信息的方法。由于 SEI 的多层特性和较小的耗散度，故可将第一层 SEI 视为刚性的，以便直接使用 Sauerbrey 关系。图 10-1 显示了电极质量变化与使用普通电解液和含有质量分数为 20% FEC 的电解液电池的充放电循环时间的关系。理论上，Sauerbrey（索尔布雷）质量等于在锂化之前 Voigt（沃伊特）质量。但如图 10-1所示，在薄膜刚性减弱时，Sauerbrey 计算模型将低估沉积的质量或厚度，耗散的程度也会增加，是由于界面层与相关液体之间的能量损失所致。故对于这些后续层，需使用 Voigt 黏弹性模型来提取薄膜的质量。厚度（d_{eff}）、密度（ρ_{eff}）和复合剪切模量（$\mu+i\omega\eta$），其中 μ 为剪切弹性，η 为剪切黏度，ω 为振荡频率（$\omega=2\pi f$），以构建黏弹性模型。进而通过多频率测量，可以估计沃伊特质量。

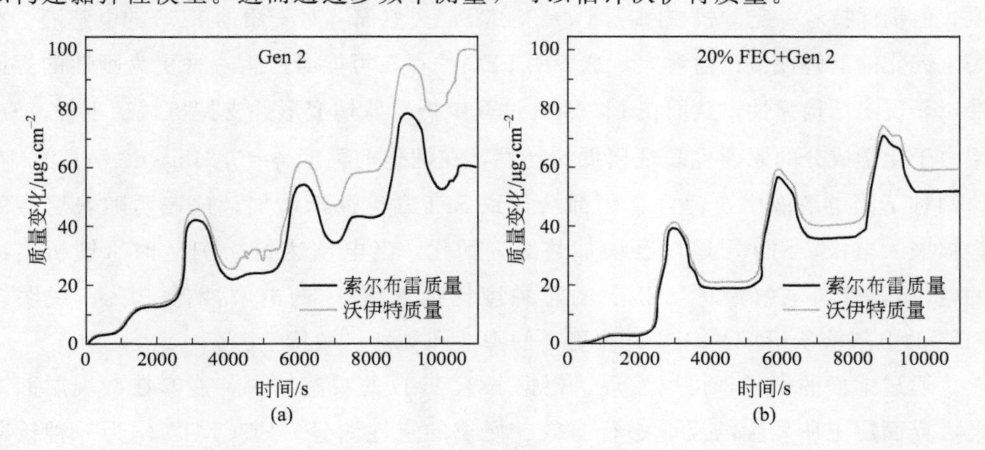

图 10-1 电极质量变化与使用不同电解液电池的充放电循环时间的函数[142]

(a) 普通电解液；(b) 含质量分数为 20%FEC 添加剂的电解液

对于黏弹性模型，需首先确立几个假设。首先，假定 SEI 层具有横向均匀性。其次需假设所使用电解液为牛顿型流体，电解液黏度对于数据的影响可以忽略。第三，由于 SEI 密度难以测量，故需对其密度进行近似假设。此外，为方便起见，在整个实验过程中，需假设 SEI 密度是恒定的。实际上，随着时间的推移，SEI 膜可能呈现出密度梯度。因此，d、ρ、μ 和 η 代表了试验结果的平均参数。假定 SEI 的密度主要影响层的厚度，但不影响质量吸收或剪切弹性和黏度，因此这一分析的总体结论仍然有效。该模型仅限于第三和第五谐波，以评估最大电极面积上的界面变化，但避免传感器安装应力影响基频（f_1）响应。

大多数研究表明 SEI 靠近电极的一侧为无机组分致密层，靠近电解质相的一般为多孔、非刚性的有机聚合物层，因此，利用不同密度的 SEI 对每一层进行建模是更加准确的。为了模拟这一过程，可以根据耗散值将初始 SEI 分为两层：一层是最靠近 Sn 电极的刚性的内层，该层表现出较小的耗散变化（由 Sauerbrey 模拟）；另一层则是耗散变化较大的外层（由 Voigt 模拟）。

当在电解液中加入 FEC 时，电极表面将含有较高浓度的含氟物质。因此，用例如 LiF($\rho_1=2.6\text{g}\cdot\text{cm}^{-3}$) 等富 F 化合物的平均密度来估算含 FEC 电池内层 SEI 厚度。与普通电解液相比，当存在 FEC 时，内侧 SEI 薄膜的厚度要小得多，增加 FEC 的浓度可导致 SEI 层变薄。结果表明，不同浓度的 FEC 对阳极上沉积的 SEI 厚度有明显的影响。

关于黏弹性特性，如图 10-1(b) 所示。弹性模量值通过力谱结合 EC-AFM 计算杨氏模量得出。锂离子扩散和嵌入可能会导致 SEI 层变得无序，由于两种电解质的弹性模量随放电时间减少，这意味着 SEI 在锂化过程中弹性变形和软化会进一步加剧，但仍保持着一定的机械刚度（$\mu=2.0\text{MPa}$）。然而，对于添加 FEC 的电解液，在完全锂化前的弹性值比前者大，这表明 FEC 的存在可能会产生一种更为刚性的界面层，表现出结构弹性，从而在 Li^+ 插入过程中抵抗剪切变形并支持机械稳定性。SEI 层由于化学成分的原因也表现出低流动性，在锂化前黏度 $\eta=0.04\text{kg}\cdot\text{m}^{-1}\cdot\text{s}^{-1}$。在这两种不同电解液中，锂合金化都会导致 SEI 黏度逐渐增加，这表明随着更多的锂被嵌入电极，SEI 层厚度会增加并部分固化。当电位达到 0.01V 时（锂析出前的电位），普通电解液中 SEI 层的总黏度比加入 FEC 的电解液低 50%，说明含 FEC 的电解液所形成的 SEI 具有更高的弹性和黏性机械特性。

通过上面的例子，可以发现，根据 EQCM-D 的观察结果，能够在微观层面对电极界面层上所发生的反应进行有效、便携的定性测量。EQCM-D 作为一种诊断工具，为进一步了解电极及其界面在各种原位和非破坏性电解质溶液中的行为开辟了可能性，具有十分重要的意义。

10.2 原位二次离子质谱法

10.2.1 原理与实验装置

二次离子质谱（SIMS）是通过表面离子的重量-质量和电荷比来定量测定表面元素组成的技术。最初，这项技术主要用来分析无机半导体，通过结合质谱和固体表面的溅射来估计元素的掺杂水平。实验过程中，使用能量为250eV～30keV的离子束轰击样品表面，使样品表面的原子或原子团吸收能量而从表面发生溅射产生二次离子，这些带电离子经过质量分析器后就可以得到关于样品表面信息的图谱。一次离子束生成最常用的源是Ar^{+}、Ga^{+}、Bi^{3+}和Cs^{+}。基于二次离子因不同的质量而飞行到探测器的时间不同来确定飞行管中迁移的化学物种方法也被称为飞行时间二次离子质谱法（TOF-SIMS）。SIMS能够分析周期表中的所有元素，无论是轻元素还是重元素。

SIMS的应用可分为静态和动态两种模式。静态模式对主要离子源使用较少的功率，因此对表面原子产生较少的损耗，测试表面几乎保持不变。静态模式常用于光栅模式，以生成横向分辨率为5nm的表面成分图，其浓度测量为10^{-6}水平。动态模式下，使用高功率离子产生源在单位时间提供更多离子。动态模式有助于对表面进行深度剖面分析，并且可以在10^{-9}浓度水平下进行测量。通过将这两种分析结合，可以生成表面的3D图，称为3D SIMS。通过将二次离子计数转换成浓度，表示离子电流$I(X_n)$，就可以得到离子模拟质谱的定量信息：

$$I(X_n)=Aj_{\mathrm{p}}\theta S(X_n)f \tag{10-2}$$

式中，A是轰击靶区面积；j_{p}是一次离子流；θ是表面的相对覆盖率，其母结构对应于$X_n(n=1、2、3)$；$S(X_n)$是X_n的绝对二次离子产率；f是二次离子质谱仪的传输频率。

10.2.2 原位SIMS实时监测电解液中分子的动态变化

SIMS由于其在表面成分分析、界面深度剖析、二维及三维成分分布分析等方面的独特优势，使其对于研究在电化学过程中电极界面问题成为可能。Yang等研究人员[143]通过搭建原位SIMS测试平台，对锂离子电池电极/电解液界面上的电解液分子结构的演变进行了实时观测。为了方便仪器测试，他们设计并制作了一种新的电池。电池正极为涂覆$LiCoO_2$的铝箔，而负极则是在硅片上制作了厚度为100nm、横向尺寸为0.5mm×0.5mm的Si_3N_4膜窗，随后在上面溅射沉积一层

70nm 左右的 Cu 膜。电解液由 1.0mol·L^{-1} $LiPF_6$、1∶2 的碳酸乙烯酯∶碳酸二甲酯组成。通过对恒电流充放电过程对电池的电化学特性进行评估。IMS 分析使用 TOF-SIMS5 仪器进行，脉冲 25keV Bi^+ 光束被聚焦到直径约为 450nm。脉冲频率为 25kHz，光束电流为 3.0pA。在测量过程中，Bi^+ 光束在 Si_3N_4 窗口上扫描了一个直径为 2μm 的圆形区域。在开始电池充放电测试的同时收集质谱、深度剖面和二维离子图像等关键数据，并重建三维离子图像。

图 10-2(a) 中显示了该电池在充放电测试前 8 个代表性二次离子（4 个正离子和 4 个负离子）的深度剖面图。在这一时段捕获的分子信息基本上反映了电极表面的结构情况，这是电解液和电极之间静态相互作用的结果。

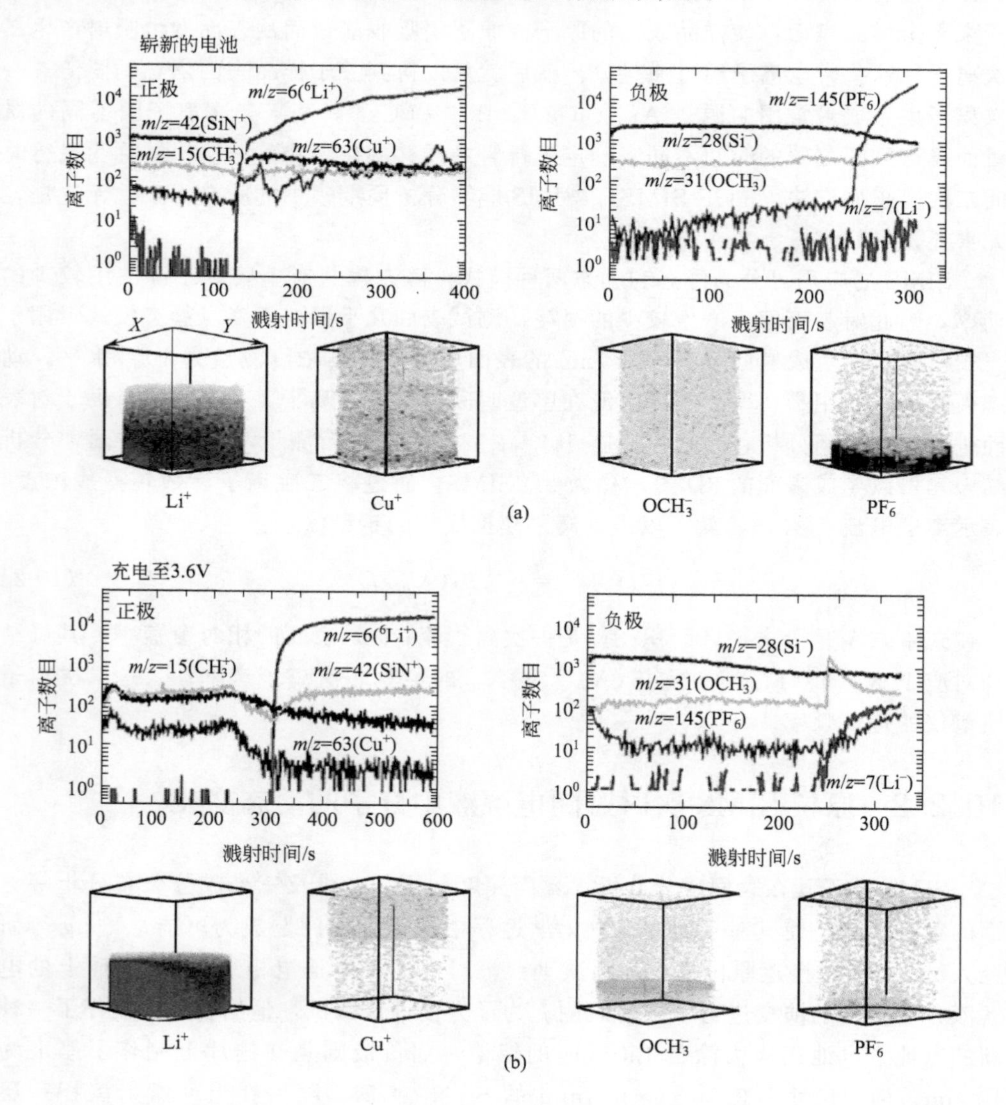

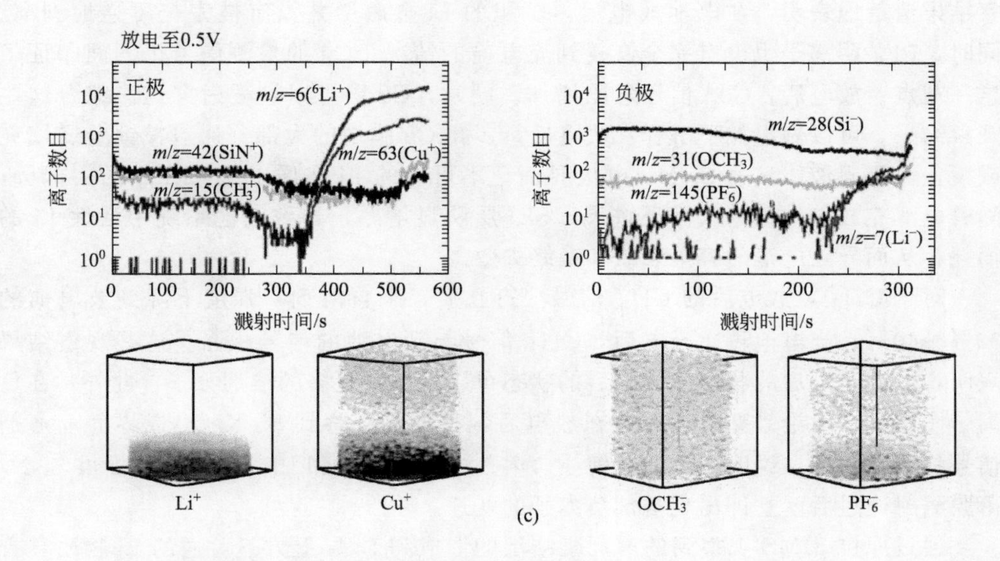

图 10-2 在电池充放电前后，一些具有代表性的正负电荷的TOF-SIMS深度剖面和三维构型[143]

(a) 新组装的电池；(b) 充电至3.6V；(c) 放电至0.5V

在这一初始阶段，重要的可识别的离子种类包括 H^+、C^+、CH^+、CH_2^+、CH_3^+、OCH_3^+、H^-、C^-、CH^-、C_2^-、C_2H^- 和 OCH_3^-，还有许多其他的小峰。与 Li^+ 和 PF_6^- 信号的跳跃性上升行为完全不同，这些离子在溅射离子通过 Si_3N_4 薄膜后浓度温和而缓慢地增加。将电池充电至3.6V后，8个代表性二次离子的深度分布如图10-2(b) 所示。与新电池相比，充电后的电池呈现出四个特征：①充电后，Li^+ 信号在 Si_3N_4 薄膜溅射通过后呈现出较陡峭的上升，表明可能有锂金属在Cu电极表面沉积，特别地，与充电前的数据相比，观察到的 Cu^+ 信号有所下降。②与新电池的情况相比，PF_6^- 信号强度急剧下降，说明在电池充电过程中，PF_6^- 离子向正方向迁移，导致极附近的 PF_6^- 浓度明显下降。③充电后，负离子深度剖面的溶剂信号［如 H^-、C^-、CH^-、C_2^-、C_2H^-、OCH_3^-；图10-2(b) 中以 OCH_3^- 为代表］在溅射离子通过 Si_3N_4 薄膜后立即出现跳跃，并随着时间的推移逐渐降低，平衡信号强度仍高于 Si_3N_4 薄膜中的信号。④根据充电量计算，每次充电时，Cu电极上估计沉积的 Li^+ 厚度约为50nm。然而，即使经过长时间的溅射，也很难溅射穿透Li层到达Cu层。这些观察结果都与 Si_3N_4 薄膜与Li/Cu电极之间形成溶剂富集层相一致。后续章节所述的电池放电后的观察结果也进一步一致支持了这一点。

电池放电后，SIMS深度分布如图10-2(c) 所示。与电池带电状态下的情况相比，放电后，Li^+ 信号仅是略有下降，相应地，PF_6^- 信号也仅有适度增加。这些观察结果清楚地表明，在电池放电后，沉积的 Li 金属层并没有被完全可逆地剥离。同时，PF_6^- 阴离子也没有完全恢复到充电前的情况。Cu 的检测信号也侧面印证了这一观点。放电后，Cu^+ 信号急剧增加。同时，Cu 层可以被溅射穿透。综合这些观察结果，可以做出如下解释：放电后，多孔 Cu 膜中的大部分通道被锂金属填充或覆盖，阻碍液体到达 Si_3N_4/电极界面。不可逆的 Li 实质上是 SEI 层的一部分，随着电池充放电的每一次循环进展，SEI 层明显增厚，导致电池系统中活性 Li 的消耗，从而导致电池的容量衰减和最终失效。

对于 CH_3^+，放电后的 CH_3^+ 信号（打孔后，来自溶剂）强度下降到放电前的 30%～40%。当电池再次充电后，CH_3^+ 信号与新电池的信号相当。这些观察结果表明，电池充电后的状态比放电后的状态可以检测到更多的溶剂分子。此外，在负离子图谱中，无论是新电池还是在放电后，都没有观察到 Si_3N_4/电极界面上溶剂信号的突然跃迁，说明正常的电解质（溶剂中含有 Li^+ 和 PF_6^-）层不能提供 Si_3N_4 薄膜溅射通过后就立即出现溶剂负离子的跃迁。

通过原位 SIMS 观察到的溶剂凝结层的形成和 Li 层上方不可逆的 Li 物质具有重要意义。盐在溶剂中的溶解可以描述为盐的阳离子和阴离子在溶剂中的分散。在电场作用下，带对立电荷的离子向吸引电荷的相反方向移动。充电后，在电极表面瞬间形成溶剂凝结层，导致 PF_6^- 被该局部液态层耗尽，并且降低 Li^+ 的浓度，该液态层具有较低的离子电导率，因此可能是电池在充放电过程中产生过电位的原因之一。

原位 SIMS 观测结果为锂离子电池的电极反应提供了比以往更为清晰的视角。为进一步了解电极及其界面在电解质溶液中的行为开辟了可能性，具有十分重要的意义。

10.3 原位差示电化学质谱法

10.3.1 原理与实验装置

差示电化学质谱（DEMS）是一种改进的气相色谱-质谱（GC-MS）技术，用于分析气体物种。气相色谱-质谱（GC-MS）是一种重量分析工具，可以分析加热毛细管从样品表面蒸发的挥发性和半挥发性物质。GC 根据注入和洗脱之间的时间间隔（通常称为“保留时间”）分离液体的各种可蒸发成分。保留时间通常用作物种鉴定的标记，而 GC 峰高则表示样品中物种的浓度。这种差异是基于物种的质量，它为载气中的物种到达探测器提供不同的速度。然而，单一使用气相色谱作为分析工具的最大挑战是，几种化学物质可能具有相似的保留时间和峰形状，这在鉴定中容易造成混淆。气相色谱与质谱联用已被证明能更准确地鉴别元素或化合物。质谱仪是在气相色谱之后装备的，由于它们与高压电子碰撞而产生带电的汽化气体分子碎片。磁场中的每一个带电物质根据其 m/z，到达探测器需要不同的时间。这两种技术的结合，即质谱数据和保留时间，有助于更具体地鉴定可蒸发物种。在分析可蒸发液体的情况下，载气用于支持挥发性物质的迁移。

若对气相色谱-质谱联用技术进行改进，使之能够监测连续气体产物的电位变化和时间变化，则有望将之应用于电池的原位表征上。通过使用非湿润多孔电极作为质谱入口系统的膜，将电极反应的气体产物和中间产物转移到电离室，从而绕过质谱仪的入口。在电离室中，产物或中间体被电离并在检测器处进行分析。所使用的多孔电极不得用所使用的电解液弄湿，必须能渗透到界面产生的气体中，必须允许催化或界面反应发生，并应提供机械支撑，以维持 MS 的高真空入口。这种多孔电极充当液体之间分离膜 MS 的电解液和真空系统，只允许产生的气体从液体电解液的界面通过。通过该方法量化物质组成与时间关系函数的微分，称为差示异电化学质谱（DEMS）。

10.3.2 原位差示电化学质谱法在电池表征中的应用

绝大部分锂电池在充放电过程中都面临着电极材料与电解液分解、胀气的问题，同时伴随着电池容量的大幅衰减，然而使用传统的分析手段很难对其衰减机理进行精确的分析。而原位 DEMS 测试为揭示锂离子电池胀气机理提供了强有力的手段。基于此，Michalak 等[144]研究人员利用原位 DEMS 测试，对以 $LiNi_{0.5}Mn_{1.5}O_4$（LNMO）为正极、石墨为负极的锂离子电池产气机理进行了定性定量分析。他们对电池器件进行了设计，使之能够匹配原位 DEMS 测试。该电池器件配有气体出口与入口。在测试之前，需通过反复排空并送气，将电池内的氩气置换为氦气，以氦气作为惰性载气进行测量。上述实验过程需在低温环境下进行以减少电解液的损失。将气体出入口分别连上质谱仪，电池电极与电化学工作站连接后，同时开始充放电测试与质谱测试。在实验过程中，载气的流量设置为 $2cm^3 \cdot min^{-1}$。

图 10-3 显示了第一圈与第四圈的电压曲线及相应的导数曲线（dE/dt），以及代表性的 DEMS 信号。图 10-3(a) 中的曲线平台与 LNMO 的理论平台相符。电荷在 4.57V 和 4.64V 的平台分别归因于从 Ni^{2+} 到 Ni^{3+} 和从 Ni^{3+} 到 Ni^{4+} 的氧化。而镍还原的相关放电平台分别在 4.58V 和 4.53V。其他的平台与石墨相关（此处 LNMO 和石墨的平台是叠加）。图 10-3(b)、(c)、(d) 为在循环时同时测量的不同的 MS 通道。在第一圈充放电循环开始时，$m/z=2$、27、28、44 的离子电流明显增加。这些最有可能对应于氢（H_2,2）、乙烯（C_2H_4,27、28）和二氧化碳（CO_2,44）的产生。特别地，一氧化碳（CO,28）一般很难与乙烯或二氧化碳的特征峰区分开。随后 MS 通道的离子流开始减小，直至几乎没有特征峰。$m/z=28$ 的信号

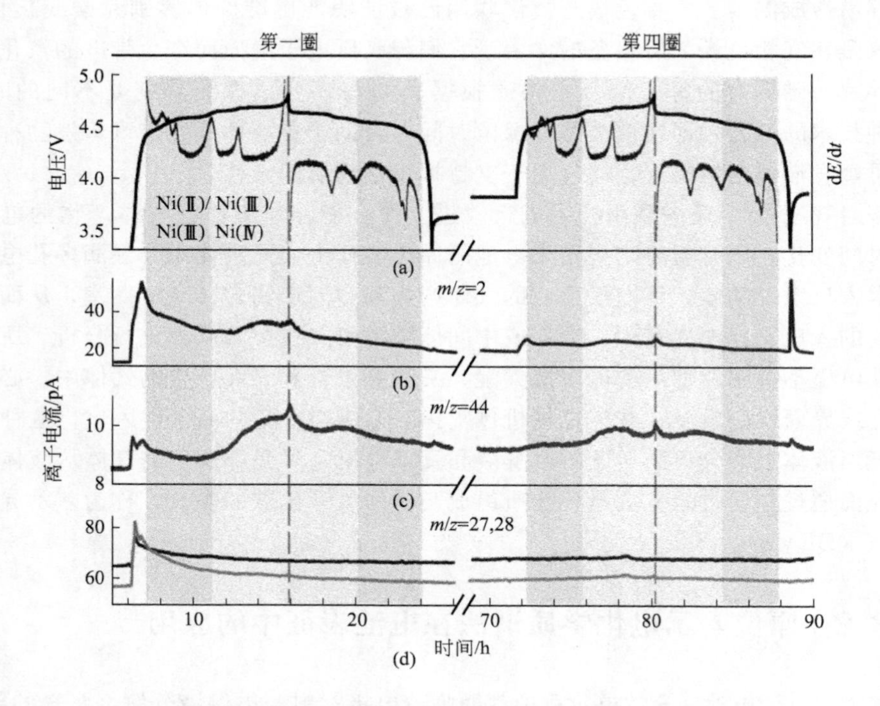

图 10-3　电池充放电过程中离子电流、电压与放电时间的关系[144]

(a) 电池第一圈与第四圈充放电曲线和相应的导数曲线；(b) $m/z=2$ 下的 DEMS 信号；(c) $m/z=44$ 下的 DEMS 信号；(d) $m/z=27$、28 下的 DEMS 信号

遵循相同的趋势。因此，可以将之与 C_2H_4 联系起来，尽管不能排除来自 CO 或 CO_2 的少量贡献。因为 C_2H_4 只在充电开始时被观察到，它很可能是由于电解液中的碳酸乙烯酯的还原分解，在负极侧生成 SEI 时所产生。

CO_2 在充电开始时达到局部最大值循环，之后开始减小，最后在 4.64V（$Ni^{3+} \longrightarrow Ni^{4+} + e^-$）处出现第二个峰值。二氧化碳既可以通过正极表面电解液成分的氧化产生，也可以通过电解液/电极分解产物（如碳酸锂）与氢氟酸反应生成。烷基碳酸锂是 LNMO 界面层的一部分，HF 是由电解液中的水与 $LiPF_6$ 反应生成的。从图 10-3 可以看出，二氧化碳不仅在高正极电压下产生，而且，二氧化碳的形成似乎遵循两种不同的反应途径。一方面，它是由电解质溶剂和表面分解产物分解而成。另一方面，当镍离子处于中间电荷状态时，也能观察到强烈的 CO_2 析出，这主要是由于混合价态的镍离子能够促进电解液的分解。

在电池充放电过程的早期 H_2 的产生情况十分重要，其总体行为与 CO_2 相似，这表明，二者之间存在相关性。$m/z=2$ 的信号在每个充电周期开始时出现 H_2 的峰值。该峰可能与石墨负极上 H^+ 的还原有关。如上所述，H^+ 可来自电解液中的微量水和分解产物，如醇。从谱图上而言，H_2 和 CO_2 出峰位置相似，表明 H_2 和

CO_2 的同时演化。值得注意的是，对于 H_2 而言，在第二圈放电结束后出现了一个十分明显的信号，这可能是由于石墨负极在放电结束时被迫施加相对较高的电压，从而对 SEI 稳定性产生不利的影响所导致。

除了对电池产气进行定性分析外，通过对所得数据进行积分处理对各气体组分进行定量，再根据每一次电池循环过程中通气的体积，结合初始电解液添加量，即可以算出电解液因分解产气所产生的消耗，在此不再详加赘述。

第 11 章
其他电化学原位技术

11.1 原位声发射技术

11.1.1 原理与实验装置

声发射（AE）法是一种无损、灵敏的材料裂纹弹性波检测技术。声发射是一种压电式传感器，用于指示样品在各种应力作用下的机械变形所产生的振动。其可以用于鉴别腐蚀、氧化物形成、气体析出、薄膜破裂、开裂等物理现象，因此被认为是研究锂离子电池负极机械降解的一个有价值的工具。因为在电化学循环过程中，锂离子电池的负极通常会受到严重的应力，当锂化开始和表面微裂纹形成时，声发射能够检测到由连续的或极短的具有高峰值频率的波形组成的信号。

锂离子电池、镍氢电池等二次电池中的活性物质、正负极可逆反应物在充放电过程中体积会膨胀或收缩。例如，在 Ni-MH 电池充电过程最初阶段，储氢合金负极的合金表面会形成氢原子（H_{ad}）[式(11-1)]。

$$H_2O + e^- \longrightarrow H_{ad} + OH^- \tag{11-1}$$

生成的氢原子被吸收到合金颗粒中[式(11-2)]，而在充电过程的最后阶段，会在合金表面析出氢气[式(11-3)]。

$$H_{ad} \longrightarrow H_{ab} \tag{11-2}$$

$$2H_{ad} \longrightarrow H_2 \tag{11-3}$$

式中，H_{ab}是合金颗粒吸收的氢原子。

当氢原子被吸收到合金粒子中时，合金的晶格体积膨胀，最终会因应变过大而开裂。因此会暴露出新的合金表面，使得吸氢和产氢反应能力提高。但裂纹的增多会使合金的结构、强度等发生退化，导致放电容量的降低。因此，用声发射法对裂纹进行表征（即裂纹形成的时间和方式），能够对电极的耐应力等能力做出有效判断。

11.1.2 原位声发射技术的应用

通过原位声发射技术可以对镍氢电池中储氢负极的耐用性进行有效评判。Inoue等研究人员[145,146]利用该技术比较了 $TiCr_{0.3}V_{1.8}Ni_{0.3}$ 与 $MmNi_{3.6}Mn_{0.4}Al_{0.3}Co_{0.7}$ 两种储氢合金负极的耐用性。他们搭建的用于原位声发射法的典型实验镍氢电池组件如图 11-1 所示。颗粒型负极、磺化聚丙烯隔膜和 $Ni(OH)_2$/NiOOH 正极依次堆叠。使用镍片作为负极的集流体，并保护声发射传感器免受强碱性电解液的腐蚀。在组装原位电池器件之前，需将隔膜完全浸泡在电解液中。以 Hg/HgO 电极为参比电极。

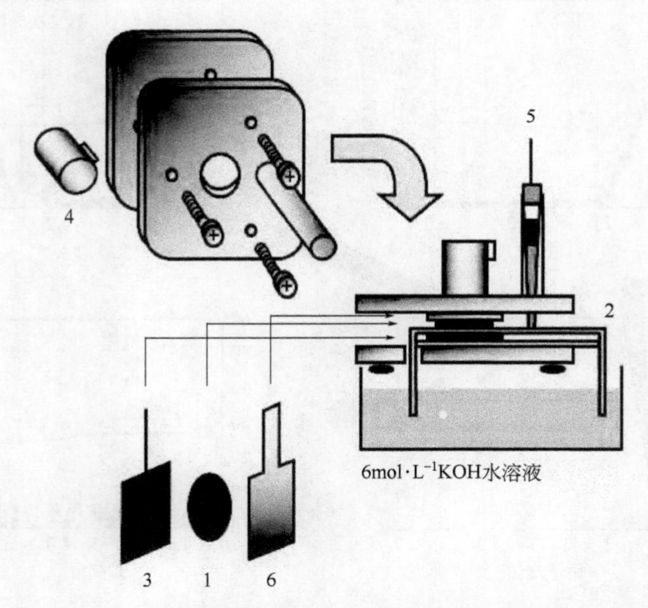

图 11-1 用于监测声发射信号的典型实验单元装置[145]

1—负极；2—分离器；3—正极；4—声发射传感器；5—参比电极；6—镍集流体

测试的基本参数设置如下：$MmNi_{3.6}Mn_{0.4}Al_{0.3}Co_{0.7}$ 电极在 $100mA\cdot g(alloy)^{-1}$ 下充电 3h，在 $50mA\cdot g(alloy)^{-1}$ 下放电至 $-0.65V$(vs. Hg/HgO)，而 $TiCr_{0.3}V_{1.8}Ni_{0.3}$ 电极在 $100mA\cdot g(alloy)^{-1}$ 下充电 6h，在 $50mA\cdot g(alloy)^{-1}$ 下放电至 $-0.75V$(vs. Hg/HgO)，单位“g(alloy)”是指合金的质量。每次充电后，电路打开

10min。随后对电池进行声发射监测。利用声发射换能器检测裂纹等各种现象产生的弹性波，并将其转换成声发射信号。声发射信号经前置放大器放大后存储在声发射自动监测系统中。存储的数据显示为声发射信号的时间历程、功率谱和声发射波形。功率谱和声发射波形分别表示声发射信号的频率分布和声发射信号的持续时间。所有实验均在室温下进行。

以体心立方结构为主相的钒基储氢合金具有较高的储氢容量，是镍氢电池和燃料电池潜在的负极活性材料。$TiV_{2.1}Ni_{0.3}$负极是一种钒基合金，其放电容量高达460mA·h·g^{-1}，但其循环耐久性差。通过使用Cr代替$TiV_{2.1}Ni_{0.3}$中的部分V组分能够有效地改善这一问题，此时V在电解质溶液中的氧化溶解被抑制。原位声发射技术为分析研究$TiCr_{0.3}V_{1.8}Ni_{0.3}$电极的充电行为提供了强有力的工具。

图11-2为$TiCr_{0.3}V_{1.8}Ni_{0.3}$（75～106μm）电极在第一、第二和第六次充电过程中声发射信号频率与电极电位随着时间变化的曲线图。在第一次充电过程中，最初的2h内可观察到大量的声发射信号。由于此时电极电位在约为−1.1V，因此将会持续出现析氢行为。

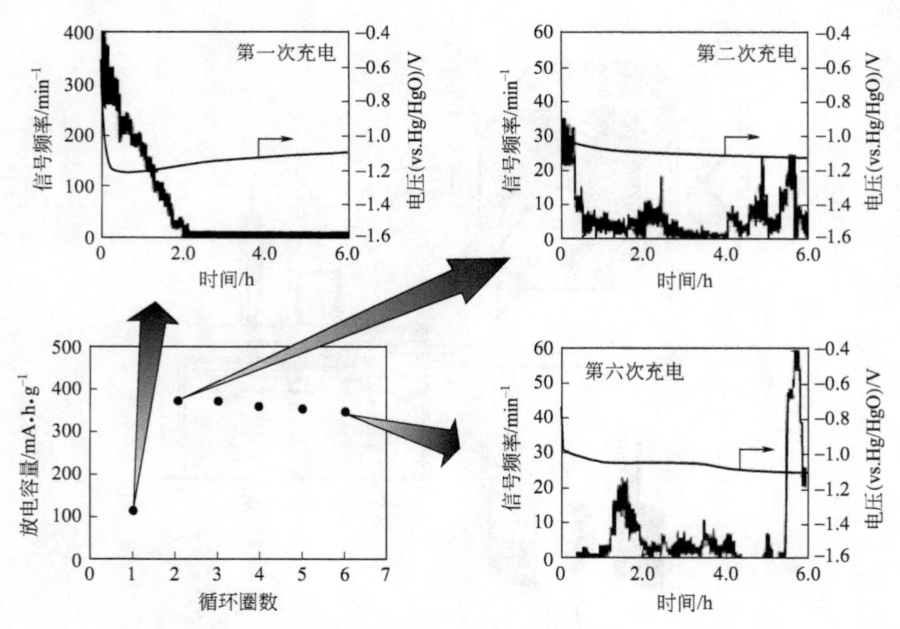

图11-2　$TiCr_{0.3}V_{1.8}Ni_{0.3}$电极（75～106μm）的初始激活行为及其在第一、第二、第六次充电过程中声发射信号频率和电极电位的时间历程[146]

图11-3和图11-4显示了在第一次充电过程中每间隔1h测量一次的$TiCr_{0.3}V_{1.8}Ni_{0.3}$（75～106μm）电极的声发射波形和功率谱。1h时的声发射波形和功率谱均显示出了氢的析出过程，支持了图11-2中的结论。在进一步充电时，能够从信号上推断出电极出现了裂纹，但从声发射信号频率的时程以及发射波形的最大振幅

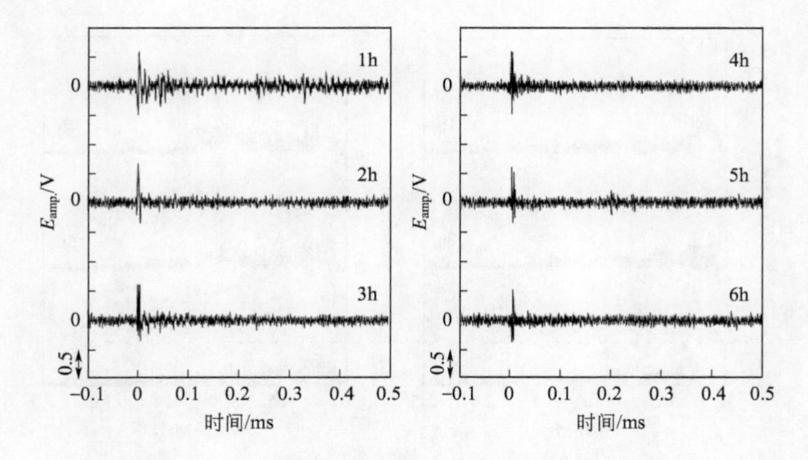

图 11-3　在第一次充电过程中 $TiCr_{0.3}V_{1.8}Ni_{0.3}$（75～106μm）负极上电化学现象的声发射波形[146]

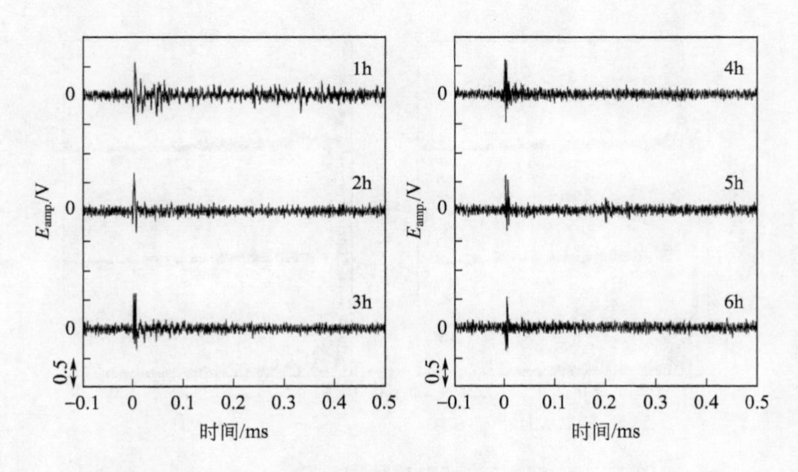

图 11-4　在第一次充电过程中 $TiCr_{0.3}V_{1.8}Ni_{0.3}$（75～106μm）负极上电化学现象的功率谱[146]

来看，裂纹是零星的。$TiCr_{0.3}V_{1.8}Ni_{0.3}$电极比 $MmNi_{3.6}Mn_{0.4}Al_{0.3}Co_{0.7}$电极开始开裂的时间晚，说明 $TiCr_{0.3}V_{1.8}Ni_{0.3}$电极比 $MmNi_{3.6}Mn_{0.4}Al_{0.3}Co_{0.7}$电极更不容易开裂。$TiCr_{0.3}V_{1.8}Ni_{0.3}$声发射波形的最大振幅仅为 $MmNi_{3.6}Mn_{0.4}Al_{0.3}Co_{0.7}$电极的四分之一，表明 $TiCr_{0.3}V_{1.8}Ni_{0.3}$合金表面形成了相对较小的裂纹。

在图 11-2 中，随着充放电循环的重复，声发射信号的频率大大降低。第二次充电过程中的声发射波形（图 11-5）和功率谱（图 11-6）表明，基于氢吸收的开裂从一开始就发生了。从图 11-2 中的充放电循环性能可以看出，由于电池在初始充电时被活化，前两个循环的放电容量大大增加。在初始活化过程中，抑制氢吸收

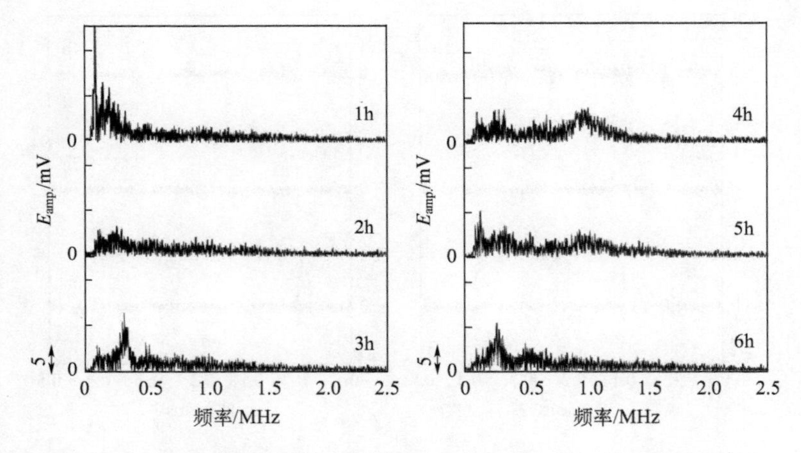

图 11-5 在第二次充电过程中 $TiCr_{0.3}V_{1.8}Ni_{0.3}$（75～106μm）负极上电化学现象的声发射波形[146]

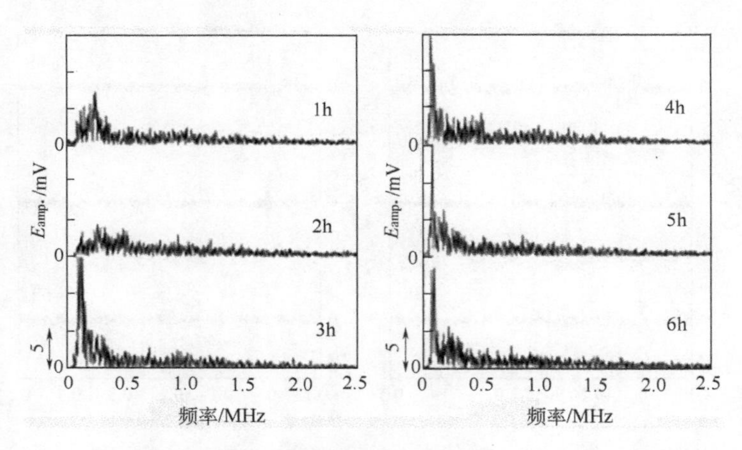

图 11-6 在第二次充电过程中，$TiCr_{0.3}V_{1.8}Ni_{0.3}$（75～106μm）负极上电化学现象的功率谱[146]

到合金中的表面氧化物似乎在第一个循环中通过合金颗粒的零星开裂而被去除，露出新的表面，从而导致从第二次充电开始的氢吸收和放电容量的增加。

通过用声发射技术对储氢合金负极 $MmNi_{3.6}Mn_{0.4}Al_{0.3}Co_{0.7}$ 和 $TiCr_{0.3}V_{1.8}Ni_{0.3}$ 电极充氢过程中的声发射信号波形、功率谱和时程特征进行鉴别可以发现，$MmNi_{3.6}Mn_{0.4}Al_{0.3}Co_{0.7}$（106～125μm）颗粒在第一次充电过程的前半段出现了强烈的裂纹，并在初始激活过程中出现了许多裂纹。相比之下，$MmNi_{3.6}Mn_{0.4}Al_{0.3}Co_{0.7}$ 颗粒（小于 25μm）即使在第一次充电过程中也具有很高的放电容量，但其破裂程度很差，这表明颗粒尺寸足够小，可以在颗粒中扩散而不开裂。对于

$TiCr_{0.3}V_{1.8}Ni_{0.3}$颗粒，无论粒径大小，在第一次充氢过程中，析氢后均零星出现裂纹，与 $MmNi_{3.6}Mn_{0.4}Al_{0.3}Co_{0.7}$ 颗粒相比，裂纹声发射信号非常微弱，说明 $TiCr_{0.3}V_{1.8}Ni_{0.3}$颗粒不易开裂。此外，较小的颗粒（25～53μm）比较大的颗粒（75～106μm）更耐开裂。原位电化学声发射技术是一种有力的工具，其对电极的原位实际应力和裂纹分析对于阐明容量衰减机理具有重要意义。

11.2 原位电化学膨胀技术

11.2.1 原位电化学膨胀技术原理

现有的电化学膨胀法是研究电极在电化学作用下体积变化的有效方法，其通过集成一个位移传感器在电池内以测量电极的垂直宏观位移，从而获得体积膨胀的信息。通过这些信息就可以进一步推断出电极变形、不可逆反应（如 SEI 形成）等重要信息。

通过薄膜表面在垂直方向上的位移来测量薄膜的体积变化。通过电感探针和差动电感传感器的组合可以对薄膜厚度的变化程度 ΔL 进行检测并记录。在每次测量之前，执行一个重整化步骤，对膜电极厚度的初始值（零点 L_0）进行重新定义，以便测量仅考虑薄膜厚度的相对变化量 $\Delta L/L_0$。如果假定薄膜电极在薄膜表面均匀膨胀，则该变化 $\Delta L/L_0$与体积的相对变化成正比。因此，由电感测微计测得的厚度变化可作为薄膜体积变化的近似值。

11.2.2 原位电化学膨胀技术的应用

与传统的石墨负极相比，氧化物或者合金等材料具有更高的储锂理论容量。但是阻碍这些高性能负极材料实际应用的其中一个因素是这些材料的充放电过程中伴随着巨大的体积变化，进而会导致电极结构破裂与粉化，造成电池性能的持续恶化。因此，对于这些新兴的负极潜在材料，研究其在充放电过程中的体积变化是十分必要的。原位电化学膨胀技术为实时监测电池电极体积的变化提供了可能。Pan 等研究人员[147]利用原位电化学膨胀技术对不同金属与硅的复合多层电极在充放电过程中所产生的体积变化进行了研究比较。其构建的原位电池测试器件如图 11-7 所示。将两片锂片与铜棒（A 和 C）压在一起，分别用作参比电极和对电极。再将在光滑镍基片上制备的薄膜放入铜管中，用可调重量的铜棒（B）压紧以作为工作电极。三个电极的位置经过仔细调整，以防止电极间短路。最后，将一定量的电解液和电感探针插入电池中，密封放置。多层薄膜工作电极则采用磁控溅射技术制备，通过在 Ni 基片上溅射一层纯硅薄膜，随后再溅射上一定厚度的金属，如 Al、Ti、Zn 等，即可以制得实验所用的薄膜电极。所用电解液为 $1mol \cdot L^{-1}$ $LiClO_4$/碳酸丙烯酯（PC）＋二甲醚（DME）（1∶1）或 $1mol \cdot L^{-1}$ $LiPF_6$/EC＋DMC（1∶1）。

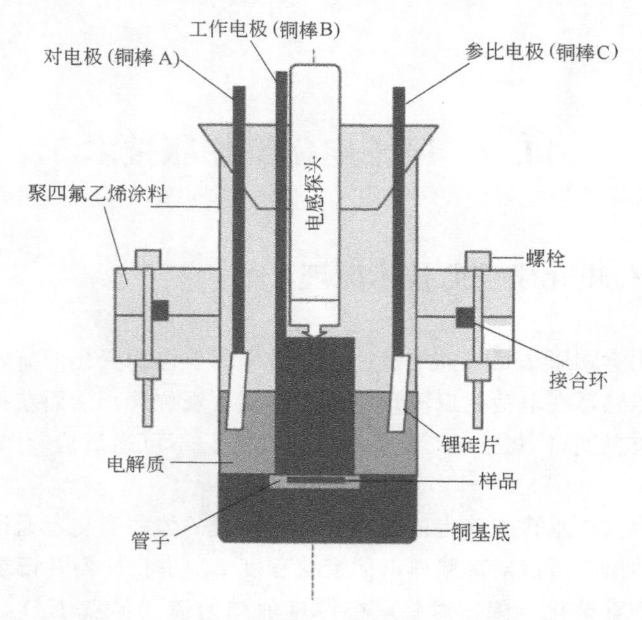

图 11-7 模拟电池示意图[147]

该原位技术功能十分强大，可以通过对电池进行不同类型的电化学性能测试来从多个角度理解电极的体积变化情况，比如通过循环伏安法（CV）可以得知体积膨胀与电位的关系，通过恒电位放电过电位测试可以得知放电容量与时间的关系以及体积膨胀与容量的关系，通过恒流放电测试可以得知电势与时间（或容量）以及体积膨胀与时间（或容量）的关系等。

图 11-8 为再循环伏安测试中，硅膜电极和三个不同金属与 Si 复合多层膜电极的体积膨胀与电位之间的关系。在反向电位扫描的第一个周期中，当电位扫描在 2.5V 左右时，纯硅薄膜电极的体积迅速增加 100%，当电位扫描到 0.05V 时，体积增加 140%。相反，在反向电位扫描过程中，三种金属/硅复合多层膜电极的相对膨胀率均显著下降，Ti/Si 电极的相对膨胀率仅为 3%，Zn/Si 电极的相对膨胀率为 4.5%，Al/Si 电极的相对膨胀率为 16%。结果表明，多层膜电极显著抑制了电极材料的膨胀。

图 11-9 为在恒流放电过程中，Ti/Si、Al/Si 和 Zn/Si 薄膜电极的厚度随时间和电位随时间的变化曲线。恒流条件下，在放电初期时，随着放电量的增加，薄膜

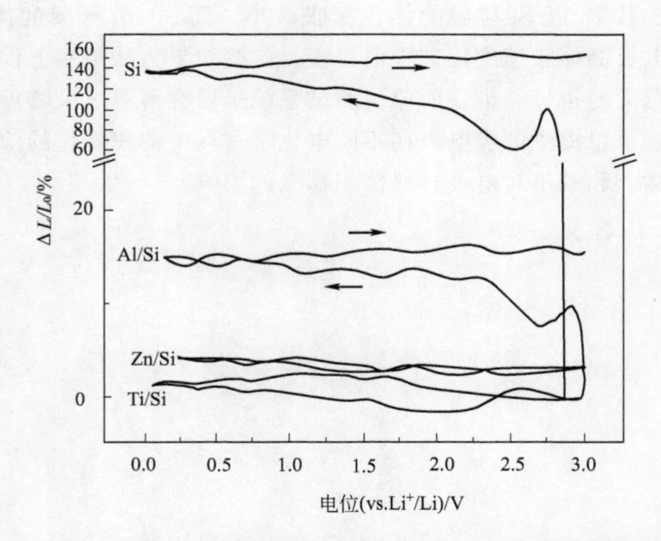

图 11-8 50℃下，电位扫描速率为 0.5mV/s 下的不同电极的厚度变化与电位之间的关系[147]

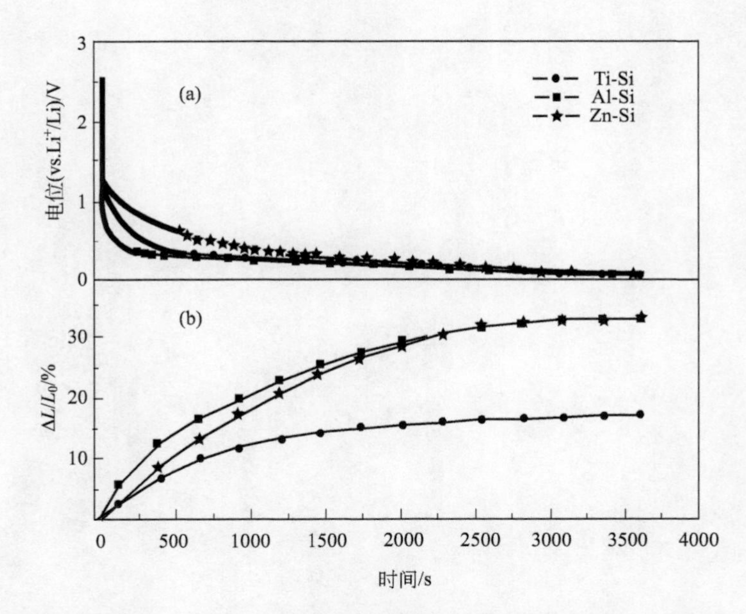

图 11-9 在 50℃、50μA·cm^{-2} 恒电流试验中，Ti/Si、Al/Si 和 Zn/Si 薄膜电极电位随时间的变化（a）和厚度变化随时间的变化（b）[147]

迅速膨胀，但当放电量达到一定值后，可以发现薄膜的膨胀速度会明显下降。

上述测量结果充分表明，与纯硅薄膜电极材料相比，金属/硅复合多层膜电极具有更好的循环稳定性。在相同的电荷量下金属/硅复合多层膜电极的膨胀量远小于纯硅膜电极。其中 Ti/Si 薄膜的体积膨胀最小，而 Al/Si 薄膜的体积膨胀最大。此外，多层膜电极的膨胀速度比硅膜电极慢。这些结果为从结构上设计更为高效的电极提供了有意义的指导，也表明原位测试系统是研究薄膜电极物理性质的有效工具。原位膨胀法可以提供薄膜电极在不同电化学过程中体积变化的信息，从而帮助我们了解锂的插入和脱出对电极材料体积膨胀的影响。

参 考 文 献

[1] Zhang L，Guo X，Huang J，et al. Front Energy Res，2018，6：652.

[2] Nelson J，Misra S，Yang Y，et al. J Am Chem Soc，2012，134：6337.

[3] Wenzel S，Leichtweiss T，Krüger D，et al. Solid State Ionics，2015，278：98.

[4] Yang K Y，Leu I C，Fung K Z，et al. J Mater Res，2008，23：1813.

[5] Schwöbel A，Hausbrand R，Jaegermann W. Solid State Ionics，2015，273：51.

[6] J Maibach ，C Xu ，S K Eriksson，et al. Rev Sci Instrum，2015，86：44101.

[7] Cherkashinin G，Motzko M，Schulz N，et al. Chem Mater，2015，27：2875.

[8] Tang C Y，Haasch R T，Dillon S J. Chem Commun，2016，52：13257.

[9] Yu S H，Huang X，Schwarz K，et al. Energy Environ Sci，2018，11：202.

[10] Fister T T，Long B R，Gewirth A A，et al. J Phys Chem C，2012，116：22341.

[11] Hirayama M，Sonoyama N，Ito M，et al. J Electrochem Soc，2007，54：A1065.

[12] Hirayama M，Sonoyama N，Abe T，et al. J Power Sources，2007，168：493.

[13] Taiwo O O，Paz-García J M，Hall S A，et al. J Power Sources，2017，342：904.

[14] Vanpeene V，Etiemble A，Bonnin A，et al. J Power Sources，2017，350：18.

[15] Patrick Pietsch V W. Annu Rev Mater Res，2017，12：e0176210.

[16] Hapuarachchi S N S，Sun Z，Yan C. Adv Sustainable Syst，2018，2：1700182.

[17] Nowack L，Grolimund D，Samson V，et al. Rep，2016，6：21479.

[18] Pelliccione C J，Ding Y，Timofeeva E V，et al. J Electrochem Soc，2015，62：A1935-A1939.

[19] Tian J H，Jiang T，Wang M，et al. Small Methods，2020，4：1900467.

[20] Chen W，Qian T，Xiong J，et al. Adv Mater，2017，29：1605160.

[21] Chen W，Lei T，Qian T，et al. Adv Energy Mater，2018，8：1702889.

[22] Zhang L，Qian T，Zhu X，et al. Chem Soc Rev，2019，48：5432.

[23] Hagen M，Schiffels P，Hammer M，S. et al. J Electrochem Soc，2013，160：A1205-A1214.

[24] Wang J，Cheng S，Li W，et al. Nano Energy，2017，40：390.

[25] Sun J，Sun Y，Pasta M，et al. Adv Mater，2016，28：9797.

[26] Nonaka T，Kawaura H，Makimura Y，et al. J Power Sources，2019，419：203.

[27] Pyun S I，Ryu Y G. J Electroanal Chem，1998，455：11.

[28] Ikezawa Y，Ariga T，Electrochimica Acta，2007，52：2710.

[29] Li J T，Chen S R，Fan X Y，et al. Langmuir the ACS journal of surfaces and colloids，2007，23：13174.

[30] Pérez-Villar S，Lanz P，Schneider H，et al. Electrochim Acta，2013，106：506.

[31] Li J T，Chen S R，Ke F S，et al. J Electroanal Chem，2010，649：171.

[32] Santner H J，Korepp C，Winter M，et al. Anal Bioanal Chem，2004，379：266.

[33] Yang J，Solomatin N，Kraytsberg A，et al. Chemistry Select，2016，1：572.

[34] Matsui M，Dokko K，Kanamura K. J Power Sources，2008，177：184.

[35] 裘祖文. 核磁共振波谱. 北京：科学出版社，1989.

[36] Letellier M，Chevallier F，Morcrette M，Carbon，2007，45：1025.

[37] Poli F，Kshetrimayum J S，Monconduit L，et al. Electrochemistry Communications，2011，13，1293.

[38] Chang H J，Ilott A J，Trease N M，et al. J Am Chem Soc，2015，137：15209.

[39] Klett M，Giesecke M，Nyman A，et al. J Am Chem Soc，2012，134：14654.

[40] Bhattacharyya R，Key B，Chen H，et al. Nat Mater，2010，9：504.
[41] 陈颖力，陈永信. 山西电子技术，2001，001.
[42] A J Ilott，M Mohammadi，H J Chang，et al. Proc Natl Acad. Sci U S A，2016，113：10779.
[43] 薛鸿庆. 自然杂志，1981，12：54.
[44] Sathiya M，Leriche J B，Salager E，et al. Commun，2015，6：6276.
[45] 张宝峰. 穆斯堡尔谱学. 天津：天津大学出版社，1991.
[46] 佘英，伊力奇，呼和巴特尔. 现代光学显微镜. 北京：科学出版社，1997.
[47] Tripathi A M，Su W N，Hwang B J. Chem Soc Rev，2018，47：736.
[48] Sun Y，Seh Z W，Li W，et al. Nano Energy，2015，11：579.
[49] Sagane F，Ikeda K I，Okita K，et al. J Power Sources，2013，233：34.
[50] Steiger J，Kramer D，Mönig R. Electrochim Acta，2014，136：529.
[51] Uhlmann C，Illig J，Ender M，et al. J Power Sources，2015，279：428.
[52] Li W，Yao H，Yan K，et al. Nat Commun，2015，6：7436.
[53] Yamaki J I，Tobishima S I，Hayashi K，et al. J Power Sources，1998，74：219.
[54] Steiger J，Kramer D，Mönig R. J Power Sources，2014，261：112.
[55] Nishikawa K，Fukunaka Y，Sakka T，et al. J Power Sources，2007，154：A943.
[56] Nishikawa K，Mori T，Nishida T，et al. J Electrochem Soc，2010，157：A1212.
[57] Steiger J，Richter G，Wenk M，et al. Electrochem Commun，2015，50：11.
[58] Bai P，Li J，Brushett F R，et al. Energy Environ Sci，2016，9：3221.
[59] Sano H，Sakaebe H，Matsumoto H. J Power Sources，2011，196：6663.
[60] Shen X，Ji H，Liu J，et al. Energy Storage Materials，2020，24：426.
[61] Bhattacharya S，Riahi A R，Alpas A T. Scr Mater，2011，64：165.
[62] Love C T，Baturina O A，Swider-Lyons K E，ECS Electrochem Lett，2015，4：A24-A27.
[63] Wood K N，Kazyak E，Chadwick A F，et al. ACS Central Science，2016，2：790.
[64] Harris S J，Timmons A，Baker D R，et al. Chem Phys Lett，2010，485：265.
[65] Azhagurajan M，Kajita T，Itoh T，et al. J Am Chem Soc，2016，138：3355.
[66] Beaulieu L Y，Cumyn V K，Eberman K W，et al. Rev Sci Instrum，2001，72：3313.
[67] Timmons A，Dahn J R. Rev Sci Instrum，2007，154：A444.
[68] Ventosa E，Wilde P，Zinn A H，et al. Chem Commun，2016，52：6825.
[69] Nishikawa K，Munakata H，Kanamura K. J Power Sources，2013，243：630.
[70] Mukhopadhyay A，Tokranov A，Xiao X，et al. Electrochim Acta，2012，66：28.
[71] Sethuraman V A，Chon M J，Shimshak M，et al. Electrochem Commun，2010，12：1614.
[72] Sethuraman V A，Chon M J，Shimshak M，et al. J Power Sources，2010，195：5062.
[73] Nadimpalli S P V，Tripuraneni R，Sethuraman V A. J Electrochem Soc，2015，162：A2840-A2846.
[74] Pharr M，Choi Y S，Lee D，et al. J Power Sources，2016，304：164.
[75] 田中群. 电化学，1991，1：1.
[76] Arai J，Nakahigashi R，Sugiyama T. J Electrochem Soc，2016，163：A1064-A1069.
[77] Zeng Z，Liu N，Zeng Q，et al. Nano Energy，2016，22：105.
[78] Panitz J C，Joho F，Novak P. Appl Spectrosc，1999，53：1188.
[79] Panitz J C，Novák P，Haas O. Appl Spectrosc，2001，55：1131.
[80] Panitz J C，Novák P. J Power Sources，2001，97-98：174.
[81] Tang W，Goh B M，Hu M Y，et al. J Phys Chem C，2016，120：2600.
[82] Ramos-Sanchez G，Chen G，Harutyunyan A R，et al. RSC Adv，2016，6：27260.

[83] Bhattacharya S, Riahi A R, Alpas A T. Carbon, 2014, 77: 99.
[84] Murugesan S, Harris J T, Korgel B A, et al. Chem Mater, 2012, 24: 1306.
[85] Schmitz R, Ansgar Müller R, Wilhelm Schmitz R, et al. J Power Sources, 2013, 233: 110.
[86] Krämer E, Schmitz R, Niehoff P, et al. Electrochim Acta, 2012, 81: 161.
[87] Li J F, Huang Y F, Ding Y, et al. Nature, 2010, 464: 392.
[88] Hy S, Felix F, Rick J, et al. J Am Chem Soc, 2014, 136: 999.
[89] Tang S, Gu Y, Yi J, et al. J Raman Spectrosc, 2016, 47: 1017.
[90] Cabo-Fernandez L, Mueller F, Passerini S, et al. Chem Commun, 2016, 52: 3970.
[91] Yang J, Kraytsberg A, Ein-Eli Y. J Power Sources, 2015, 282: 294.
[92] Shao M, J Power Sources, 2014, 270: 475.
[93] 罗瑾，林中华，田昭武. 化学通报，1994，02：5.
[94] Patel M U M, Dominko R. Chem Sus Chem, 2014, 7: 2167.
[95] Xu N, Qian T, Liu X, et al. Nano Letters, 2017, 17: 538.
[96] Lacey S D, Wan J, von Wald Cresce A, et al. Nano letters, 2015, 15: 1018.
[97] 高翔，朱紫瑞. 储能科学与技术，2019，8：75.
[98] op de Beeck J, Labyedh N, Sepúlveda A, et al. Beilstein J Nanotechnol, 2018, 9: 1623.
[99] Balke N, Kalnaus S, Dudney N J, et al. Nano letters, 2012, 12: 3399.
[100] Balke N, Jesse S, KimY, et al. ACS Nano, 2010, 4: 7349.
[101] Limthongkul P, Jang Y I, Dudney N J, et al. Acta Materialia, 2003, 5: 1103.
[102] Limthongkul P, Jang Y I, Dudney N J, et al. J Power Sources, 2003, 119-121: 604.
[103] Obrovac M N, Christensen L. J Power Sources, 2004, 7: A93.
[104] 周小明，胡跃辉. 现代物理知识，2000，4.
[105] Heben M J, Dovek M M, Lewis N S, et al. Journal of Microscopy, 1988, 152: 651.
[106] Gewirth A A, Bard A J. J Phys Chem, 1988, 92: 5563.
[107] Hansma P K, Elings V B, Marti O, et al. Science, 1988, 242: 209.
[108] Inaba M, Siroma Z, Funabiki A, et al. Langmuir the ACS Journal of Surfaces and Colloids, 1996, 12: 1535.
[109] Peled E, Menachem C, Bar-Tow D, et al. J Electrochem Soc, 1996, 143: L4-L7.
[110] Semenov A E, Borodina I N, Garofalini S H. J Phys Chem, 2001, 148: A1239.
[111] 武兴盛，魏久焱，常诞，等. 微纳电子技术，2018，55.
[112] Zhu J, Lu L, Zeng K. ACS Nano, 2013, 7: 1666.
[113] Luchkin S Y, Amanieu H Y, Rosato D, et al. J Power Sources, 2014, 268: 887.
[114] Zampardi G, Ventosa E, La Mantia F, et al. Chem Commun, 2013, 49: 9347.
[115] Polcari D, Dauphin-Ducharme P, Mauzeroll J. Chem Rev, 2016, 116: 13234.
[116] Takahashi Y, Kumatani A, Munakata H, et al. Nat Commun, 2014, 5: 5450.
[117] Orsini F, Du Pasquier A, Beaudouin B, et al. J Power Sources, 1999, 81-82: 918.
[118] Strelcov E, Cothren J, Leonard D, et al. Nanoscale, 2015, 7: 3022.
[119] Tsuda T, Kanetsuku T, Sano T, et al. Microscopy, 2015, 64: 159.
[120] Lee S H, You H G, Han K S, et al. J Power Sources, 2014, 247: 307.
[121] 杨玉林，范瑞清，张立珠，等. 材料测试技术与分析方法. 哈尔滨：哈尔滨工业大学出版社，2014.
[122] Epelboin I, Froment M, Garreau M, et al. J Electrochem Soc, 1980, 127: 2100.
[123] Zeng Z, Liang W I, Liao H G, et al. Nano letters, 2014, 14: 1745.
[124] Sacci R L, Dudney N J, More K L, et al. Chem Commun, 2014, 50, 2104.

[125] Leenheer A J, Jungjohann K L, Zavadil K R, et al. ACS nano, 2016, 10: 5670.
[126] Mehdi B L, Qian J, Nasybulin E, et al. Nano letters, 2015, 15: 2168.
[127] Pang W K, Peterson V K. J Appl Crystallogr, 2015, 48: 280.
[128] Studer A J, Hagen M E, Noakes T J. Physica B: Condensed Matter, 2006, 385-386: 1013.
[129] Carvajal J R. J Physica B: Condensed Matter, 1993, 192: 55.
[130] Richard D, Ferrand M, Kearley G J. J Neutron Res, 1996, 4: 33.
[131] Chen C J, Pang W K, Mori T, et al. J Am Chem Soc, 2016, 138: 8824.
[132] Mohanty D, Kalnaus S, Meisner R A, et al. J Power Sources, 2013, 229: 239.
[133] Liu H, Chen Y, Hy S, et al. Adv Energy Mater, 2016, 6: 1502143.
[134] Seidlhofer B K, Jerliu B, Trapp M, et al. ACS Nano, 2016, 10: 7458.
[135] Li J, Dahn J R. J Electrochem Soc. 2007, 154: A156-A161.
[136] Iaboni D S M, Obrovac M N. J Electrochem Soc, 2016, 163: A255-A261.
[137] Ferguson T R, Bazant M Z. J Electrochem Soc, 2012, 159: A1967-A1985.
[138] Zhang X, Verhallen T W, Labohm F, et al. Adv Energy Mater, 2015, 5: 1500498.
[139] Seidlmayer S, Hattendorff J, Buchberger I, et al. J Electrochem Soc, 2015, 162: A3116-A3125.
[140] Sivakkumar S R, Nerkar J Y, Pandolfo A G. J Power Sources, 2010, 55: 3330.
[141] Zhou H, An K, Allu S, et al. ACS Energy Lett, 2016, 1: 981.
[142] Yang Z, Dixon M C, Erck R A, et al. ACS Appl Mater Interfaces, 2015, 7: 26585.
[143] Yang L, Yu X Y, Zhu Z, et al. Lab On A Chip, 2011, 11: 2481.
[144] Michalak B, Berkes B B, Sommer H, et al. Analytical chemistry, 2016, 88: 2877.
[145] Inoue H, Tsuzuki R, Nohara S, et al. Scr Mater, 2006, 9: A504.
[146] Inoue H, Tsuzuki R, Nohara S, et al. J Alloys Compd, 2007, 446-447: 681.
[147] Pan H, Zhang J, Chen Y, et al. Thin Solid Films, 2010, 519: 778.